개념과 원리를 다지고
계산력을 키우는

왕수학

개념+연산

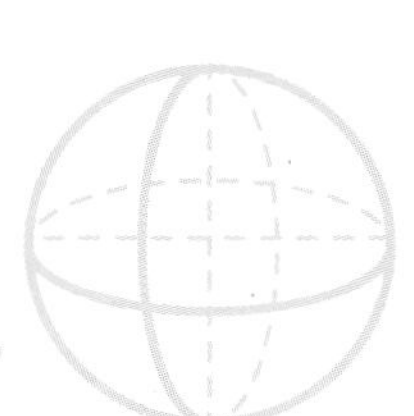

개념과 원리를 다지고
계산력을 키우는

왕수학

개념+연산

3-1

구성과 특징

왕수학의 특징

1. 왕수학 개념+연산 → 왕수학 기본 → 왕수학 실력 → 점프 왕수학 최상위 순으로 단계별 · 난이도별 학습이 가능합니다.
2. 개정교육과정 100% 반영하였습니다.
3. 기본 개념 정리와 개념을 익히는 기본문제를 수록하였습니다.
4. 문제 해결력을 키우는 다양한 창의사고력 문제를 수록하였습니다.
5. 논리력 향상을 위한 서술형 문제를 강화하였습니다.

STEP 3

원리척척

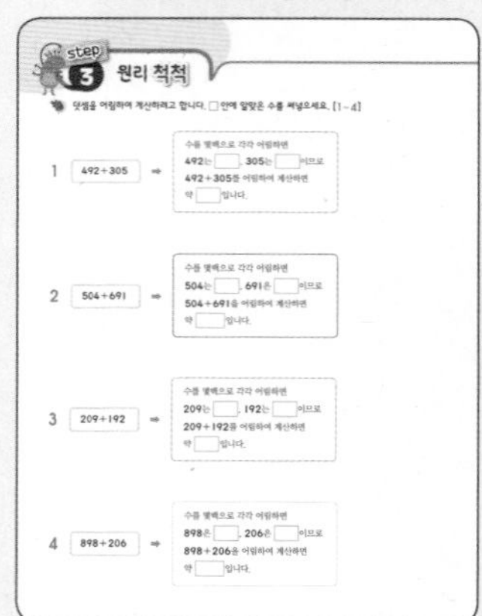

계산력 위주의 문제를 반복 연습하여 계산 능력을 향상 시킵니다.

STEP 2

원리탄탄

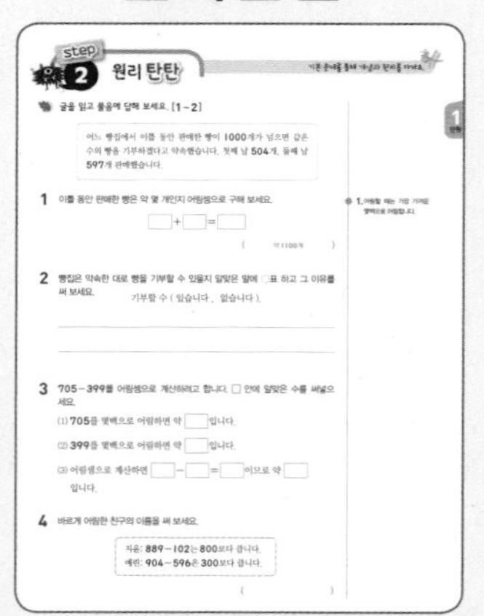

기본 문제를 풀어 보면서 개념과 원리를 튼튼히 다집니다.

STEP 1

원리꼼꼼

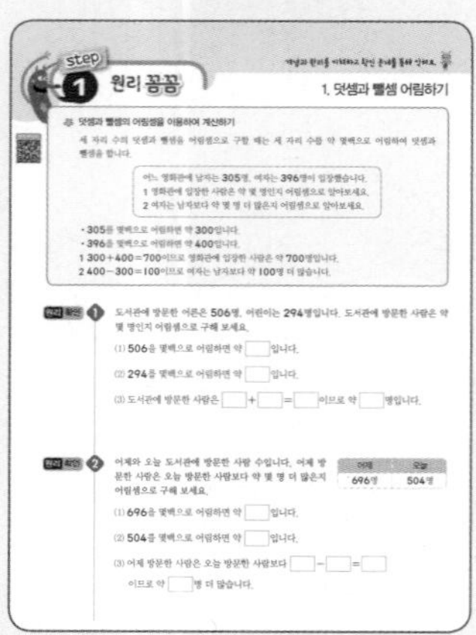

교과서 개념과 원리를 각 주제별로 익히고 원리 확인 문제를 풀어보면서 개념을 이해합니다.

다음 단계로 고고!

왕수학 기본

STEP 4

유형콕콕

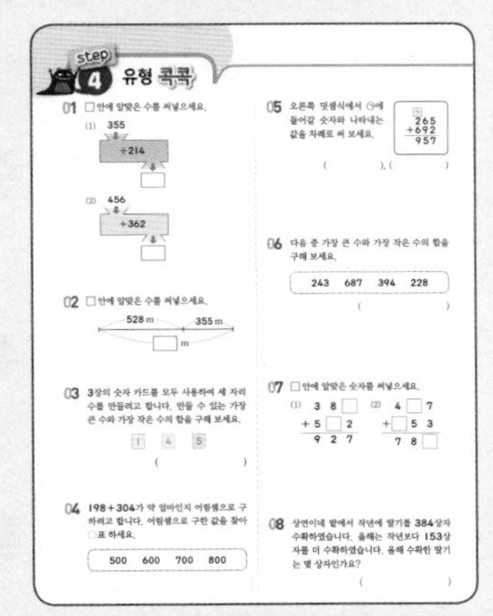

다양한 문제를 유형별로 풀어 보면서 실력을 키웁니다.

STEP 5

단원평가

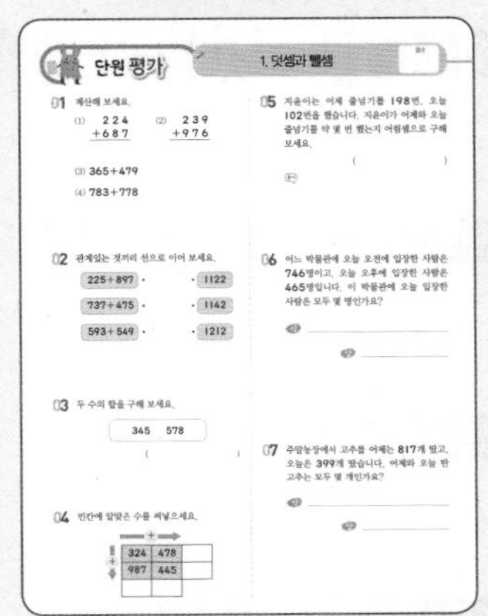

단원별 대표 문제를 풀어서 자신의 실력을 확인해 보고 학교 시험에 대비합니다.

차례 | Contents

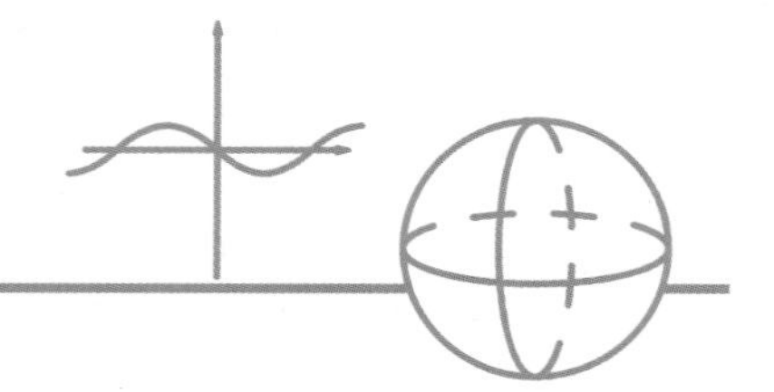

단원 1 덧셈과 뺄셈

이번에 배울 내용

이전에 배운 내용

- 두 자리 수의 덧셈
- 두 자리 수의 뺄셈

다음에 배울 내용

- 분모가 같은 분수의 덧셈
- 분모가 같은 분수의 뺄셈

1. 덧셈과 뺄셈 어림하기

덧셈과 뺄셈의 어림셈을 이용하여 계산하기

세 자리 수의 덧셈과 뺄셈을 어림셈으로 구할 때는 세 자리 수를 약 몇백으로 어림하여 덧셈과 뺄셈을 합니다.

> 어느 영화관에 남자는 **305**명, 여자는 **396**명이 입장했습니다.
> **1** 영화관에 입장한 사람은 약 몇 명인지 어림셈으로 알아보세요.
> **2** 여자는 남자보다 약 몇 명 더 많은지 어림셈으로 알아보세요.

- **305**를 몇백으로 어림하면 약 **300**입니다.
- **396**을 몇백으로 어림하면 약 **400**입니다.

1 $300+400=700$이므로 영화관에 입장한 사람은 약 **700**명입니다.
2 $400-300=100$이므로 여자는 남자보다 약 **100**명 더 많습니다.

원리 확인 1 도서관에 방문한 어른은 **506**명, 어린이는 **294**명입니다. 도서관에 방문한 사람은 약 몇 명인지 어림셈으로 구해 보세요.

(1) **506**을 몇백으로 어림하면 약 ☐입니다.

(2) **294**를 몇백으로 어림하면 약 ☐입니다.

(3) 도서관에 방문한 사람은 ☐ + ☐ = ☐이므로 약 ☐명입니다.

원리 확인 2 어제와 오늘 도서관에 방문한 사람 수입니다. 어제 방문한 사람은 오늘 방문한 사람보다 약 몇 명 더 많은지 어림셈으로 구해 보세요.

어제	오늘
696명	504명

(1) **696**을 몇백으로 어림하면 약 ☐입니다.

(2) **504**를 몇백으로 어림하면 약 ☐입니다.

(3) 어제 방문한 사람은 오늘 방문한 사람보다 ☐ − ☐ = ☐
이므로 약 ☐명 더 많습니다.

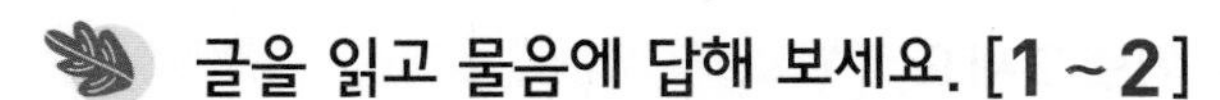

어느 빵집에서 이틀 동안 판매한 빵이 **1000**개가 넘으면 같은 수의 빵을 기부하겠다고 약속했습니다. 첫째 날 **504**개, 둘째 날 **597**개 판매했습니다.

1 이틀 동안 판매한 빵은 약 몇 개인지 어림셈으로 구해 보세요.

□ + □ = □

( )

2 빵집은 약속한 대로 빵을 기부할 수 있을지 알맞은 말에 ○표 하고 그 이유를 써 보세요.

기부할 수 (있습니다 , 없습니다).

3 **705** − **399**를 어림셈으로 계산하려고 합니다. □ 안에 알맞은 수를 써넣으세요.

(1) **705**를 몇백으로 어림하면 약 □입니다.

(2) **399**를 몇백으로 어림하면 약 □입니다.

(3) 어림셈으로 계산하면 □ − □ = □이므로 약 □입니다.

4 바르게 어림한 친구의 이름을 써 보세요.

지윤: **889** − **102**는 **800**보다 큽니다.
예린: **904** − **596**은 **300**보다 큽니다.

( )

1. 어림할 때는 가장 가까운 몇백으로 어림합니다.

원리 척척

덧셈을 어림하여 계산하려고 합니다. □ 안에 알맞은 수를 써넣으세요. [1~4]

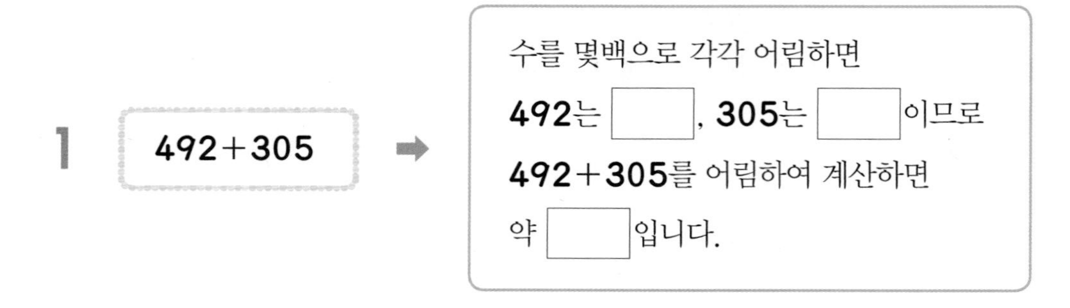

1 492+305 ➡

수를 몇백으로 각각 어림하면
492는 □, 305는 □이므로
492+305를 어림하여 계산하면
약 □입니다.

2 504+691 ➡

수를 몇백으로 각각 어림하면
504는 □, 691은 □이므로
504+691을 어림하여 계산하면
약 □입니다.

3 209+192 ➡

수를 몇백으로 각각 어림하면
209는 □, 192는 □이므로
209+192를 어림하여 계산하면
약 □입니다.

4 898+206 ➡

수를 몇백으로 각각 어림하면
898은 □, 206은 □이므로
898+206을 어림하여 계산하면
약 □입니다.

빨셈을 어림하여 계산하려고 합니다. □ 안에 알맞은 수를 써넣으세요. [5~9]

5 892−103 ➡ 수를 몇백으로 각각 어림하면 892는 □, 103은 □이므로 892−103을 어림하여 계산하면 약 □입니다.

6 904−592 ➡ 수를 몇백으로 각각 어림하면 904는 □, 592는 □이므로 904−592를 어림하여 계산하면 약 □입니다.

7 798−495 ➡ 수를 몇백으로 각각 어림하면 798은 □, 495는 □이므로 798−495를 어림하여 계산하면 약 □입니다.

8 603−407 ➡ 수를 몇백으로 각각 어림하면 603은 □, 407은 □이므로 603−407을 어림하여 계산하면 약 □입니다.

9 805−689 ➡ 수를 몇백으로 각각 어림하면 805는 □, 689는 □이므로 805−689를 어림하여 계산하면 약 □입니다.

step 1 원리 꼼꼼

2. 덧셈 알아보기 (1)

받아올림이 없는 (세 자리 수)+(세 자리 수)

- 각 자리의 숫자를 맞추어 씁니다.
- 일의 자리, 십의 자리, 백의 자리까지 차례로 더합니다.
- **332+125**의 계산

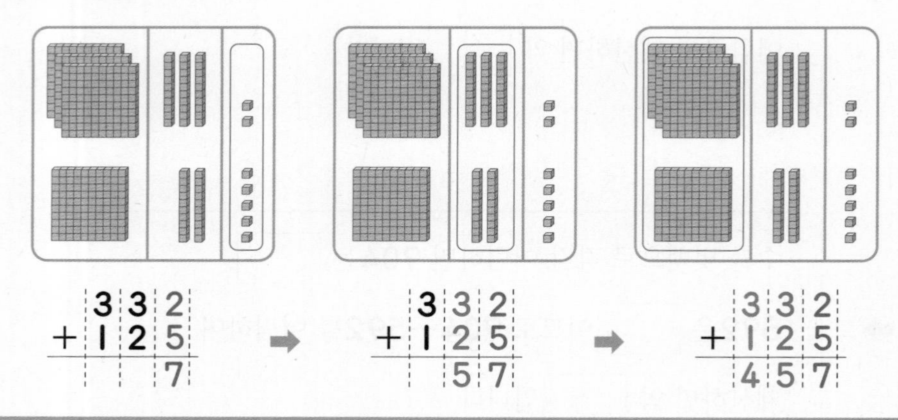

$$\begin{array}{r} 332 \\ +\ 125 \\ \hline 7 \end{array} \Rightarrow \begin{array}{r} 332 \\ +\ 125 \\ \hline 57 \end{array} \Rightarrow \begin{array}{r} 332 \\ +\ 125 \\ \hline 457 \end{array}$$

원리 확인 

□ 안에 알맞은 숫자를 써넣으세요.

$$\begin{array}{r} 375 \\ +\ 422 \\ \hline \square \end{array} \Rightarrow \begin{array}{r} 375 \\ +\ 422 \\ \hline \square\square \end{array} \Rightarrow \begin{array}{r} 375 \\ +\ 422 \\ \hline \square\square\square \end{array}$$

원리 확인 

□ 안에 알맞은 수를 써넣으세요.

(1) **323+356**

$=(300+20+\square)+(300+\square+6)$

$=(300+300)+(20+\square)+(\square+6)$

$=600+\square+\square$

$=\square$

(2) **354+425**

$=(300+\square+4)+(\square+20+5)$

$=(300+\square)+(\square+20)+(4+\square)$

$=\square+\square+\square$

$=\square$

step 2 원리 탄탄

기본 문제를 통해 개념과 원리를 다져요.

1 □ 안에 알맞은 수를 써넣으세요.

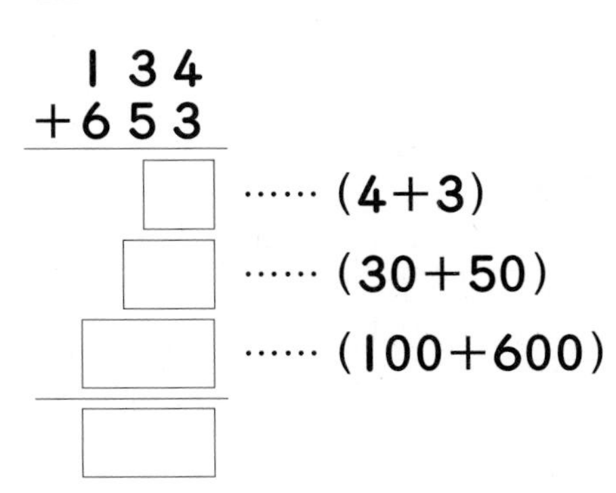

2 □ 안에 알맞은 숫자를 써넣으세요.

(1)

$$\begin{array}{r} 562 \\ +\ 324 \\ \hline \end{array} \Rightarrow \begin{array}{r|c|c|c} & 5 & 6 & 2 \\ + & 3 & 2 & 4 \\ \hline & \square & \square & \square \end{array}$$

(2)

$$\begin{array}{r} 245 \\ +\ 443 \\ \hline \end{array} \Rightarrow \begin{array}{r|c|c|c} & 2 & 4 & 5 \\ + & 4 & 4 & 3 \\ \hline & \square & \square & \square \end{array}$$

3 빈 곳에 알맞은 수를 써넣으세요.

(1) (2)

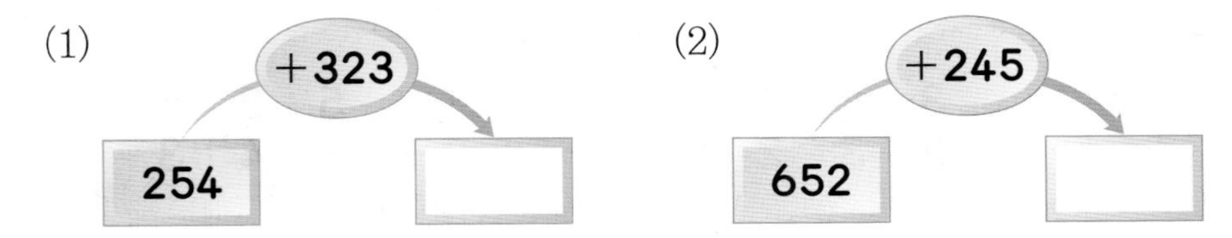

4 놀이공원에 남학생은 **324**명, 여학생은 **263**명이 입장하였습니다. 놀이공원에 입장한 학생은 모두 몇 명인가요?

1. 세 자리 수끼리의 덧셈은 일의 자리 수끼리, 십의 자리 수끼리, 백의 자리 수끼리 더한 후 각 자리의 수의 합을 구합니다.

2. 세 자리 수끼리의 덧셈은 먼저 자리의 수를 맞춘 후 같은 자리의 수끼리 더합니다.

4. 남학생 수와 여학생 수의 합을 이용하여 놀이공원에 입장한 학생 수를 구합니다.

원리 척척

□ 안에 알맞은 수를 써넣으세요. [1 ~ 10]

1

```
  3 2 4
+ 2 5 3
-------
      □ …… (4+□)
     □  …… (20+□)
    □   …… (300+□)
-------
    □
```

2

```
  4 3 5
+ 2 4 2
-------
      □ …… (□+□)
     □  …… (□+□)
    □   …… (□+□)
-------
    □
```

3

```
  5 2 4
+ 2 3 5
-------
      □ …… (□+□)
     □  …… (□+□)
    □   …… (□+□)
-------
    □
```

4

```
  6 3 2
+ 2 4 3
-------
      □ …… (□+□)
     □  …… (□+□)
    □   …… (□+□)
-------
    □
```

5

	2	3	7
+	5	1	2
	□	□	□

6

	3	4	6
+	2	3	2
	□	□	□

7

	5	2	6
+	1	4	3
	□	□	□

8

	4	4	2
+	2	4	5
	□	□	□

9

	6	2	3
+	2	5	4
	□	□	□

10

	3	7	6
+	2	1	3
	□	□	□

계산해 보세요. [11~25]

11 $\begin{array}{r} 327 \\ +\ 252 \\ \hline \end{array}$

12 $\begin{array}{r} 536 \\ +\ 223 \\ \hline \end{array}$

13 $\begin{array}{r} 324 \\ +\ 273 \\ \hline \end{array}$

14 $\begin{array}{r} 526 \\ +\ 242 \\ \hline \end{array}$

15 $\begin{array}{r} 624 \\ +\ 235 \\ \hline \end{array}$

16 $\begin{array}{r} 428 \\ +\ 341 \\ \hline \end{array}$

17 $\begin{array}{r} 825 \\ +\ 132 \\ \hline \end{array}$

18 $\begin{array}{r} 326 \\ +\ 413 \\ \hline \end{array}$

19 $\begin{array}{r} 732 \\ +\ 154 \\ \hline \end{array}$

20 $\begin{array}{r} 427 \\ +\ 251 \\ \hline \end{array}$

21 $\begin{array}{r} 535 \\ +\ 224 \\ \hline \end{array}$

22 $\begin{array}{r} 662 \\ +\ 236 \\ \hline \end{array}$

23 $\begin{array}{r} 572 \\ +\ 215 \\ \hline \end{array}$

24 $\begin{array}{r} 425 \\ +\ 233 \\ \hline \end{array}$

25 $\begin{array}{r} 264 \\ +\ 325 \\ \hline \end{array}$

3. 덧셈 알아보기 (2)

받아올림이 한 번 있는 (세 자리 수)+(세 자리 수)

- 각 자리의 숫자를 맞추어 씁니다.
- 각 자리 수끼리의 합이 10이거나 10보다 크면 바로 윗자리로 받아올림합니다.
- 328+214의 계산

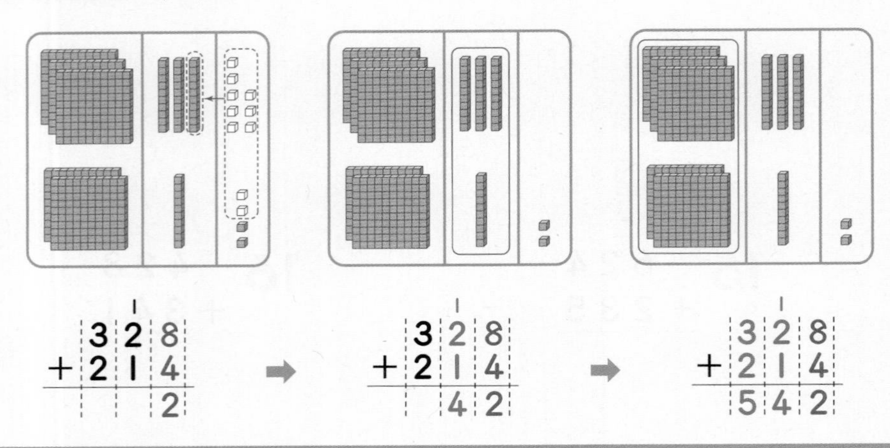

		1	
	3	2	8
+	2	1	4
			2

➡

		1	
	3	2	8
+	2	1	4
		4	2

➡

		1	
	3	2	8
+	2	1	4
	5	4	2

원리 확인 1 □ 안에 알맞은 숫자를 써넣으세요.

		□	
	5	2	8
+	3	1	5
			□

➡

		□	
	5	2	8
+	3	1	5
		□	□

➡

		□	
	5	2	8
+	3	1	5
	□	□	□

원리 확인 2 덧셈을 여러 가지 방법으로 계산하려고 합니다. □ 안에 알맞은 수를 써넣으세요.

359+437

(1) 359+437=(300+50+□)+(400+□+7)

=(300+400)+(50+□)+(□+7)

=700+80+□

=700+□=□

(2) 359+437=(350+□)+(□+7)

=(350+□)+(9+7)

=□+□=□

1 □ 안에 알맞은 수를 써넣으세요.

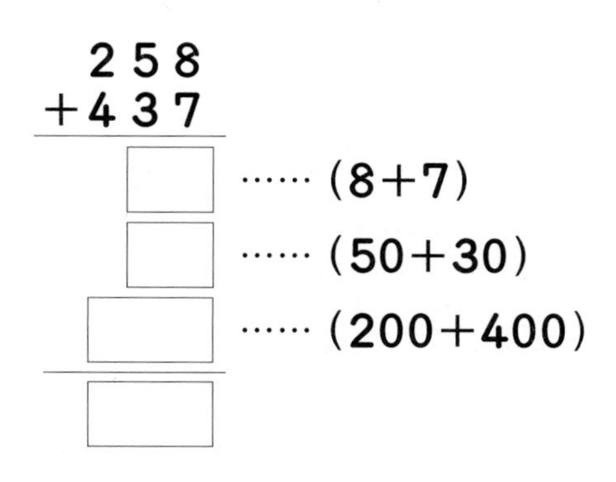

2 □ 안에 알맞은 숫자를 써넣으세요.

(1)
$$\begin{array}{r} 4\ 5\ 6 \\ +\ 3\ 2\ 9 \\ \hline \end{array} \Rightarrow \begin{array}{r|c|c|c} & 4 & 5 & 6 \\ + & 3 & 2 & 9 \\ \hline & \square & \square & \square \end{array}$$

(2)
$$\begin{array}{r} 2\ 9\ 5 \\ +\ 4\ 7\ 3 \\ \hline \end{array} \Rightarrow \begin{array}{r|c|c|c} & 2 & 9 & 5 \\ + & 4 & 7 & 3 \\ \hline & \square & \square & \square \end{array}$$

3 관계있는 것끼리 선으로 이어 보세요.

581+273 •	• 917
648+238 •	• 886
634+283 •	• 854
457+425 •	• 882

4 다음은 효근이와 가영이가 접은 종이학의 수를 나타낸 것입니다. 두 사람이 접은 종이학은 모두 몇 개인가요?

이름	효근	가영
종이학(개)	283	364

1. 일, 십, 백의 자리 수끼리 더하고, 일의 자리에서 받아올림이 있으면 십의 자리로 받아올려 계산합니다.

2. 각 자리의 수끼리 더하고 일의 자리에서 받아올림이 있으면 십의 자리로, 십의 자리에서 받아올림이 있으면 백의 자리로 받아올려 계산합니다.

4. 두 사람이 접은 종이학의 개수는 효근이가 접은 종이학의 개수와 가영이가 접은 종이학의 개수의 합으로 구합니다.

원리 척척

 □ 안에 알맞은 수를 써넣으세요. [1 ~ 10]

1

$$\begin{array}{r} 329 \\ +438 \\ \hline \square \\ \square \\ \square \\ \hline \square \end{array}$$

⋯⋯ (9+□)
⋯⋯ (20+□)
⋯⋯ (300+□)

2

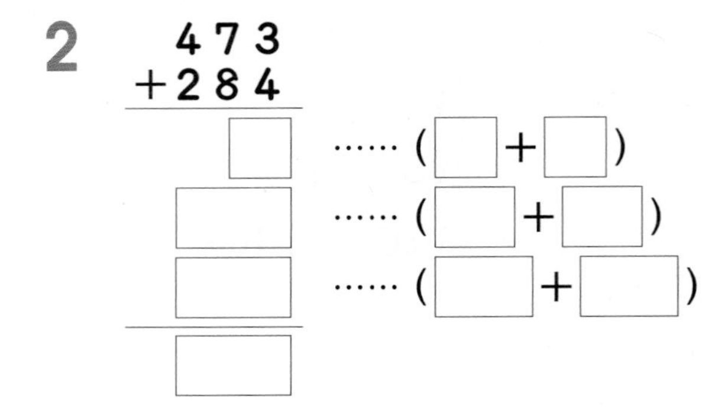

$$\begin{array}{r} 473 \\ +284 \\ \hline \square \\ \square \\ \square \\ \hline \square \end{array}$$

⋯⋯ (□+□)
⋯⋯ (□+□)
⋯⋯ (□+□)

3

$$\begin{array}{r} 527 \\ +249 \\ \hline \square \\ \square \\ \square \\ \hline \square \end{array}$$

⋯⋯ (□+□)
⋯⋯ (□+□)
⋯⋯ (□+□)

4

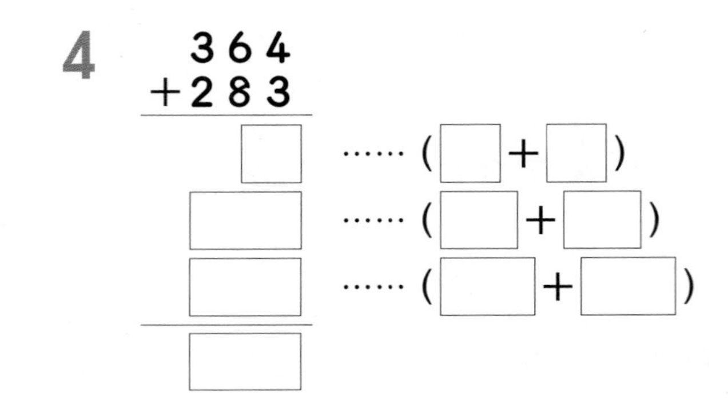

$$\begin{array}{r} 364 \\ +283 \\ \hline \square \\ \square \\ \square \\ \hline \square \end{array}$$

⋯⋯ (□+□)
⋯⋯ (□+□)
⋯⋯ (□+□)

5

$$\begin{array}{r} \square \\ 357 \\ +226 \\ \hline \square\square\square \end{array}$$

6

$$\begin{array}{r} \square \\ 248 \\ +423 \\ \hline \square\square\square \end{array}$$

7

$$\begin{array}{r} \square \\ 536 \\ +249 \\ \hline \square\square\square \end{array}$$

8

$$\begin{array}{r} \square \\ 386 \\ +243 \\ \hline \square\square\square \end{array}$$

9

$$\begin{array}{r} \square \\ 495 \\ +273 \\ \hline \square\square\square \end{array}$$

10

$$\begin{array}{r} \square \\ 573 \\ +284 \\ \hline \square\square\square \end{array}$$

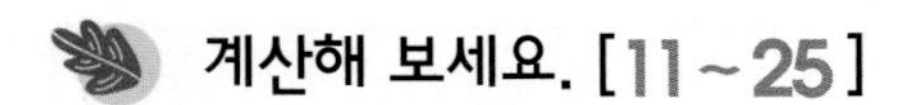

계산해 보세요. [11~25]

11
$$\begin{array}{r} 457 \\ +\ 326 \\ \hline \end{array}$$

12
$$\begin{array}{r} 259 \\ +\ 327 \\ \hline \end{array}$$

13
$$\begin{array}{r} 528 \\ +\ 246 \\ \hline \end{array}$$

14
$$\begin{array}{r} 682 \\ +\ 275 \\ \hline \end{array}$$

15
$$\begin{array}{r} 392 \\ +\ 253 \\ \hline \end{array}$$

16
$$\begin{array}{r} 475 \\ +\ 283 \\ \hline \end{array}$$

17
$$\begin{array}{r} 328 \\ +\ 258 \\ \hline \end{array}$$

18
$$\begin{array}{r} 537 \\ +\ 219 \\ \hline \end{array}$$

19
$$\begin{array}{r} 278 \\ +\ 313 \\ \hline \end{array}$$

20
$$\begin{array}{r} 492 \\ +\ 353 \\ \hline \end{array}$$

21
$$\begin{array}{r} 683 \\ +\ 255 \\ \hline \end{array}$$

22
$$\begin{array}{r} 724 \\ +\ 192 \\ \hline \end{array}$$

23
$$\begin{array}{r} 528 \\ +\ 144 \\ \hline \end{array}$$

24
$$\begin{array}{r} 372 \\ +\ 295 \\ \hline \end{array}$$

25
$$\begin{array}{r} 376 \\ +\ 217 \\ \hline \end{array}$$

step 1 원리 꼼꼼

4. 덧셈 알아보기 (3)

받아올림이 두 번 있는 (세 자리 수)+(세 자리 수)

- 일의 자리 수끼리의 합이 10이거나 10보다 크면 10을 십의 자리로 받아올림하고, 십의 자리 수끼리의 합이 10이거나 10보다 크면 10을 백의 자리로 받아올림합니다.
- 263+349=612

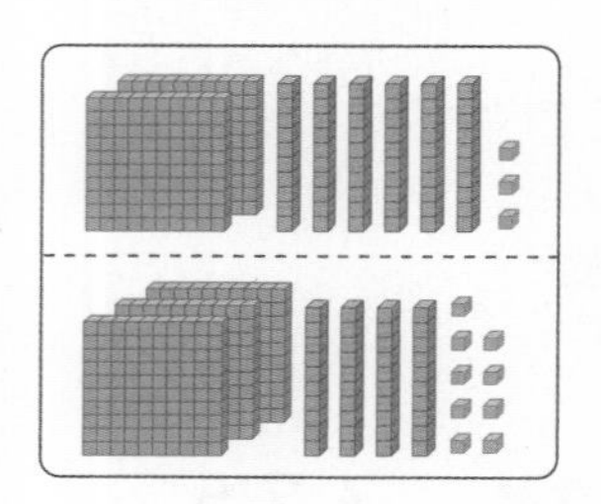

➡ 백 모형이 5개, 십 모형이 10개, 일 모형이 12개입니다. 일 모형 10개를 십 모형 1개로, 십 모형 10개를 백 모형 1개로 바꾸면 백 모형이 6개, 십 모형이 1개, 일 모형이 2개이므로 모두 612입니다.

받아올림이 세 번 있는 (세 자리 수)+(세 자리 수)

백의 자리 수끼리의 합이 10이거나 10보다 크면 10을 천의 자리로 받아올림합니다.

$$\begin{array}{r} 849 \\ +\ 698 \\ \hline \end{array} \Rightarrow \begin{array}{r} 849 \\ +\ 698 \\ \hline 7 \end{array} \Rightarrow \begin{array}{r} 849 \\ +\ 698 \\ \hline 47 \end{array} \Rightarrow \begin{array}{r} 849 \\ +\ 698 \\ \hline 1547 \end{array}$$

① 일의 자리 계산 : 9+8=17
② 십의 자리 계산 : 1+4+9=14
③ 백의 자리 계산 : 1+8+6=15

원리 확인 1 □ 안에 알맞은 숫자를 써넣으세요.

$$\begin{array}{r} 567 \\ +\ 274 \\ \hline \square \end{array} \Rightarrow \begin{array}{r} 567 \\ +\ 274 \\ \hline \square\square \end{array} \Rightarrow \begin{array}{r} 567 \\ +\ 274 \\ \hline \square\square\square \end{array}$$

원리 확인 2 수 모형을 보고 □ 안에 알맞은 숫자를 써넣으세요.

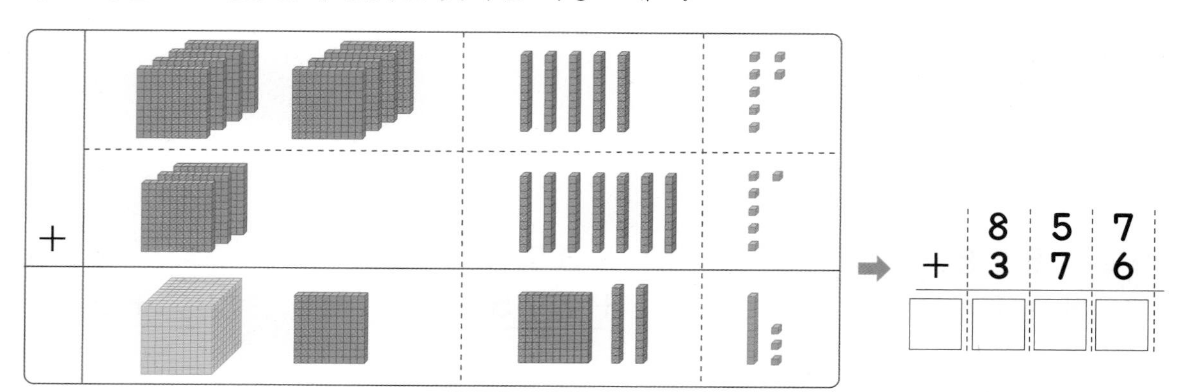

$$\Rightarrow \begin{array}{r} 857 \\ +\ 376 \\ \hline \square\square\square\square \end{array}$$

기본 문제를 통해 개념과 원리를 다져요.

1 □ 안에 알맞은 수를 써넣으세요.

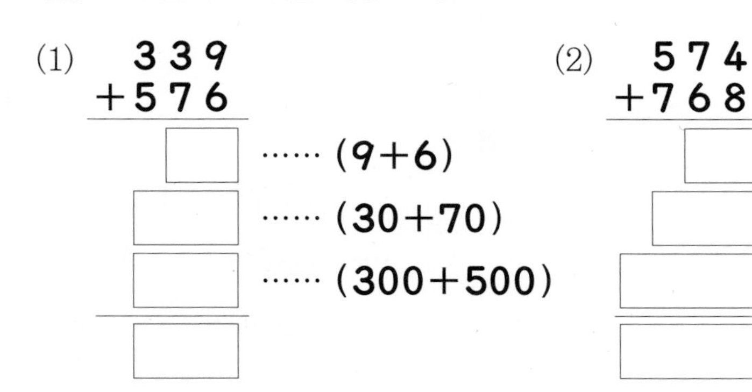

1. 일, 십, 백의 자리끼리 더하고 받아올림이 있으면 바로 윗자리로 받아올려 계산합니다.

2 □ 안에 알맞은 숫자를 써넣으세요.

(1) $568 + 365$ ➡ $5\ 6\ 8 + 3\ 6\ 5$ = □□□

(2) $659 + 987$ ➡ $6\ 5\ 9 + 9\ 8\ 7$ = □□□□

2. 같은 자리의 수끼리 더하고 받아올림이 있으면 바로 윗자리로 받아올려 계산합니다.

3 빈 곳에 알맞은 수를 써넣으세요.

(1)

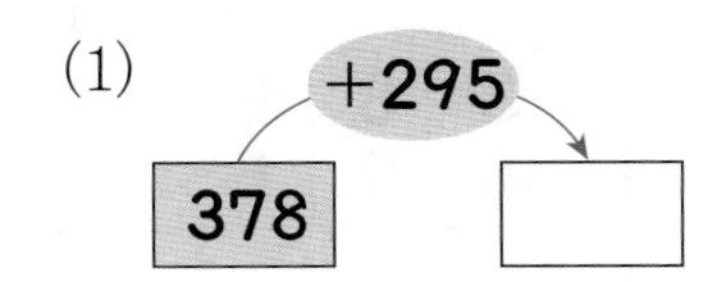

(2)

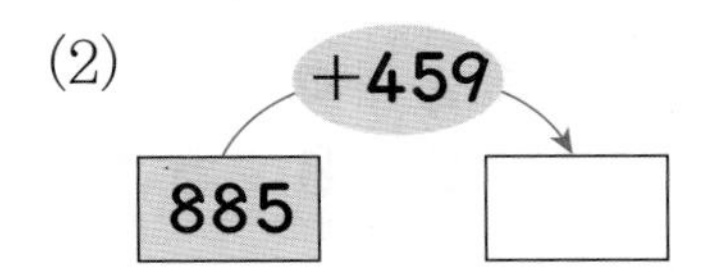

4 가영이네 농장에서는 오늘 사과 674개, 배 598개를 땄습니다. 오늘 가영이네 농장에서 딴 사과와 배는 모두 몇 개인가요?

4. 사과의 개수와 배의 개수의 합은 덧셈을 이용하여 구합니다.

1 단원

원리 척척

□ 안에 알맞은 수를 써넣으세요. [1 ~ 10]

1

$$\begin{array}{r} 278 \\ +356 \\ \hline \end{array}$$

□ …… (8+□)
□ …… (70+□)
□ …… (200+□)
□

2

$$\begin{array}{r} 637 \\ +589 \\ \hline \end{array}$$

□ …… (7+□)
□ …… (30+□)
□ …… (600+□)
□

3

$$\begin{array}{r} 356 \\ +489 \\ \hline \end{array}$$

□ …… (□+□)
□ …… (□+□)
□ …… (□+□)
□

4

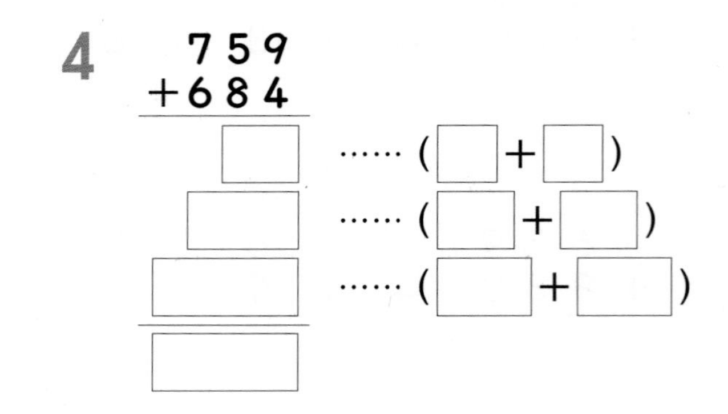

$$\begin{array}{r} 759 \\ +684 \\ \hline \end{array}$$

□ …… (□+□)
□ …… (□+□)
□ …… (□+□)
□

5

$$\begin{array}{r} \square\ \square\ \\ 3\ 8\ 7 \\ +\ 2\ 6\ 7 \\ \hline \square\ \square\ \square \end{array}$$

6

$$\begin{array}{r} \square\ \square\ \\ 4\ 9\ 5 \\ +\ 2\ 8\ 6 \\ \hline \square\ \square\ \square \end{array}$$

7

$$\begin{array}{r} \square\ \square\ \\ 3\ 8\ 9 \\ +\ 4\ 7\ 5 \\ \hline \square\ \square\ \square \end{array}$$

8

$$\begin{array}{r} \square\ \square\ \\ 5\ 9\ 4 \\ +\ 7\ 3\ 8 \\ \hline \square\ \square\ \square\ \square \end{array}$$

9

$$\begin{array}{r} \square\ \square\ \\ 8\ 4\ 8 \\ +\ 6\ 7\ 5 \\ \hline \square\ \square\ \square\ \square \end{array}$$

10

$$\begin{array}{r} \square\ \square\ \\ 7\ 9\ 5 \\ +\ 3\ 2\ 9 \\ \hline \square\ \square\ \square\ \square \end{array}$$

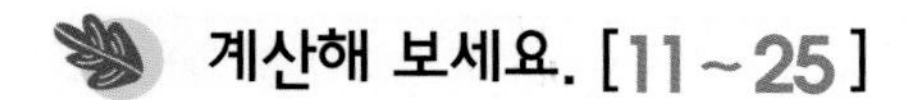

계산해 보세요. [11~25]

11 $\begin{array}{r} 452 \\ +\,378 \\ \hline \end{array}$

12 $\begin{array}{r} 694 \\ +\,226 \\ \hline \end{array}$

13 $\begin{array}{r} 148 \\ +\,253 \\ \hline \end{array}$

14 $\begin{array}{r} 714 \\ +\,189 \\ \hline \end{array}$

15 $\begin{array}{r} 148 \\ +\,186 \\ \hline \end{array}$

16 $\begin{array}{r} 277 \\ +\,139 \\ \hline \end{array}$

17 $\begin{array}{r} 645 \\ +\,155 \\ \hline \end{array}$

18 $\begin{array}{r} 465 \\ +\,186 \\ \hline \end{array}$

19 $\begin{array}{r} 397 \\ +\,355 \\ \hline \end{array}$

20 $\begin{array}{r} 892 \\ +\,728 \\ \hline \end{array}$

21 $\begin{array}{r} 427 \\ +\,674 \\ \hline \end{array}$

22 $\begin{array}{r} 689 \\ +\,516 \\ \hline \end{array}$

23 $\begin{array}{r} 556 \\ +\,967 \\ \hline \end{array}$

24 $\begin{array}{r} 745 \\ +\,895 \\ \hline \end{array}$

25 $\begin{array}{r} 968 \\ +\,437 \\ \hline \end{array}$

step 1 원리 꼼꼼

5. 뺄셈 알아보기 (1)

받아내림이 없는 (세 자리 수)－(세 자리 수)

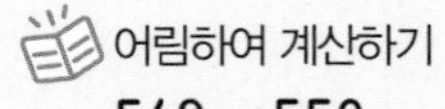

548 → 550
213 → 210
550－210＝340

- 각 자리의 숫자를 맞추어 씁니다.
- 일의 자리, 십의 자리, 백의 자리끼리 차례로 뺍니다.
- 548－213의 계산

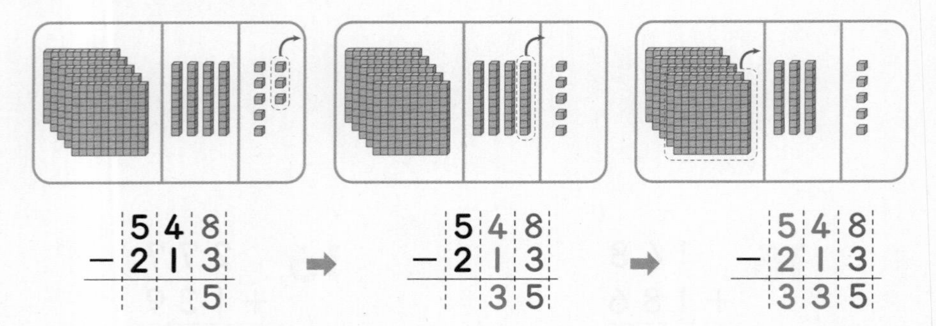

$$\begin{array}{r} 548 \\ -213 \\ \hline 5 \end{array} \Rightarrow \begin{array}{r} 548 \\ -213 \\ \hline 35 \end{array} \Rightarrow \begin{array}{r} 548 \\ -213 \\ \hline 335 \end{array}$$

원리 확인 1

□ 안에 알맞은 숫자를 써넣으세요.

$$\begin{array}{r} 878 \\ -452 \\ \hline \square \end{array} \Rightarrow \begin{array}{r} 878 \\ -452 \\ \hline \square\square \end{array} \Rightarrow \begin{array}{r} 878 \\ -452 \\ \hline \square\square\square \end{array}$$

원리 확인 2

□ 안에 알맞은 수를 써넣으세요.

(1) 885－342
＝(800＋80＋5)－(300＋□＋□)
＝(800－300)＋(80－□)＋(5－□)
＝□＋□＋□
＝□

(2) 876－323
＝(800＋□)－(300＋□)
＝(800－□)＋(□－□)
＝□＋□
＝□

1 □ 안에 알맞은 수를 써넣으세요.

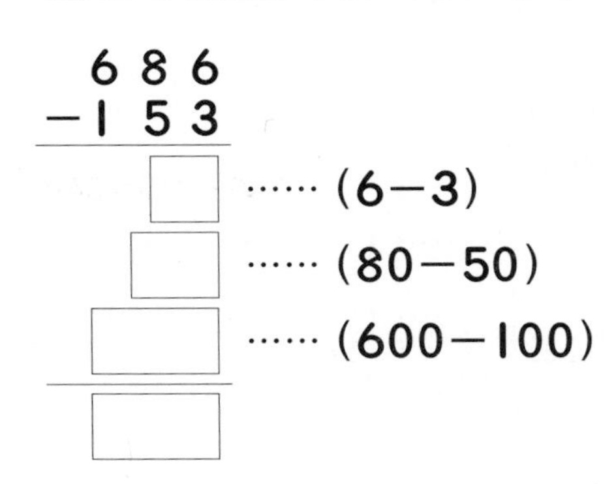

1. 세 자리 수끼리의 뺄셈은 일의 자리 수끼리, 십의 자리 수끼리, 백의 자리 수끼리 뺀 후 각 자리의 수의 합을 구합니다.

2 □ 안에 알맞은 숫자를 써넣으세요.

(1)
$$\begin{array}{r} 895 \\ -\ 263 \\ \hline \end{array} \Rightarrow \begin{array}{r|r|r} 8 & 9 & 5 \\ -\ 2 & 6 & 3 \\ \hline \square & \square & \square \end{array}$$

(2)
$$\begin{array}{r} 598 \\ -\ 344 \\ \hline \end{array} \Rightarrow \begin{array}{r|r|r} 5 & 9 & 8 \\ -\ 3 & 4 & 4 \\ \hline \square & \square & \square \end{array}$$

2. 각 자리의 숫자를 맞춰 적고 일의 자리부터 차례로 빼준 값을 적습니다.

3 빈 곳에 알맞은 수를 써넣으세요.

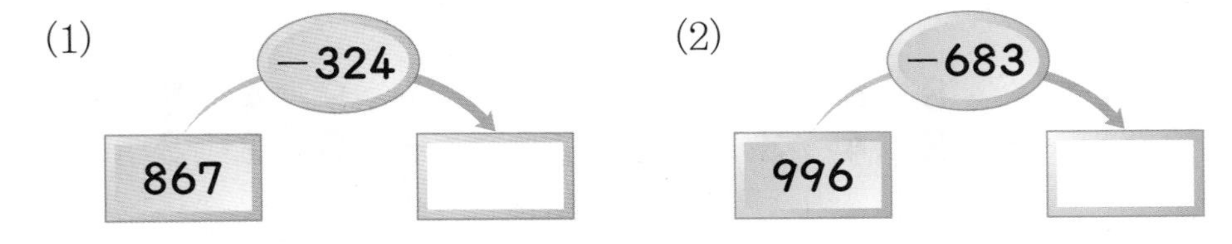

3. 뺄셈을 세로셈으로 고쳐서 계산하면 편리합니다.

4 상연이네 학교의 전체 학생 수를 알아보니 남학생은 **453**명이고 여학생은 **321**명이었습니다. 남학생은 여학생보다 몇 명 더 많은가요?

식 ____________________

답 ____________________

원리 척척

 □ 안에 알맞은 수를 써넣으세요. [1 ~ 10]

1

$$\begin{array}{r} 754 \\ -232 \\ \hline \square \\ \square \\ \square \\ \hline \square \end{array}$$

…… (4−□)
…… (50−□)
…… (700−□)

2

$$\begin{array}{r} 678 \\ -324 \\ \hline \square \\ \square \\ \square \\ \hline \square \end{array}$$

…… (□−□)
…… (□−□)
…… (□−□)

3

$$\begin{array}{r} 587 \\ -253 \\ \hline \square \\ \square \\ \square \\ \hline \square \end{array}$$

…… (□−□)
…… (□−□)
…… (□−□)

4

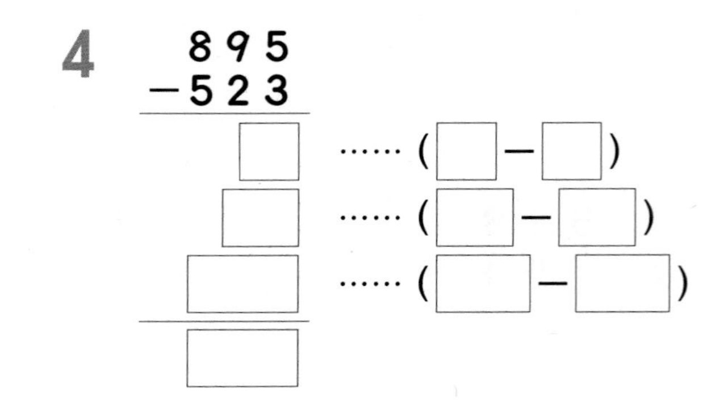

$$\begin{array}{r} 895 \\ -523 \\ \hline \square \\ \square \\ \square \\ \hline \square \end{array}$$

…… (□−□)
…… (□−□)
…… (□−□)

5 $\begin{array}{r} 786 \\ -245 \\ \hline \square\square\square \end{array}$

6 $\begin{array}{r} 867 \\ -243 \\ \hline \square\square\square \end{array}$

7 $\begin{array}{r} 948 \\ -523 \\ \hline \square\square\square \end{array}$

8 $\begin{array}{r} 967 \\ -425 \\ \hline \square\square\square \end{array}$

9 $\begin{array}{r} 879 \\ -328 \\ \hline \square\square\square \end{array}$

10 $\begin{array}{r} 736 \\ -235 \\ \hline \square\square\square \end{array}$

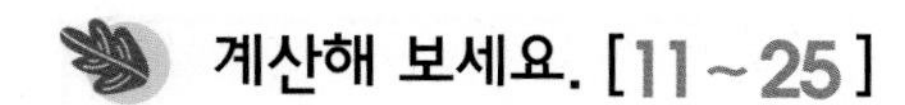

계산해 보세요. [11 ~ 25]

11 $\begin{array}{r} 456 \\ -\ 232 \\ \hline \end{array}$

12 $\begin{array}{r} 578 \\ -\ 324 \\ \hline \end{array}$

13 $\begin{array}{r} 647 \\ -\ 215 \\ \hline \end{array}$

14 $\begin{array}{r} 476 \\ -\ 325 \\ \hline \end{array}$

15 $\begin{array}{r} 596 \\ -\ 272 \\ \hline \end{array}$

16 $\begin{array}{r} 679 \\ -\ 416 \\ \hline \end{array}$

17 $\begin{array}{r} 579 \\ -\ 217 \\ \hline \end{array}$

18 $\begin{array}{r} 796 \\ -\ 255 \\ \hline \end{array}$

19 $\begin{array}{r} 879 \\ -\ 523 \\ \hline \end{array}$

20 $\begin{array}{r} 668 \\ -\ 253 \\ \hline \end{array}$

21 $\begin{array}{r} 758 \\ -\ 516 \\ \hline \end{array}$

22 $\begin{array}{r} 856 \\ -\ 534 \\ \hline \end{array}$

23 $\begin{array}{r} 768 \\ -\ 253 \\ \hline \end{array}$

24 $\begin{array}{r} 897 \\ -\ 356 \\ \hline \end{array}$

25 $\begin{array}{r} 978 \\ -\ 352 \\ \hline \end{array}$

step 1 원리 꼼꼼

6. 뺄셈 알아보기 (2)

받아내림이 한 번 있는 (세 자리 수)−(세 자리 수)

- 각 자리의 숫자를 맞추어 씁니다.
- 일의 자리 수끼리 뺄 수 없으면 십의 자리에서 일의 자리로 10을 받아내림하여 계산합니다.
- 십의 자리 수끼리 뺄 수 없으면 백의 자리에서 십의 자리로 10을 받아내림하여 계산합니다.
- 484−258의 계산

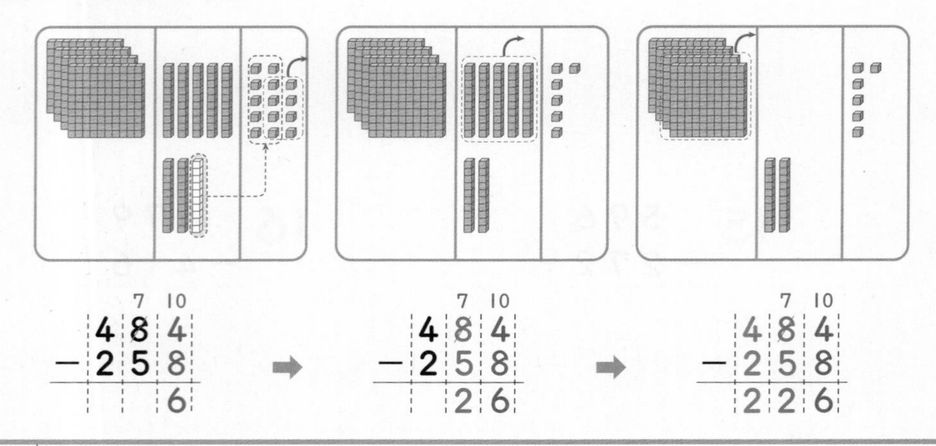

$$\begin{array}{r} \overset{}{4}\overset{7}{\cancel{8}}\overset{10}{4} \\ -\,258 \\ \hline 6 \end{array} \Rightarrow \begin{array}{r} \overset{}{4}\overset{7}{\cancel{8}}\overset{10}{4} \\ -\,258 \\ \hline 26 \end{array} \Rightarrow \begin{array}{r} \overset{}{4}\overset{7}{\cancel{8}}\overset{10}{4} \\ -\,258 \\ \hline 226 \end{array}$$

원리 확인 1 □ 안에 알맞은 숫자를 써넣으세요.

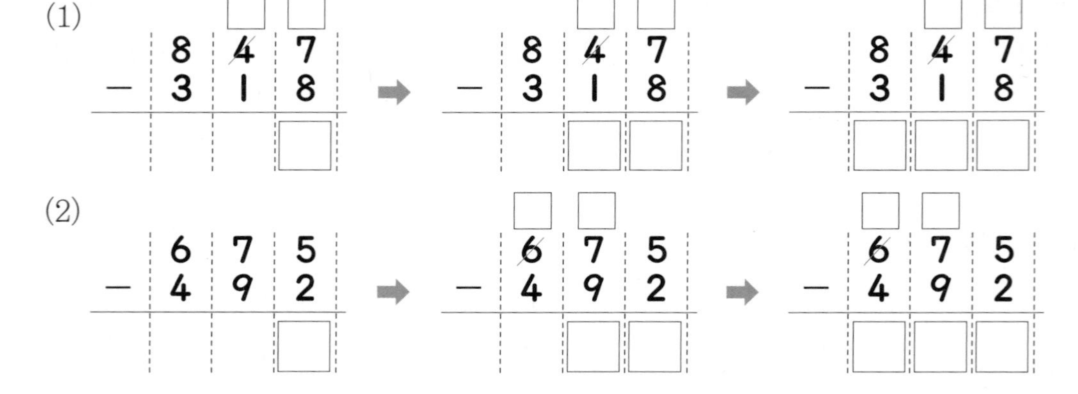

(1) 847 − 318 → 847 − 318 → 847 − 318

(2) 675 − 492 → 675 − 492 → 675 − 492

원리 확인 2 □ 안에 알맞은 수를 써넣으세요.

(1) 746−518=(700+40+□)−(500+□+□)

=(700−500)+(40−10−□)+(10+□−□)

=□+□+□=□

(2) 683−348=(600+□)−(300+□)

=(600−300)+(□−□)

=□+□=□

기본 문제를 통해 개념과 원리를 다져요.

1단원

1 □ 안에 알맞은 수를 써넣으세요.

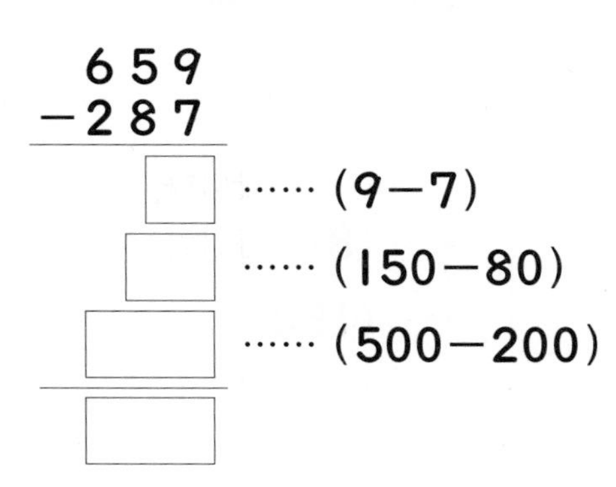

2 □ 안에 알맞은 숫자를 써넣으세요.

(1)
$$\begin{array}{r} 876 \\ -\ 538 \\ \hline \end{array} \Rightarrow \begin{array}{r|r|r} 8 & 7 & 6 \\ -\ 5 & 3 & 8 \\ \hline \square & \square & \square \end{array}$$

(2)
$$\begin{array}{r} 938 \\ -\ 364 \\ \hline \end{array} \Rightarrow \begin{array}{r|r|r} 9 & 3 & 8 \\ -\ 3 & 6 & 4 \\ \hline \square & \square & \square \end{array}$$

3 관계있는 것끼리 선으로 이어 보세요.

746−329 ·	· 416
845−473 ·	· 417
674−258 ·	· 372

4 상연이는 329개의 바둑돌을 가지고 있습니다. 그중에서 156개가 흰 바둑돌이라면 검은 바둑돌은 몇 개인가요?

1. 각 자리 수끼리 뺄셈을 하여 더합니다. 십의 자리 수끼리 뺄셈을 할 수 없으므로 백의 자리에서 받아내림하여 계산합니다.

2. (1) 일의 자리 수끼리 뺄셈을 할 수 없으므로 십의 자리에서 받아내림하여 계산합니다.
(2) 십의 자리 수끼리 뺄셈을 할 수 없으므로 백의 자리에서 받아내림하여 계산합니다.

3. 먼저 각각의 뺄셈을 한 후 계산 결과를 찾아 선으로 잇습니다.

4. 전체의 바둑돌의 개수에서 흰 바둑돌의 개수를 빼면 검은 바둑돌의 개수가 나옵니다.

원리 척척

 □ 안에 알맞은 수를 써넣으세요. [1 ~ 10]

1

$$\begin{array}{r} 546 \\ -218 \\ \hline \square \\ \square \\ \square \\ \hline \square \end{array}$$

- □ …… (16−8)
- □ …… (30−□)
- □ …… (500−□)

2

$$\begin{array}{r} 658 \\ -274 \\ \hline \square \\ \square \\ \square \\ \hline \square \end{array}$$

- □ …… (8−□)
- □ …… (150−□)
- □ …… (500−□)

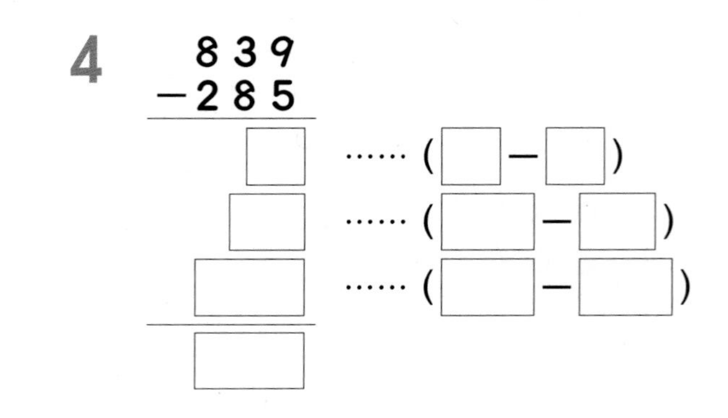

3

$$\begin{array}{r} 673 \\ -348 \\ \hline \square \\ \square \\ \square \\ \hline \square \end{array}$$

- □ …… (□−□)
- □ …… (□−□)
- □ …… (□−□)

4

$$\begin{array}{r} 839 \\ -285 \\ \hline \square \\ \square \\ \square \\ \hline \square \end{array}$$

- □ …… (□−□)
- □ …… (□−□)
- □ …… (□−□)

5

	□	□	
	5	~~8~~	3
−	2	4	7
	□	□	□

6

	□	□	
	7	~~6~~	4
−	2	3	8
	□	□	□

7

	□	□	
	8	~~5~~	6
−	4	2	9
	□	□	□

8

	□	□	
	~~6~~	3	6
−	2	7	4
	□	□	□

9

	□	□	
	~~9~~	5	7
−	4	8	6
	□	□	□

10

	□	□	
	~~7~~	4	5
−	3	6	2
	□	□	□

계산해 보세요. [11~25]

11 $\begin{array}{r} 742 \\ -127 \\ \hline \end{array}$

12 $\begin{array}{r} 865 \\ -238 \\ \hline \end{array}$

13 $\begin{array}{r} 694 \\ -426 \\ \hline \end{array}$

14 $\begin{array}{r} 859 \\ -364 \\ \hline \end{array}$

15 $\begin{array}{r} 937 \\ -562 \\ \hline \end{array}$

16 $\begin{array}{r} 768 \\ -495 \\ \hline \end{array}$

17 $\begin{array}{r} 565 \\ -248 \\ \hline \end{array}$

18 $\begin{array}{r} 766 \\ -249 \\ \hline \end{array}$

19 $\begin{array}{r} 845 \\ -238 \\ \hline \end{array}$

20 $\begin{array}{r} 654 \\ -273 \\ \hline \end{array}$

21 $\begin{array}{r} 726 \\ -572 \\ \hline \end{array}$

22 $\begin{array}{r} 857 \\ -583 \\ \hline \end{array}$

23 $\begin{array}{r} 536 \\ -229 \\ \hline \end{array}$

24 $\begin{array}{r} 648 \\ -365 \\ \hline \end{array}$

25 $\begin{array}{r} 728 \\ -519 \\ \hline \end{array}$

1 원리 꼼꼼

7. 뺄셈 알아보기 (3)

받아내림이 두 번 있는 (세 자리 수)−(세 자리 수)

같은 자리 수끼리 뺄 수 없으면 바로 윗자리에서 10을 받아내림합니다.

• 634−275의 계산

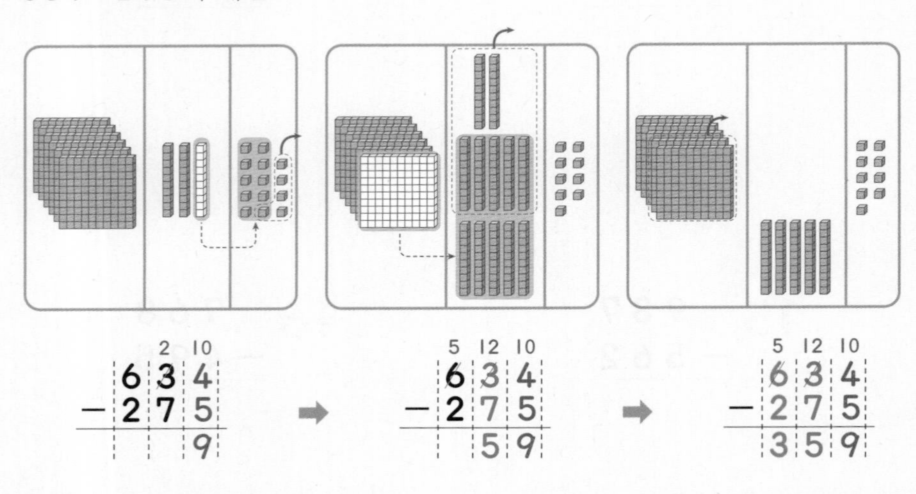

$634-275$: 일의 자리 $14-5=9$ → 십의 자리 $12-7=5$ → 백의 자리 $5-2=3$, 답 359

1 □ 안에 알맞은 숫자를 써넣으세요.

$958-789$ → □ → □□ → □□□

2 □ 안에 알맞은 수를 써넣으세요.

(1) $836-468=(700+100+\square)-(400+60+\square)$
$=(700-\square)+(100-\square)+(36-\square)$
$=\square+\square+\square$
$=\square$

(2) $684-398=(600+\square)-(300+\square)$
$=(600-300)+(\square-\square)$
$=(500-300)+(100+\square-\square)$
$=\square+\square=\square$

원리 탄탄

기본 문제를 통해 개념과 원리를 다져요.

1단원

1 □ 안에 알맞은 수를 써넣으세요.

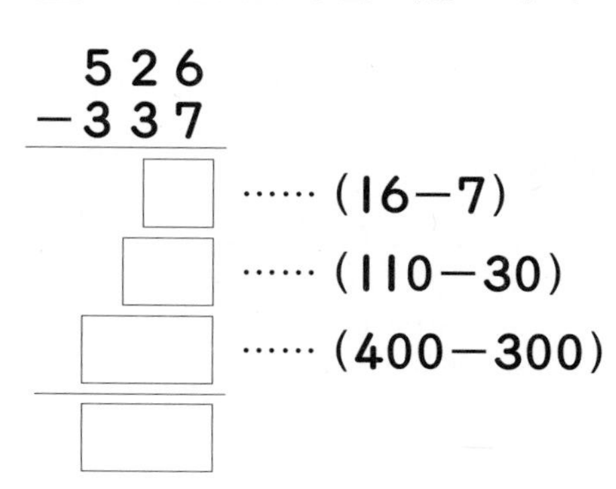

1. 일의 자리 수끼리 뺄 수 없으면 십의 자리에서 받아내림하여 계산하고, 십의 자리 수끼리 뺄 수 없으면 백의 자리에서 받아내림하여 계산합니다.

2 □ 안에 알맞은 숫자를 써넣으세요.

(1) 623 − 349 ➡ 6 2 3 − 3 4 9 = □□□

(2) 846 − 598 ➡ 8 4 6 − 5 9 8 = □□□

3 빈 곳에 알맞은 수를 써넣으세요.

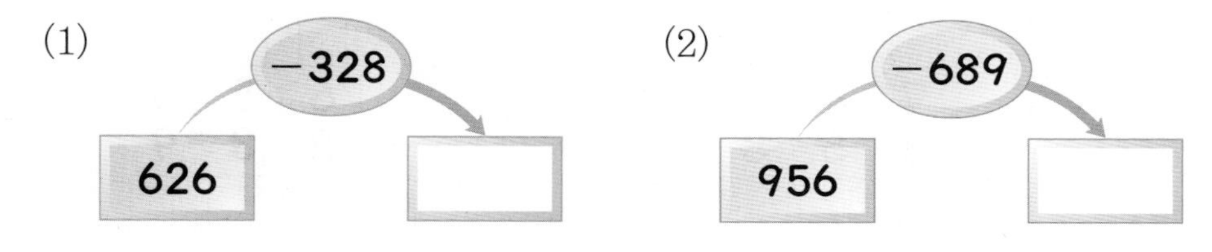

3. 받아내림하고 남은 수와 받아내림한 수를 기억하고 계산합니다.

4 영화관에 들어온 관람객은 모두 **524**명입니다. 그중에서 남자가 **296**명이라면 여자는 몇 명인가요?

4. 전체 관람객 수에서 남자 관람객 수를 빼면 여자 관람객 수가 나옵니다.

원리 척척

 □ 안에 알맞은 수를 써넣으세요. [1 ~ 10]

1

$$\begin{array}{r} 625 \\ -248 \\ \hline \square \\ \square \\ \square \\ \hline \square \end{array}$$

□ ······ (15－8)
□ ······ (110－40)
□ ······ (500－□)

2

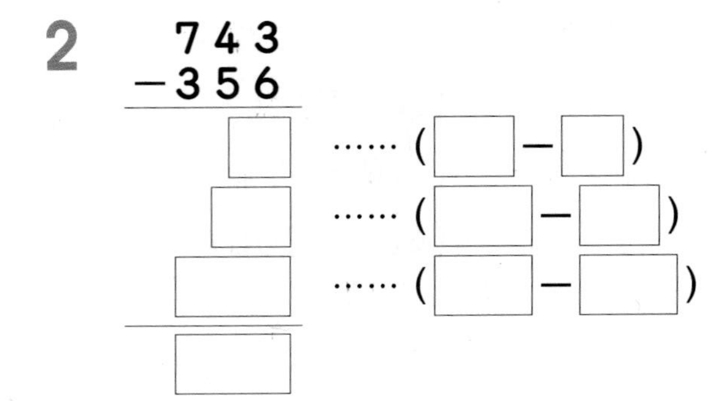

$$\begin{array}{r} 743 \\ -356 \\ \hline \square \\ \square \\ \square \\ \hline \square \end{array}$$

□ ······ (□－□)
□ ······ (□－□)
□ ······ (□－□)

3

$$\begin{array}{r} 857 \\ -379 \\ \hline \square \\ \square \\ \square \\ \hline \square \end{array}$$

□ ······ (□－□)
□ ······ (□－□)
□ ······ (□－□)

4

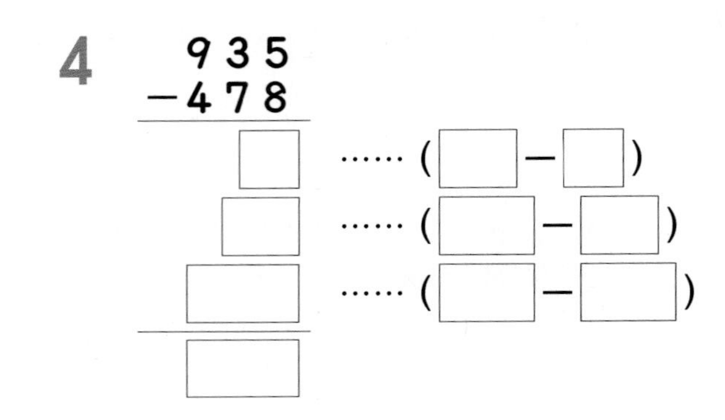

$$\begin{array}{r} 935 \\ -478 \\ \hline \square \\ \square \\ \square \\ \hline \square \end{array}$$

□ ······ (□－□)
□ ······ (□－□)
□ ······ (□－□)

5

$$\begin{array}{rccc} & \square & \square & \square \\ & 5 & 2 & 3 \\ - & 2 & 6 & 7 \\ \hline & \square & \square & \square \end{array}$$

6

$$\begin{array}{rccc} & \square & \square & \square \\ & 7 & 4 & 2 \\ - & 3 & 5 & 8 \\ \hline & \square & \square & \square \end{array}$$

7

$$\begin{array}{rccc} & \square & \square & \square \\ & 6 & 5 & 6 \\ - & 2 & 8 & 9 \\ \hline & \square & \square & \square \end{array}$$

8

$$\begin{array}{rccc} & \square & \square & \square \\ & 8 & 4 & 5 \\ - & 2 & 5 & 7 \\ \hline & \square & \square & \square \end{array}$$

9

$$\begin{array}{rccc} & \square & \square & \square \\ & 9 & 4 & 1 \\ - & 5 & 7 & 4 \\ \hline & \square & \square & \square \end{array}$$

10

$$\begin{array}{rccc} & \square & \square & \square \\ & 6 & 4 & 7 \\ - & 3 & 4 & 9 \\ \hline & \square & \square & \square \end{array}$$

1 단원

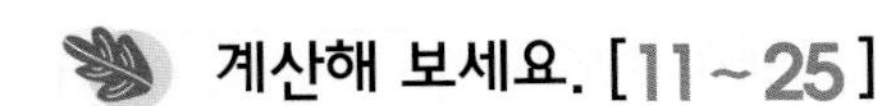
계산해 보세요. [11~25]

11 $\begin{array}{r} 203 \\ -146 \\ \hline \end{array}$

12 $\begin{array}{r} 304 \\ -157 \\ \hline \end{array}$

13 $\begin{array}{r} 407 \\ -269 \\ \hline \end{array}$

14 $\begin{array}{r} 201 \\ -175 \\ \hline \end{array}$

15 $\begin{array}{r} 308 \\ -139 \\ \hline \end{array}$

16 $\begin{array}{r} 502 \\ -324 \\ \hline \end{array}$

17 $\begin{array}{r} 616 \\ -278 \\ \hline \end{array}$

18 $\begin{array}{r} 625 \\ -328 \\ \hline \end{array}$

19 $\begin{array}{r} 751 \\ -582 \\ \hline \end{array}$

20 $\begin{array}{r} 533 \\ -268 \\ \hline \end{array}$

21 $\begin{array}{r} 846 \\ -559 \\ \hline \end{array}$

22 $\begin{array}{r} 924 \\ -756 \\ \hline \end{array}$

23 $\begin{array}{r} 854 \\ -289 \\ \hline \end{array}$

24 $\begin{array}{r} 920 \\ -427 \\ \hline \end{array}$

25 $\begin{array}{r} 737 \\ -298 \\ \hline \end{array}$

01 □ 안에 알맞은 수를 써넣으세요.

(1) 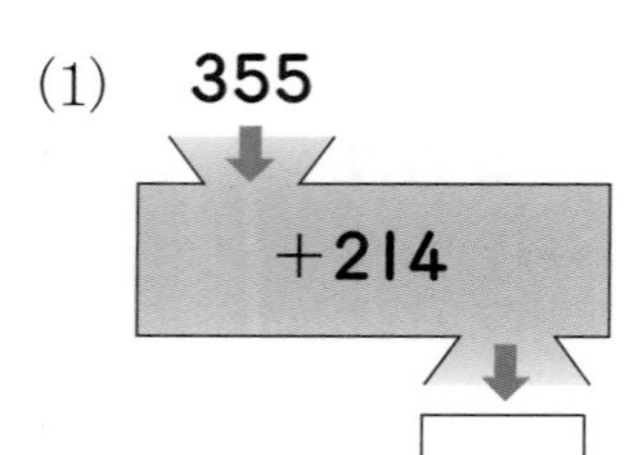

(2) 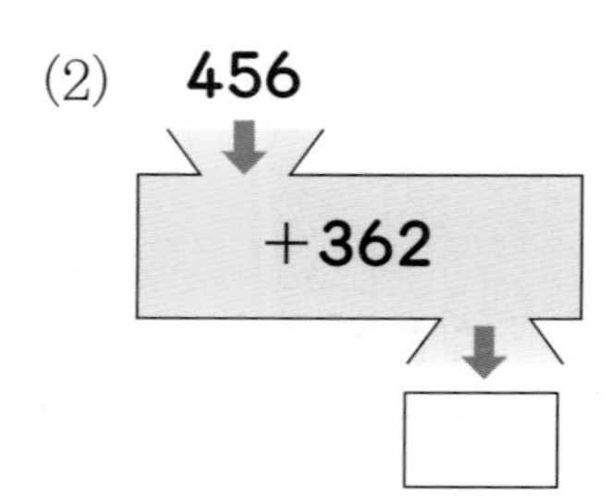

02 □ 안에 알맞은 수를 써넣으세요.

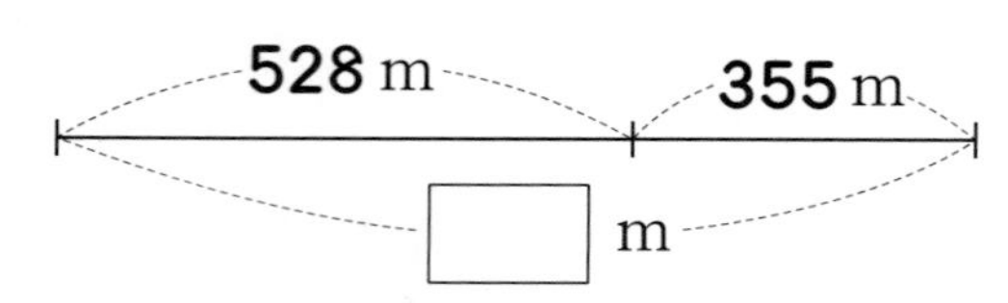

03 3장의 숫자 카드를 모두 사용하여 세 자리 수를 만들려고 합니다. 만들 수 있는 가장 큰 수와 가장 작은 수의 합을 구해 보세요.

1　4　5

(　　　　　)

04 198+304가 약 얼마인지 어림셈으로 구하려고 합니다. 어림셈으로 구한 값을 찾아 ○표 하세요.

500　600　700　800

05 오른쪽 덧셈식에서 ㉠에 들어갈 숫자와 나타내는 값을 차례로 써 보세요.

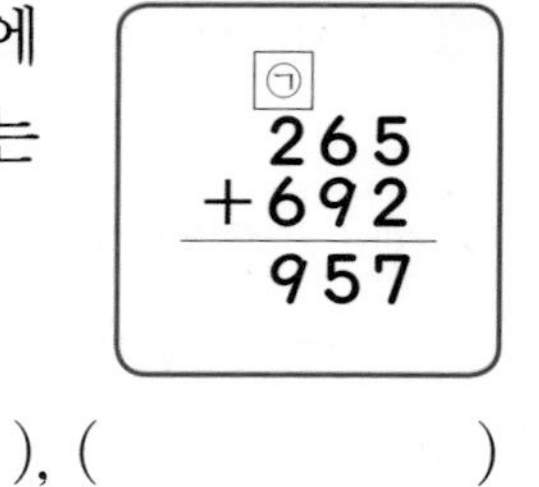

(　　　　　), (　　　　　)

06 다음 중 가장 큰 수와 가장 작은 수의 합을 구해 보세요.

243　687　394　228

(　　　　　)

07 □ 안에 알맞은 숫자를 써넣으세요.

(1)
$$\begin{array}{r} 3\ 8\ \square \\ +\ 5\ \square\ 2 \\ \hline 9\ 2\ 7 \end{array}$$

(2)
$$\begin{array}{r} 4\ \square\ 7 \\ +\ \square\ 5\ 3 \\ \hline 7\ 8\ \square \end{array}$$

08 상연이네 밭에서 작년에 딸기를 384상자 수확하였습니다. 올해는 작년보다 153상자를 더 수확하였습니다. 올해 수확한 딸기는 몇 상자인가요?

(　　　　　)

09 □ 안에 알맞은 수를 써넣으세요.

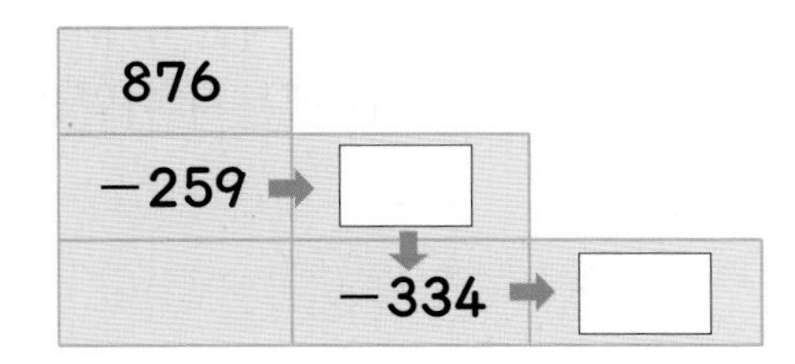

10 계산에서 틀린 곳을 찾아 바르게 고쳐 보세요.

$$\begin{array}{r} 739 \\ -\ 273 \\ \hline 566 \end{array}$$ ➡ □

11 □ 안에 알맞은 숫자를 써넣으세요.

$$\begin{array}{r} \square\ 5\ 6 \\ -\ 3\ \square\ 2 \\ \hline 4\ 7\ 4 \end{array}$$

12 892−509가 약 얼마인지 어림셈으로 구하려고 합니다. 어림셈으로 구한 값을 찾아 ○표 하세요.

100　200　300　400

13 삼각형 안에 있는 수들의 차를 구해 보세요.

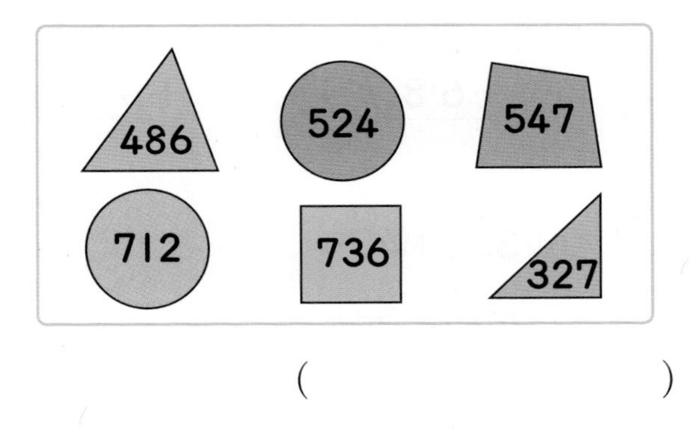

(　　　　　　)

14 계산 결과가 가장 큰 것부터 차례로 기호를 써 보세요.

㉠ 483+124−258
㉡ 906−378−296
㉢ 584+195−287

(　　,　　,　　)

15 오른쪽 계산에서 □ 안의 수가 실제로 나타내는 값을 구해 보세요.

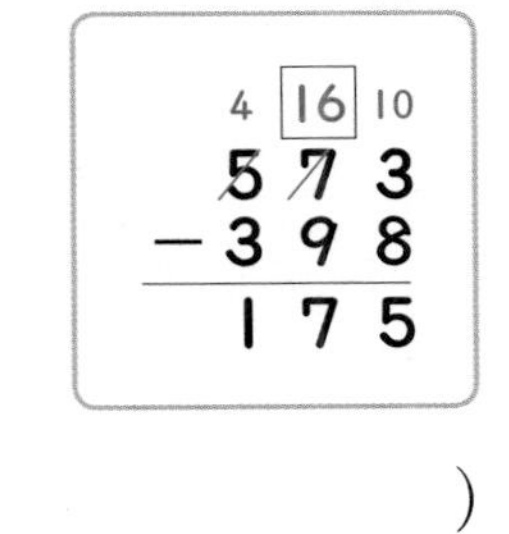

(　　　　　　)

16 빈 곳에 알맞은 수를 써넣으세요.

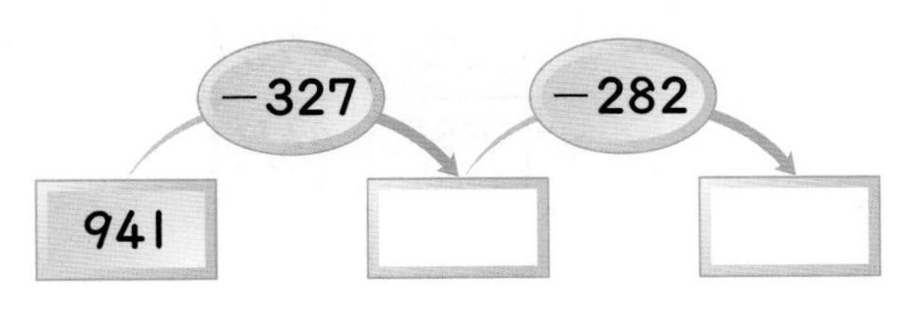

점수

01 계산해 보세요.

(1)
$$\begin{array}{r} 224 \\ +687 \\ \hline \end{array}$$

(2)
$$\begin{array}{r} 239 \\ +976 \\ \hline \end{array}$$

(3) 365+479

(4) 783+778

02 관계있는 것끼리 선으로 이어 보세요.

225+897 •	• 1122
737+475 •	• 1142
593+549 •	• 1212

03 두 수의 합을 구해 보세요.

345 578

( )

04 빈칸에 알맞은 수를 써넣으세요.

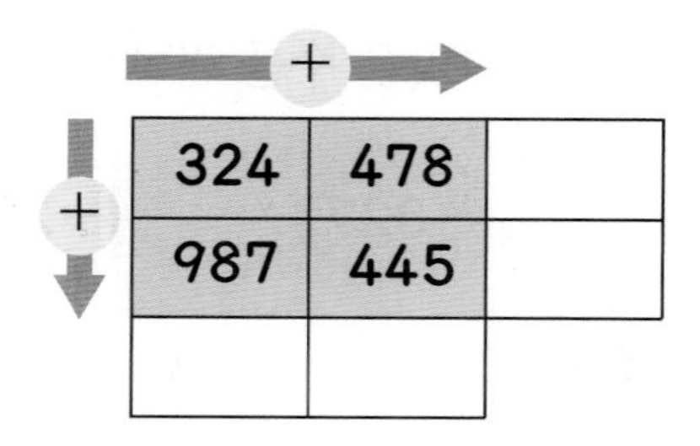

05 지윤이는 어제 줄넘기를 198번, 오늘 102번을 했습니다. 지윤이가 어제와 오늘 줄넘기를 약 몇 번 했는지 어림셈으로 구해 보세요.

( )

06 어느 박물관에 오늘 오전에 입장한 사람은 746명이고, 오늘 오후에 입장한 사람은 465명입니다. 이 박물관에 오늘 입장한 사람은 모두 몇 명인가요?

식 ____________________

답 ____________

07 주말농장에서 고추를 어제는 817개 땄고, 오늘은 399개 땄습니다. 어제와 오늘 딴 고추는 모두 몇 개인가요?

식 ____________________

답 ____________

08 계산해 보세요.

(1)
$$\begin{array}{r} 866 \\ -499 \\ \hline \end{array}$$

(2)
$$\begin{array}{r} 726 \\ -268 \\ \hline \end{array}$$

(3) 756−368

(4) 635−487

09 관계있는 것끼리 선으로 이어 보세요.

504−276 ·	· 388
910−542 ·	· 368
801−413 ·	· 228

10 두 수의 차를 구해 보세요.

504 399

( )

11 빈칸에 알맞은 수를 써넣으세요.

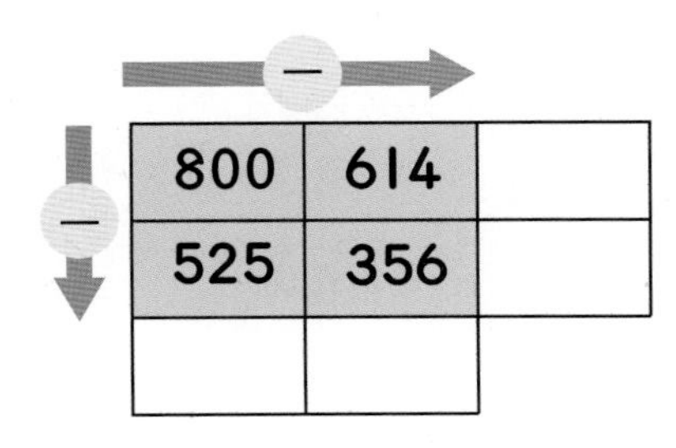

800	614	
525	356	

12 길이가 304 cm인 색 테이프 중에서 199 cm를 사용했습니다. 사용하고 남은 색 테이프는 약 몇 cm인지 어림셈으로 구해 보세요.

( )

13 영진이는 색 테이프 541 cm 중에서 292 cm를 사용했습니다. 남은 색 테이프의 길이는 몇 cm인가요?

식 ______

답 ______

14 혜진이네 학교 학생은 503명이고 그중에서 남학생이 295명이라면 여학생은 몇 명인가요?

식 ______

답 ______

15 ○ 안에 >, =, <를 알맞게 써넣으세요.

(1) 475+886 ○ 1350

(2) 618+795 ○ 1450

16 계산 결과가 가장 작은 것을 찾아 기호를 써 보세요.

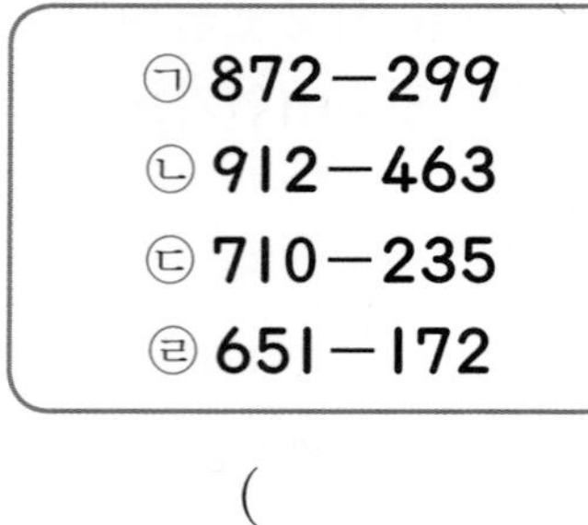

( )

17 계산 결과가 가장 큰 것은 어느 것인가요? ( )

① 336+895 ② 795+487
③ 774+558 ④ 367+935
⑤ 658+746

빈 곳에 알맞은 수를 써넣으세요. [18~20]

18

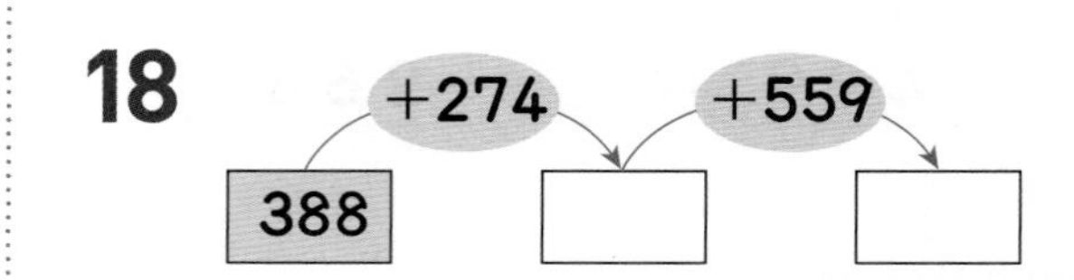

19

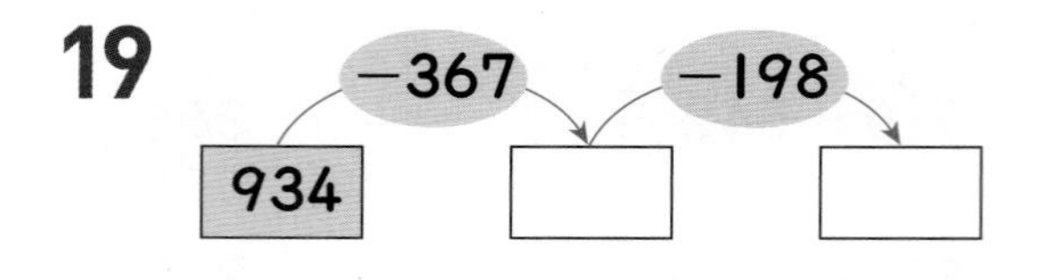

20

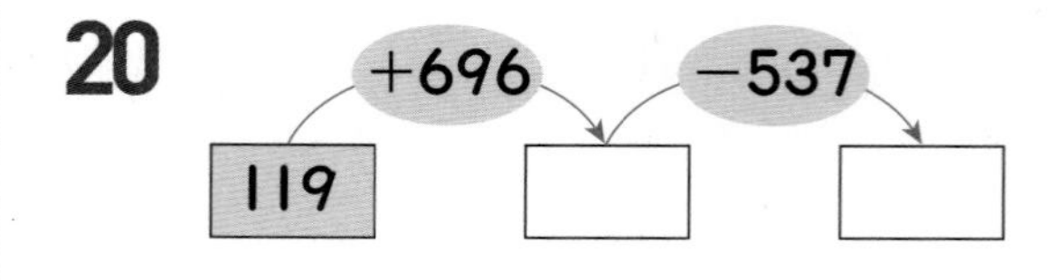

단원 2

평면도형

이번에 배울 내용

1. 선분, 반직선, 직선 알아보기
2. 각 알아보기
3. 직각 알아보기
4. 직각삼각형 알아보기
5. 직사각형 알아보기
6. 정사각형 알아보기

이전에 배운 내용

- 삼각형, 사각형, 원 알아보기

다음에 배울 내용

- 이등변삼각형, 정삼각형 알아보기
- 사다리꼴, 평행사변형, 마름모 알아보기

원리 꼼꼼

1. 선분, 반직선, 직선 알아보기

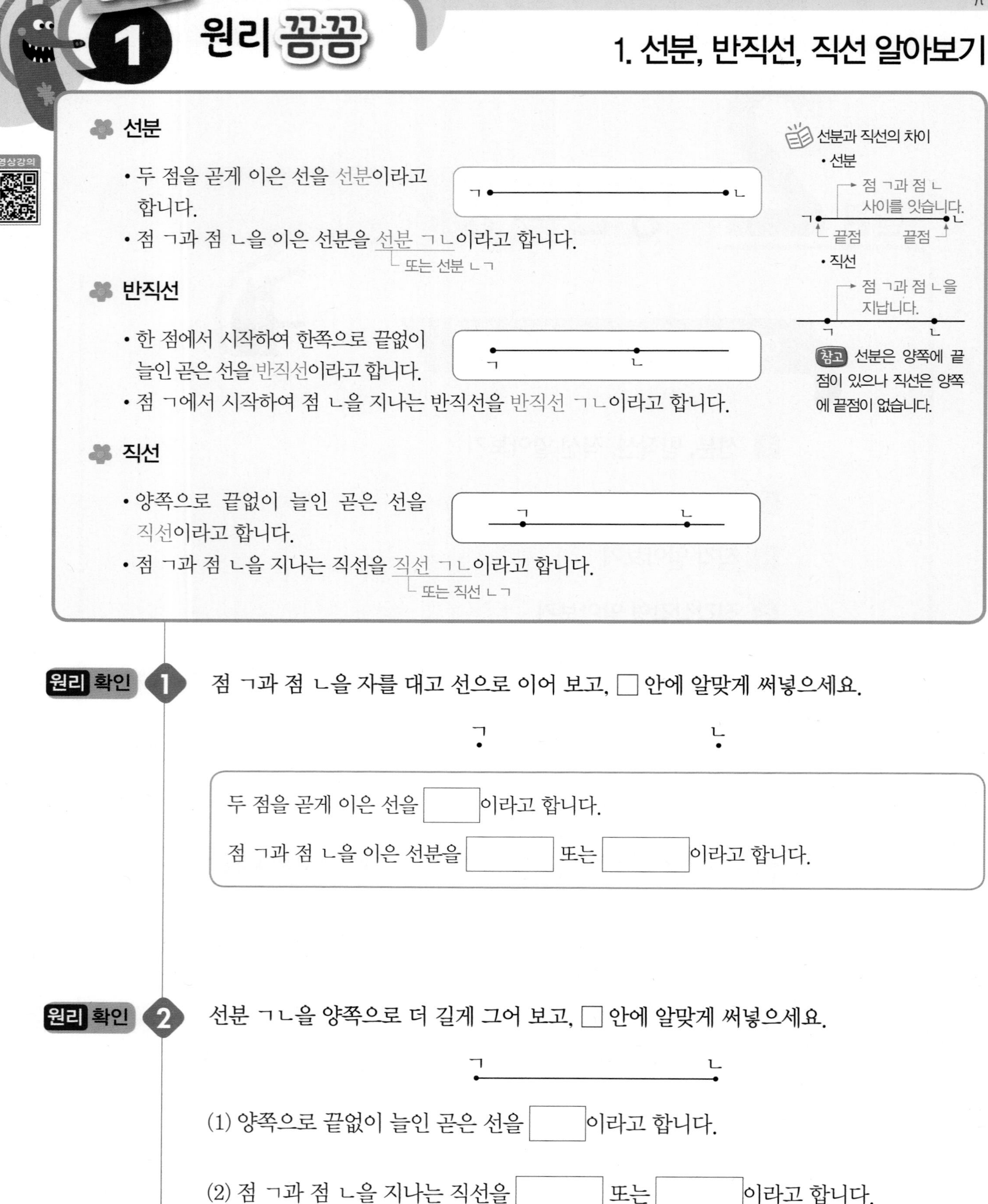

동영상강의

선분

- 두 점을 곧게 이은 선을 선분이라고 합니다.
- 점 ㄱ과 점 ㄴ을 이은 선분을 선분 ㄱㄴ이라고 합니다. (또는 선분 ㄴㄱ)

반직선

- 한 점에서 시작하여 한쪽으로 끝없이 늘인 곧은 선을 반직선이라고 합니다.
- 점 ㄱ에서 시작하여 점 ㄴ을 지나는 반직선을 반직선 ㄱㄴ이라고 합니다.

직선

- 양쪽으로 끝없이 늘인 곧은 선을 직선이라고 합니다.
- 점 ㄱ과 점 ㄴ을 지나는 직선을 직선 ㄱㄴ이라고 합니다. (또는 직선 ㄴㄱ)

선분과 직선의 차이

- 선분
  - 점 ㄱ과 점 ㄴ 사이를 잇습니다.
  - 끝점 끝점
- 직선
  - 점 ㄱ과 점 ㄴ을 지납니다.

참고 선분은 양쪽에 끝점이 있으나 직선은 양쪽에 끝점이 없습니다.

원리 확인 1 점 ㄱ과 점 ㄴ을 자를 대고 선으로 이어 보고, □ 안에 알맞게 써넣으세요.

ㄱ ㄴ

두 점을 곧게 이은 선을 □이라고 합니다.

점 ㄱ과 점 ㄴ을 이은 선분을 □ 또는 □이라고 합니다.

원리 확인 2 선분 ㄱㄴ을 양쪽으로 더 길게 그어 보고, □ 안에 알맞게 써넣으세요.

ㄱ ㄴ

(1) 양쪽으로 끝없이 늘인 곧은 선을 □이라고 합니다.

(2) 점 ㄱ과 점 ㄴ을 지나는 직선을 □ 또는 □이라고 합니다.

(3) 직선 ㄱㄴ에는 서로 다른 반직선 □과 반직선 □이 있습니다.

원리 탄탄

기본 문제를 통해 개념과 원리를 다져요.

1 곧은 선에 ○표 하세요.

(   )

(   )

2 선분에 ○표, 직선에 △표 하세요.

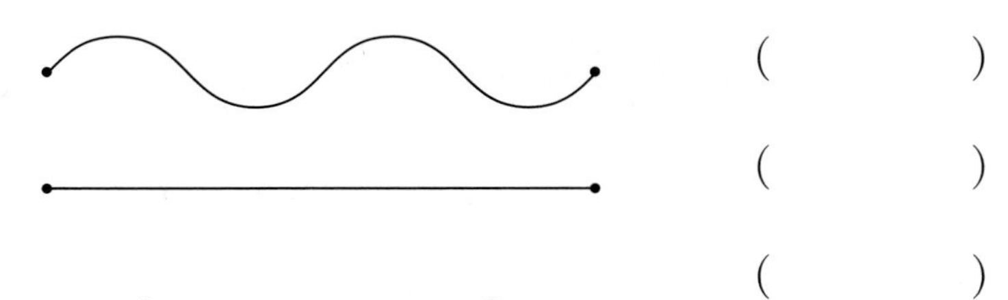

(   )

(   )

(   )

2. 두 점을 곧게 이은 선을 선분이라 하고, 양쪽으로 끝없이 늘인 곧은 선을 직선이라고 합니다.

3 도형의 이름을 써 보세요.

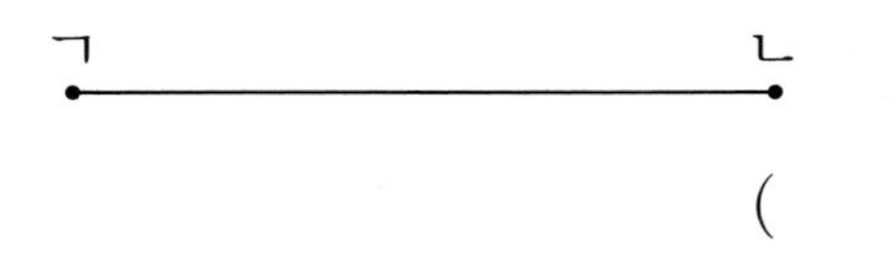

(   )

3. 선분의 끝점의 기호를 사용하여 읽습니다.

4 반직선 ㄱㄴ을 그려 보세요.

5 직선 ㄷㄹ이 되도록 알맞게 고쳐 보세요.

5. 선분 ㄷㄹ을 직선 ㄷㄹ이 되도록 고칩니다.

2 단원

원리 척척

1 굽은 선과 곧은 선으로 분류해 보세요.

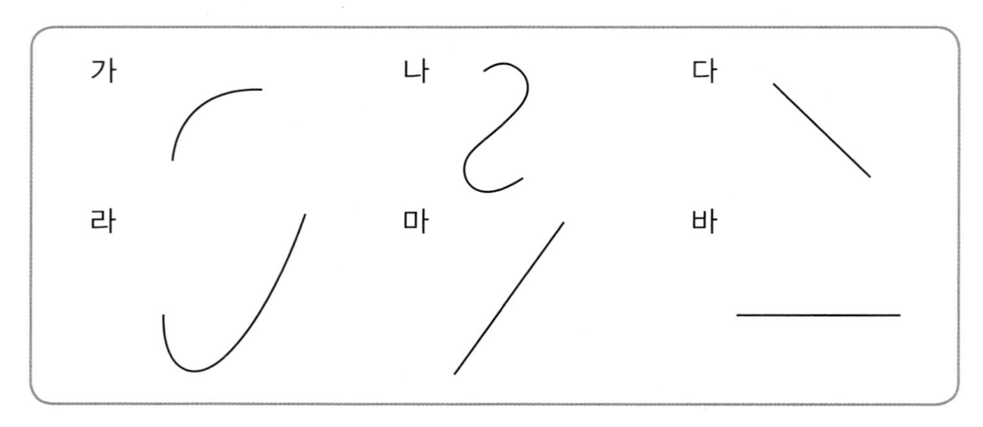

굽은 선	곧은 선

□ 안에 알맞은 말을 써넣으세요. [2~4]

2 두 점을 곧게 이은 선을 □이라고 합니다.

3 한 점에서 한쪽으로 끝없이 늘인 곧은 선을 □이라고 합니다.

4 양쪽으로 끝없이 늘인 곧은 선을 □이라고 합니다.

도형의 이름을 써 보세요. [5~6]

5

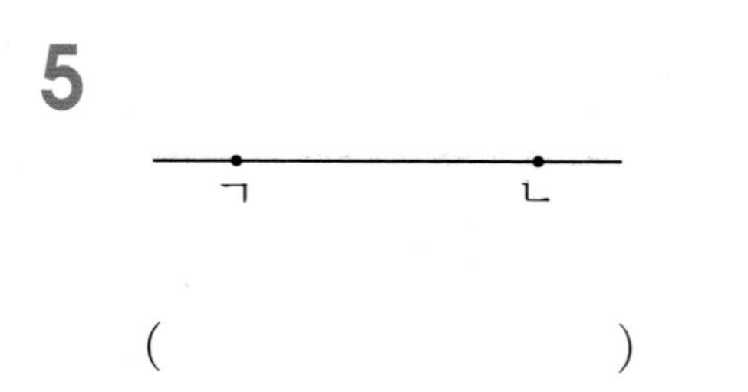

(　　　　　　　　)

6

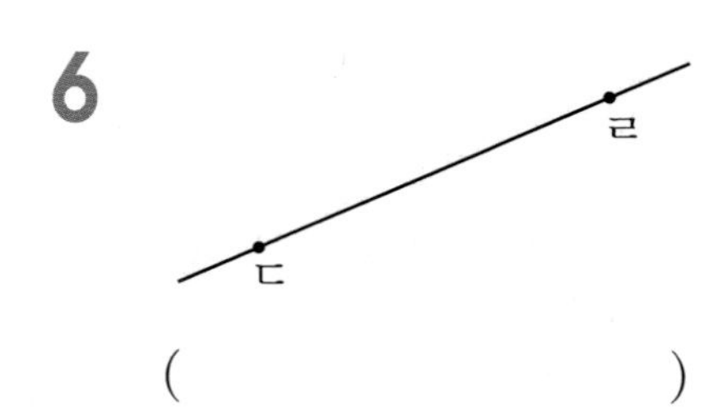

(　　　　　　　　)

도형의 이름을 써 보세요. [7 ~ 10]

7

ㄱ ㄴ

(　　　　　　　　)

8

ㄷ ㄹ

(　　　　　　　　)

9

ㅂ ㅁ

(　　　　　　　　)

10

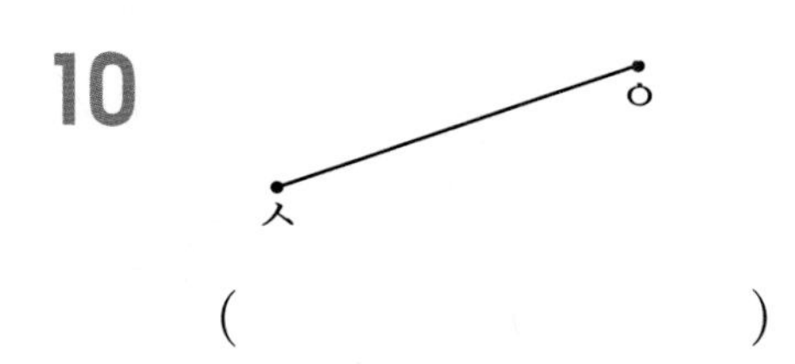

(　　　　　　　　)

□ 안에 알맞은 수를 써넣으세요. [11 ~ 13]

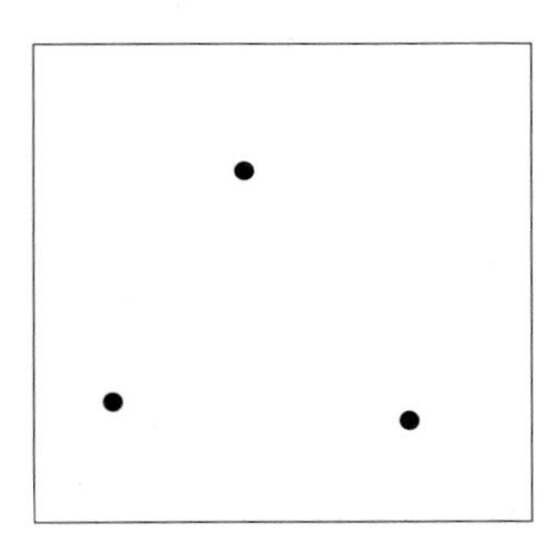

11 3개의 점 중에서 2개의 점을 택해 그릴 수 있는 선분은 □개입니다.

12 3개의 점 중에서 2개의 점을 택해 그릴 수 있는 반직선은 □개입니다.

13 3개의 점 중에서 2개의 점을 택해 그릴 수 있는 직선은 □개입니다.

점을 이용하여 다음을 그려 보세요. [14 ~ 16]

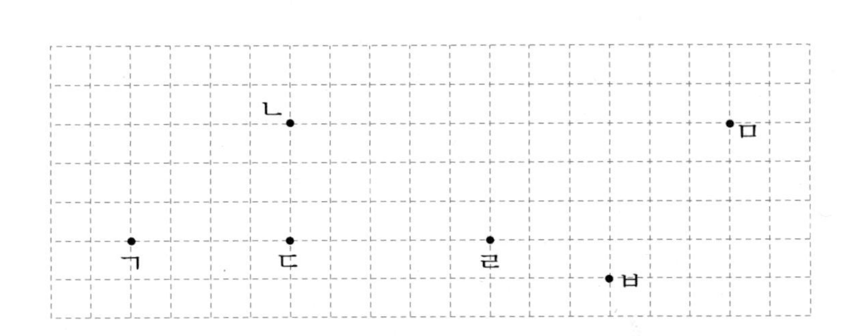

14 반직선 ㄱㄴ을 그려 보세요.

15 선분 ㄷㄹ을 그려 보세요.

16 반직선 ㅁㅂ을 그려 보세요.

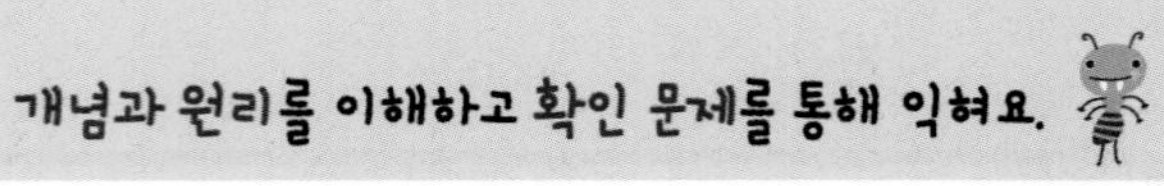

각의 구성 요소

- 한 점에서 그은 두 반직선으로 이루어진 도형을 각이라고 합니다.
- 그림에서 점 ㄴ을 각의 꼭짓점이라 하고, 반직선 ㄴㄱ, 반직선 ㄴㄷ을 각의 변이라고 합니다.
- 이 각을 각 ㄱㄴㄷ 또는 각 ㄷㄴㄱ이라고 합니다.

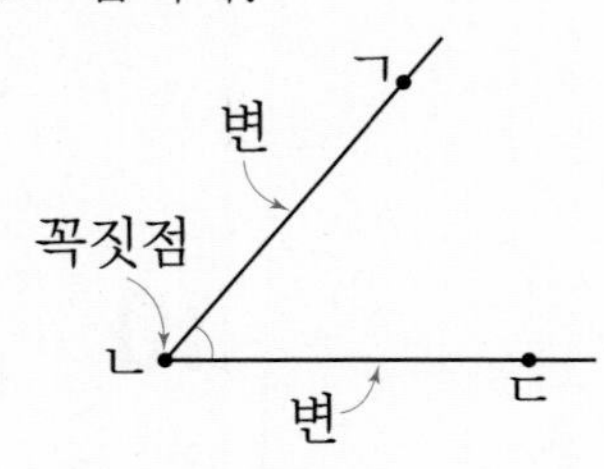

원리 확인 1 각을 찾아 기호를 써 보세요.

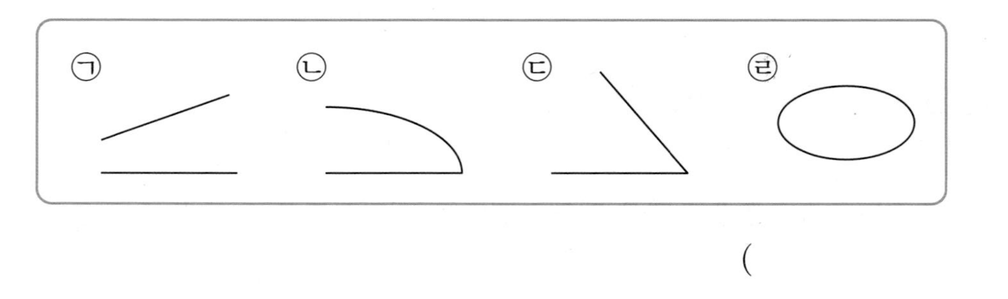

( )

원리 확인 2 그림을 보고 □ 안에 알맞게 써넣으세요.

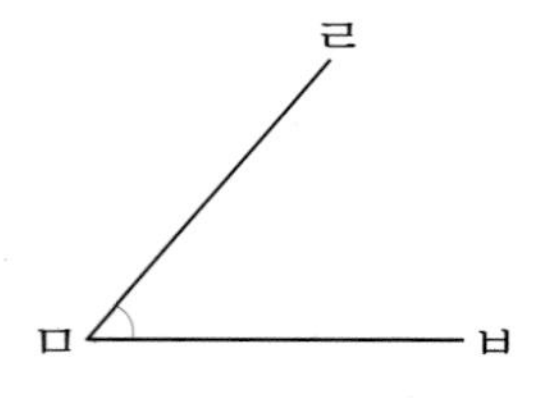

(1) 꼭짓점: 점 □

(2) 변: 변 □, 변 □

(3) 각: 각 □ 또는 각 □

원리 탄탄

기본 문제를 통해 개념과 원리를 다져요.

2 단원

1 □ 안에 알맞은 말을 써넣으세요.

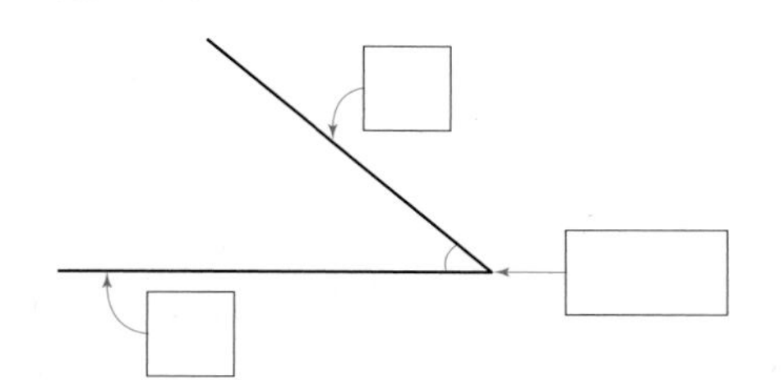

2 각을 읽어 보세요.

(1)

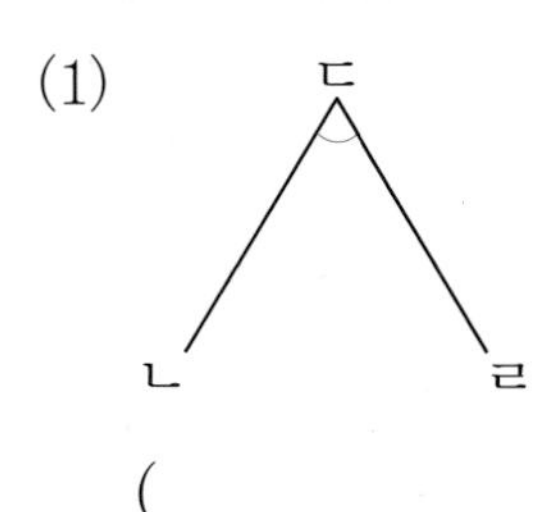

( )

(2)

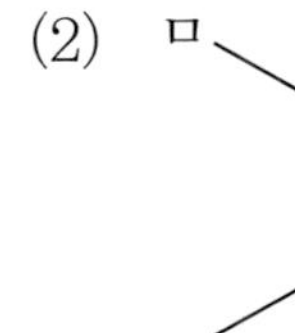

( )

2. 각을 읽을 때에는 각의 꼭짓점이 가운데에 오도록 읽습니다.

3 도형에서 각은 몇 개 있나요?

(1)

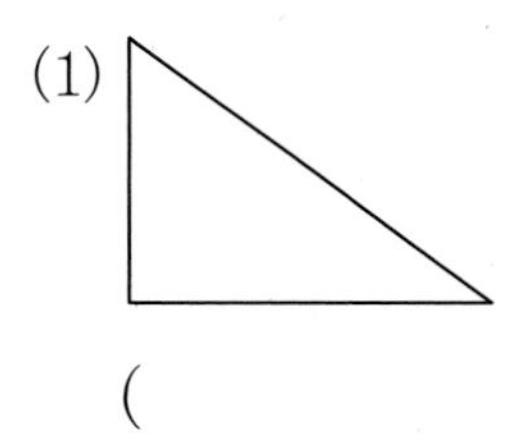

( )

(2)

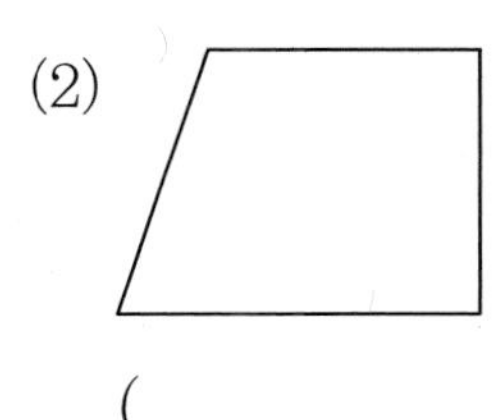

( )

4 점을 이어서 주어진 각을 그려 보세요.

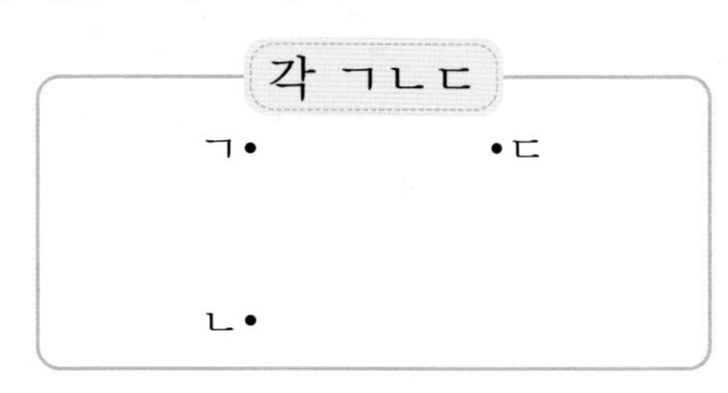

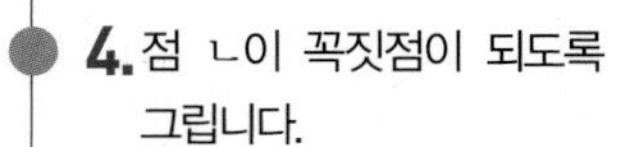

4. 점 ㄴ이 꼭짓점이 되도록 그립니다.

원리 척척

□ 안에 알맞은 말을 써넣으세요. [1 ~ 2]

1

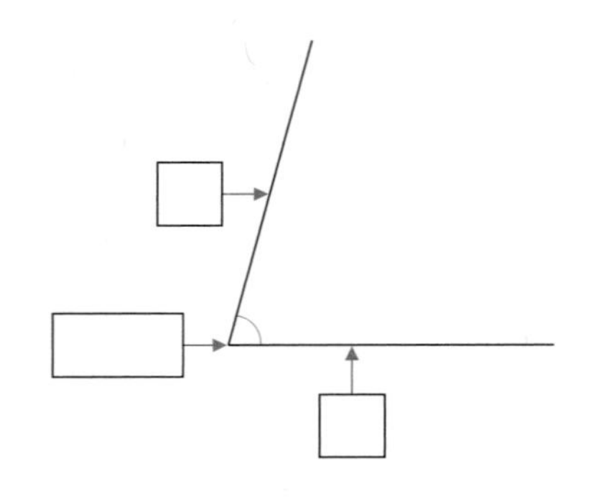

2

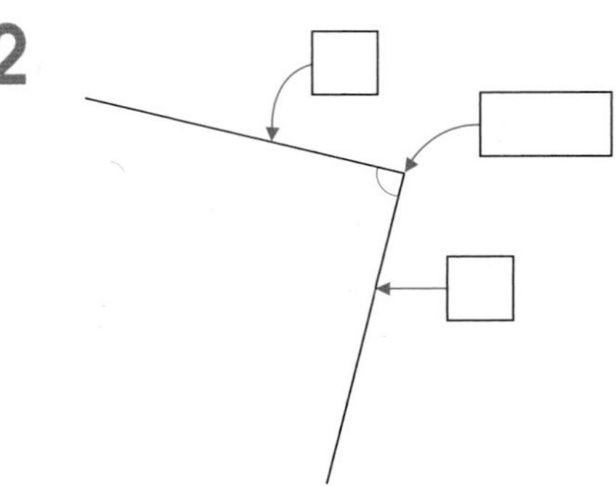

3 각이 있는 도형을 찾아 기호를 써 보세요.

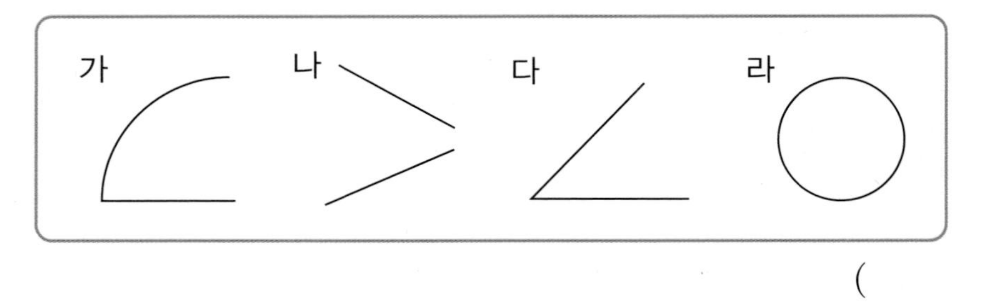

( )

각을 읽어 보세요. [4 ~ 7]

4

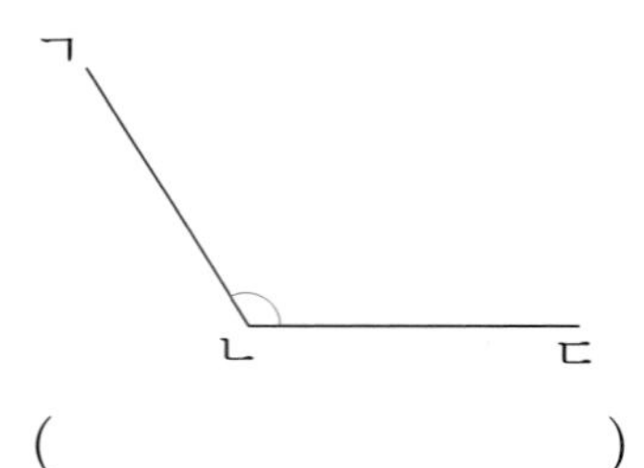

( )

5

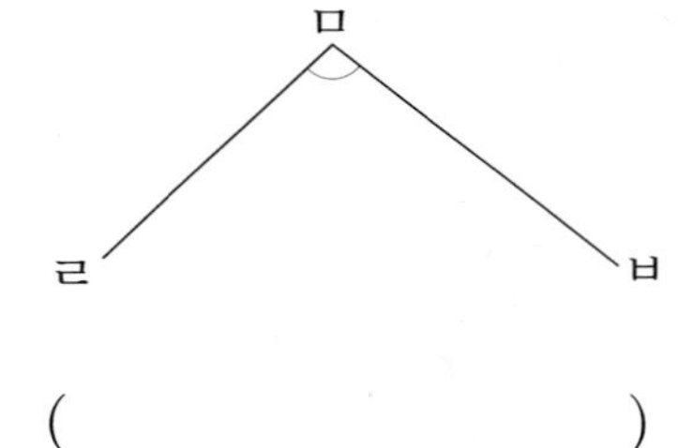

( )

6

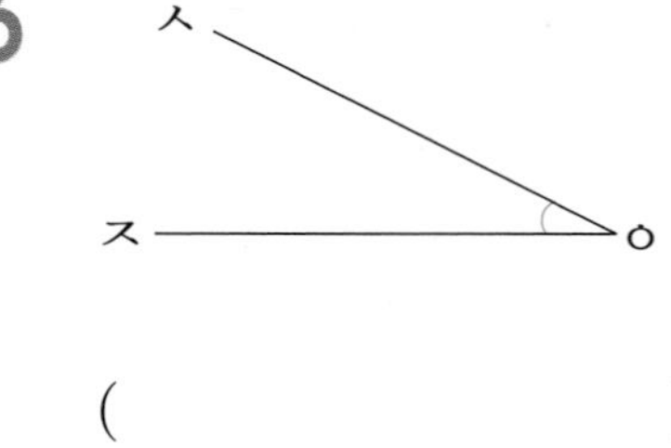

( )

7

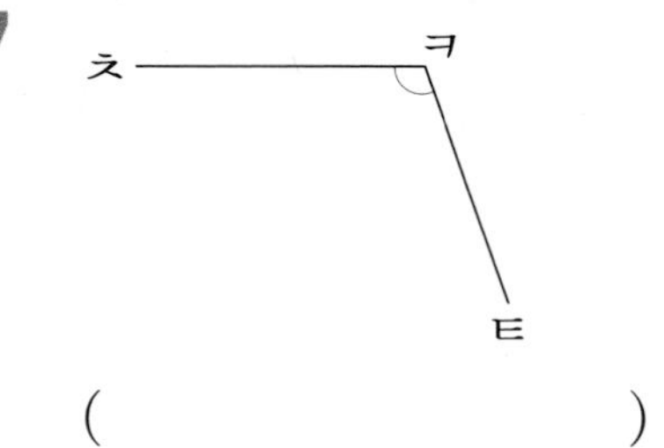

( )

도형에는 각이 모두 몇 개 있는지 세어 보세요. [8~22]

8
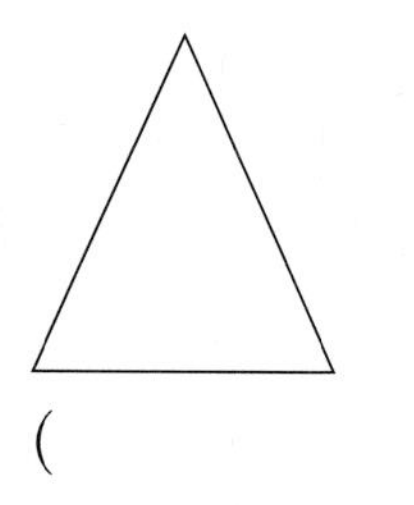
(   )

9

(   )

10
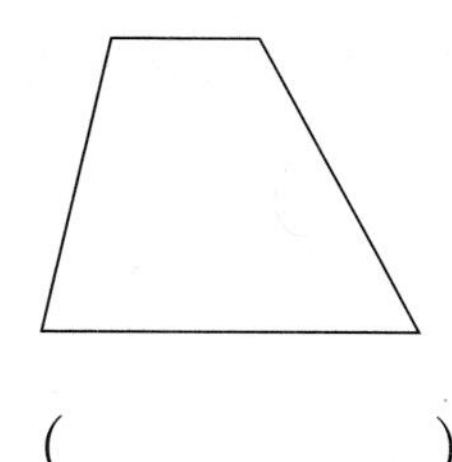
(   )

11
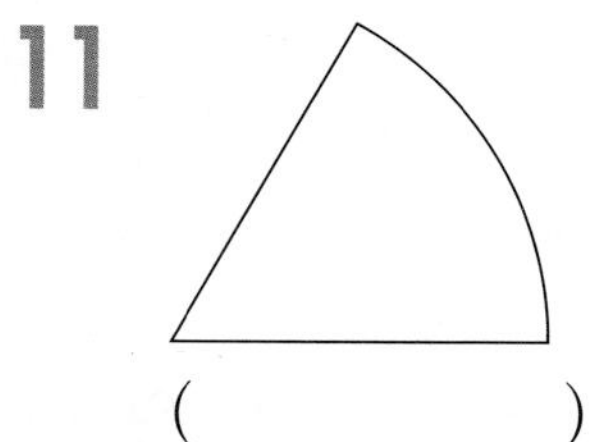
(   )

12
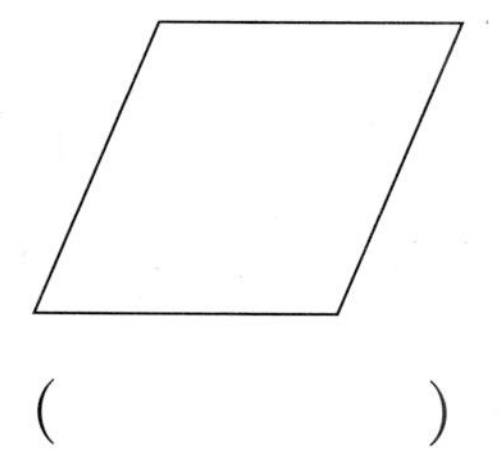
(   )

13
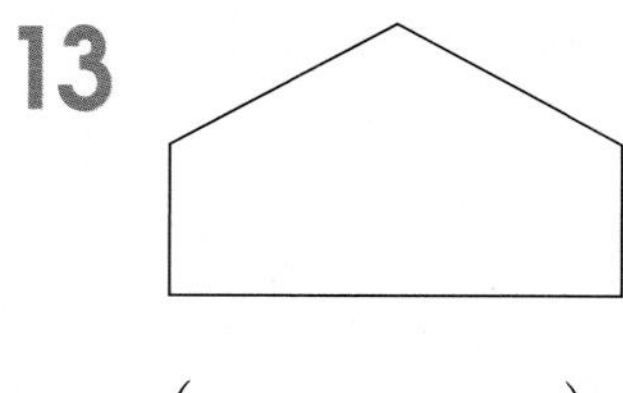
(   )

14
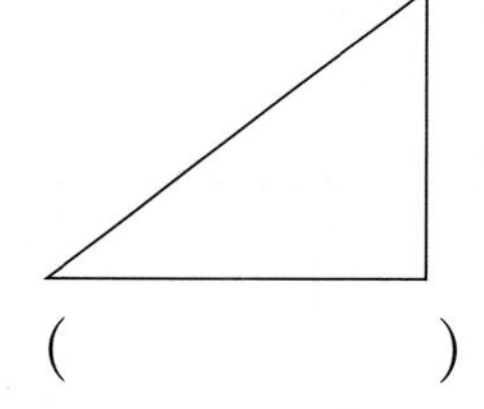
(   )

15
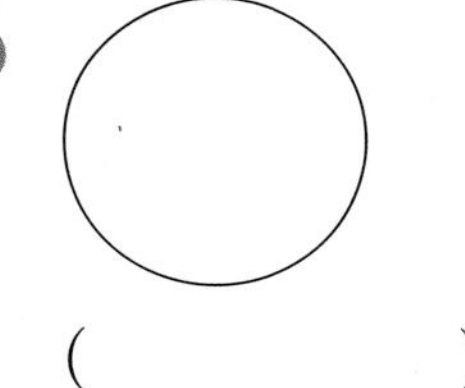
(   )

16
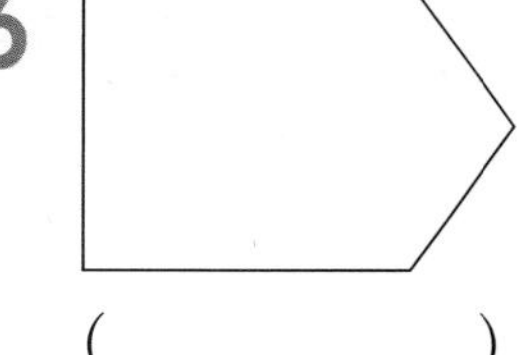
(   )

17
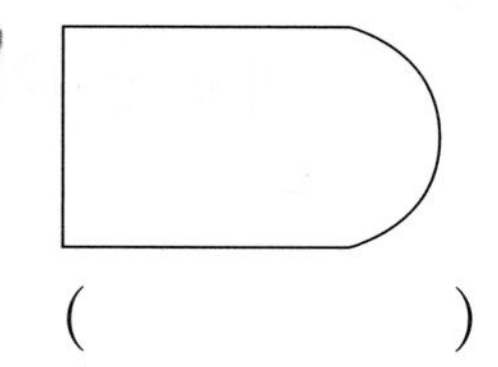
(   )

18
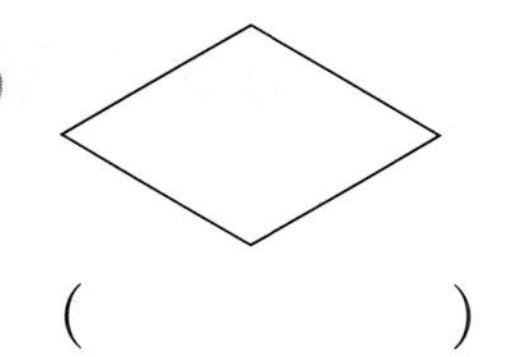
(   )

19

(   )

20
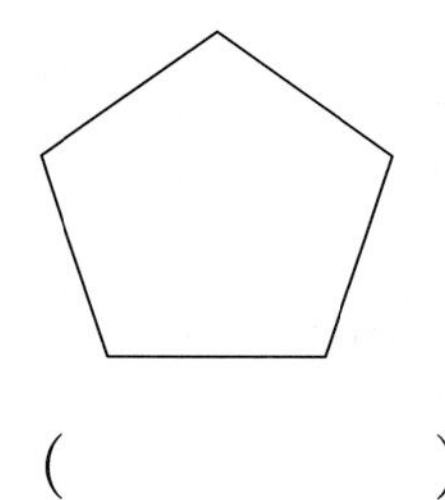
(   )

21
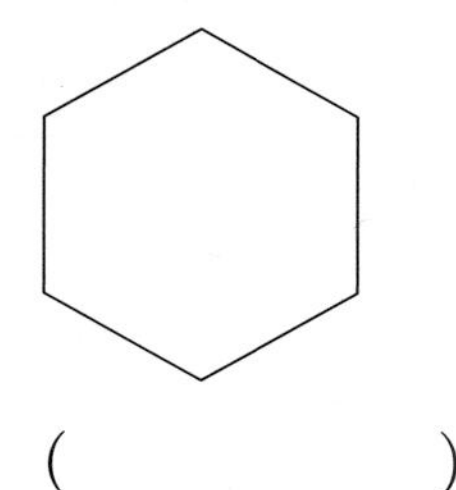
(   )

22
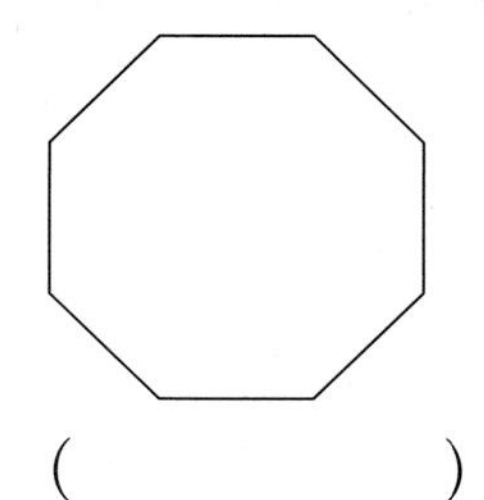
(   )

step 1 원리 꼼꼼

3. 직각 알아보기

동영상강의

직각 알아보기

그림과 같이 반듯하게 두 번 접은 종이를 본뜬 각을 직각이라고 합니다.

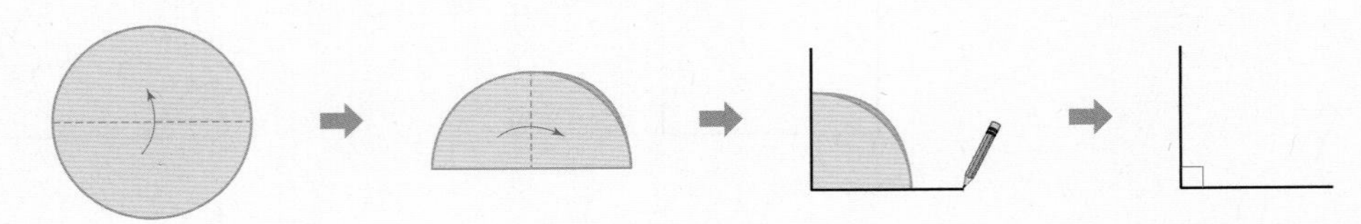

삼각자를 이용하여 직각 찾기

삼각자의 직각 부분을 각에 대어 보았을 때, 꼭 맞게 겹쳐지면 직각입니다.

원리 확인 **1** 윤희는 다음과 같이 색종이의 모양을 그려 보았습니다. 그린 모양에 대하여 알아보세요.

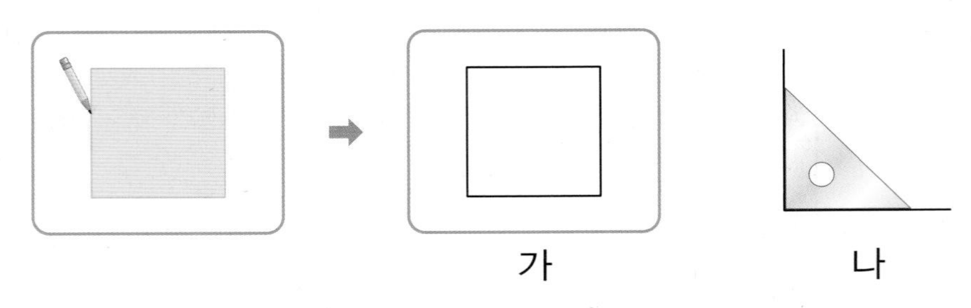

(1) 가에 있는 모든 각에 나와 같이 삼각자를 대어 보면 꼭 맞게 겹쳐지는 각은 모두 ☐개입니다.

(2) 나와 같이 삼각자를 대어 보았을 때, 꼭 맞게 겹쳐지는 각을 ☐이라고 합니다.

(3) 가에는 직각이 모두 ☐개 있습니다.

원리 확인 **2** 직각이 있는 도형을 모두 찾아 ○표 하세요.

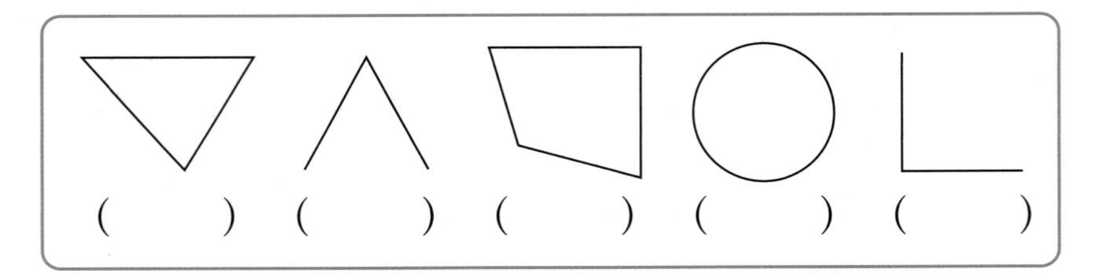

2 단원

1 직각을 찾아 기호를 써 보세요.

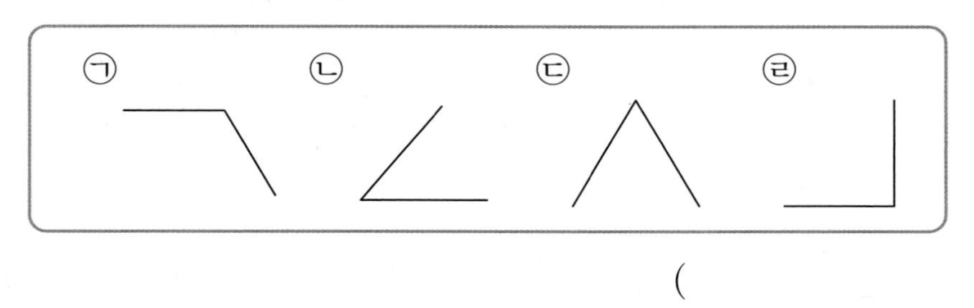

( )

2 삼각자의 어느 부분을 이용하여 직각을 그려야 하는지 ○표 하세요.

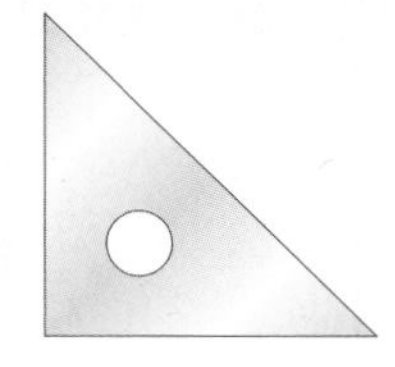

3 도형에서 직각을 모두 찾아 ⌞으로 표시해 보세요.

(1)

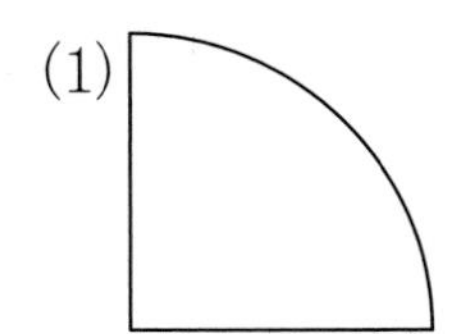

(2)

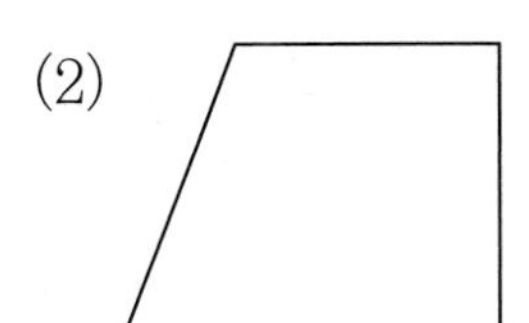

3. 삼각자의 직각인 부분을 대어 보았을 때 꼭 맞게 겹쳐지는 각을 모두 찾습니다.

4 주어진 선을 한 변으로 하는 직각을 그려 보세요.

(1)

(2)

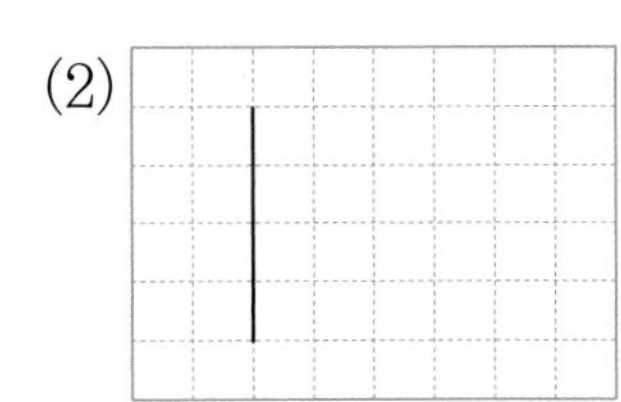

4. 모눈종이의 모눈은 직각으로 이루어져 있으므로 주어진 선의 한쪽 끝에서 모눈을 따라 선을 그어 직각을 그립니다.

원리 척척

 직각이면 ○표, 직각이 아니면 ×표 하세요. [1~3]

1 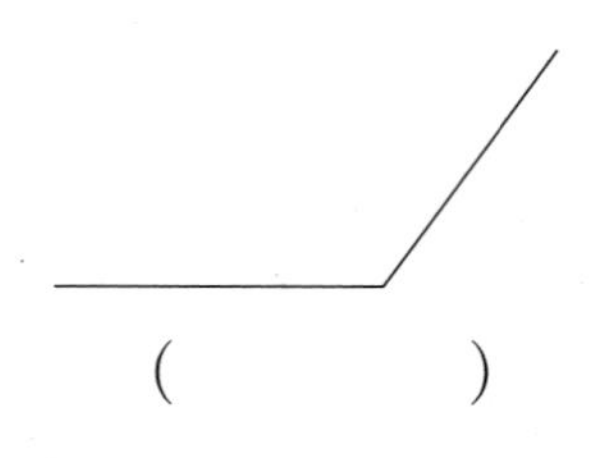

( )

2 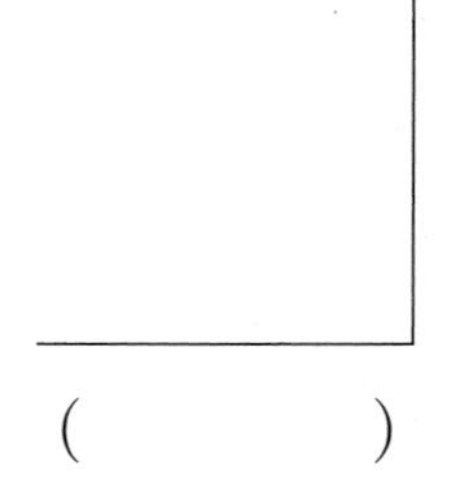

( )

3 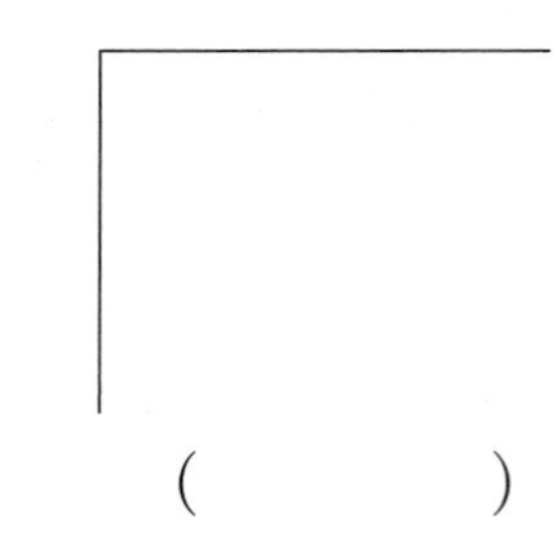

( )

삼각자를 이용하여 주어진 선을 한 변으로 하는 직각을 그려 보세요. [4~9]

4

5

6 

7

8

9

10 직선을 **2**개 그어 직각 **4**개를 만들어 보세요.

11 직선을 **3**개 그어 직각 **8**개를 만들어 보세요.

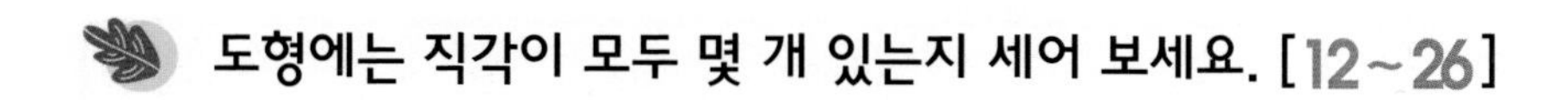

도형에는 직각이 모두 몇 개 있는지 세어 보세요. [12~26]

12 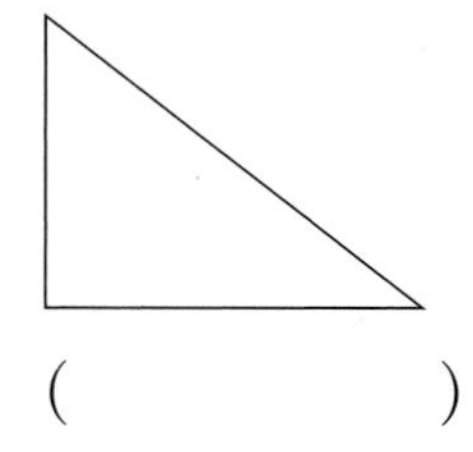

( )

13 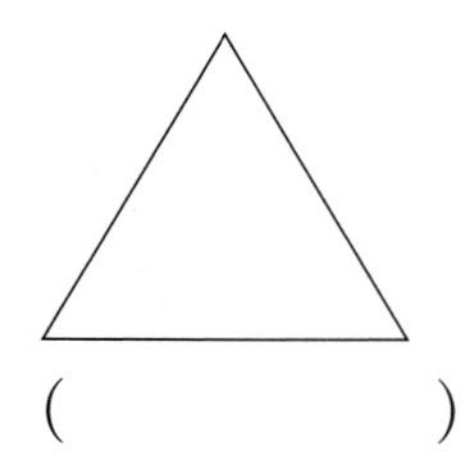

( )

14 

( )

15 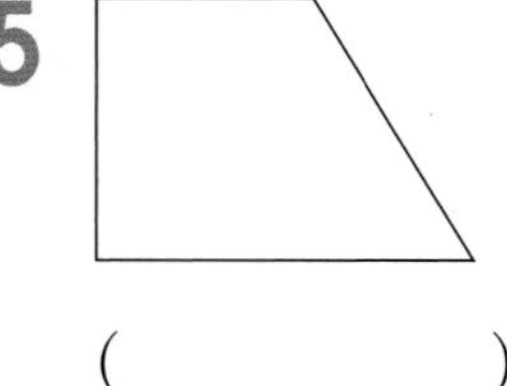

( )

16 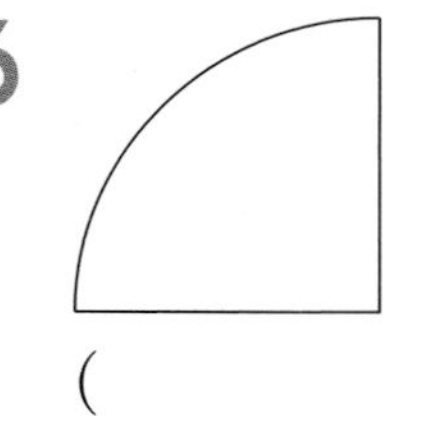

( )

17 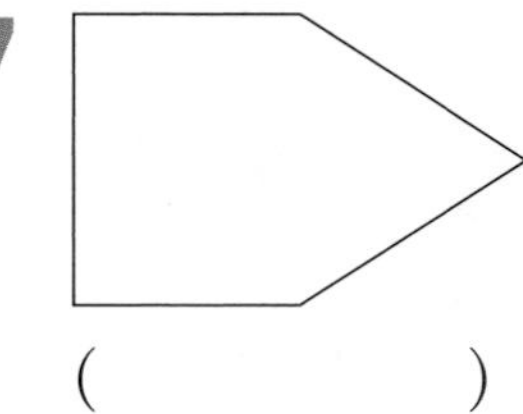

( )

18 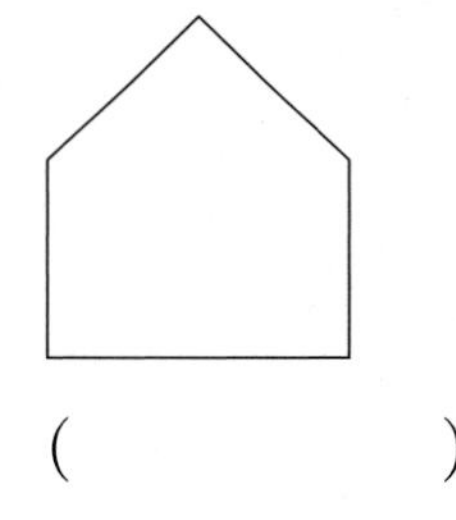

( )

19 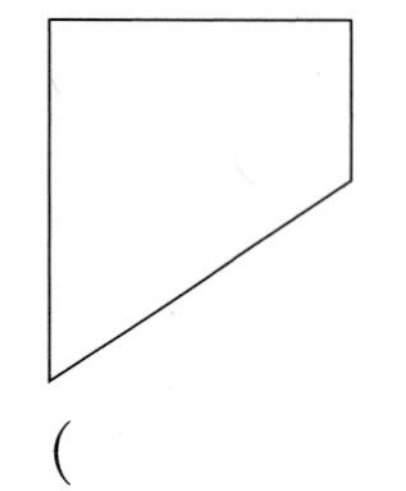

( )

20 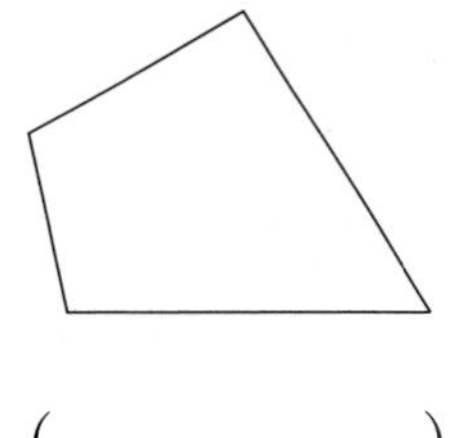

( )

21 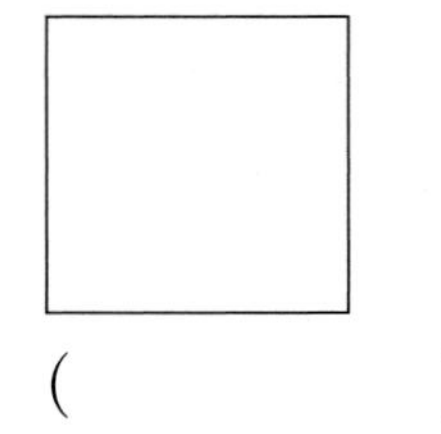

( )

22 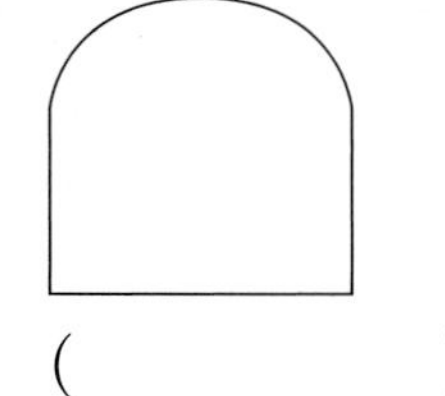

( )

23 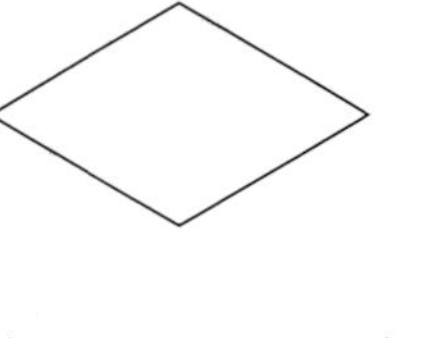

( )

24 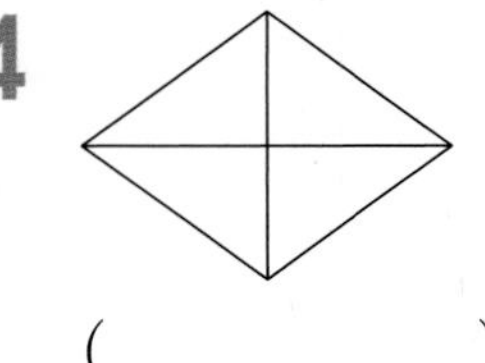

( )

25 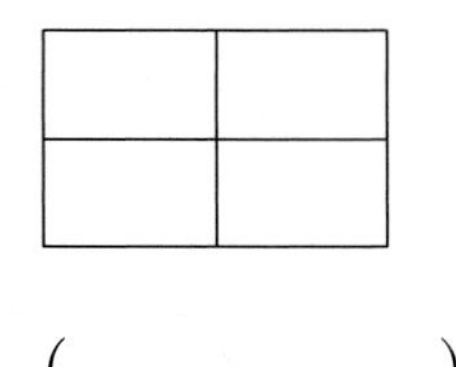

( )

26 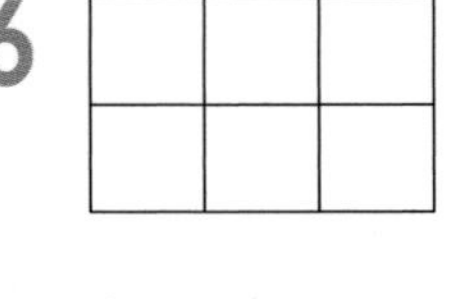

( )

step 1 원리 꼼꼼

4. 직각삼각형 알아보기

직각삼각형 알아보기

동영상강의

한 각이 직각인 삼각형을 직각삼각형이라고 합니다.

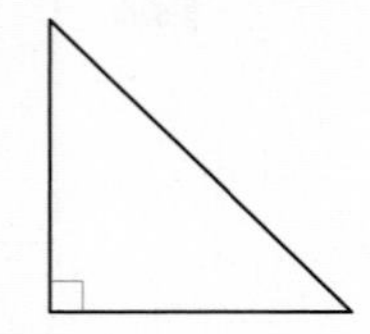
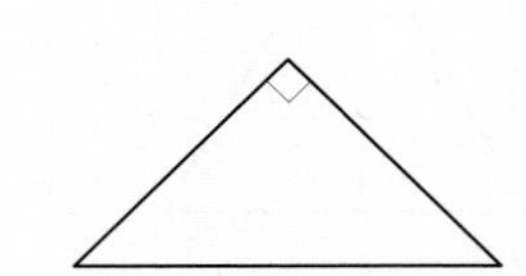
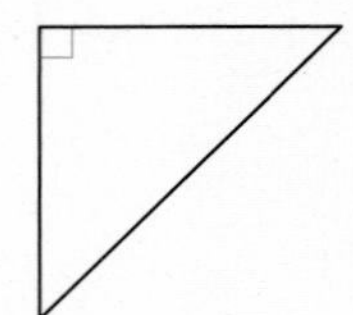

직각삼각형 특징

직각삼각형에는 직각이 1개 있습니다.

원리 확인 1 도형을 보고 물음에 답해 보세요.

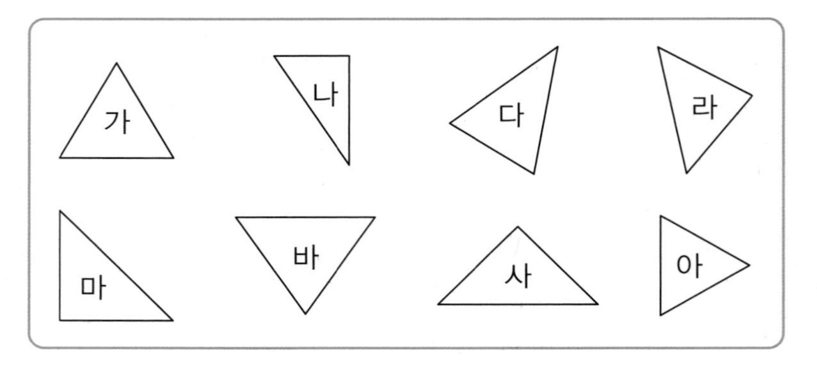

(1) 직각이 없는 삼각형은 ☐, ☐, ☐, ☐, ☐입니다.

(2) 직각이 있는 삼각형은 ☐, ☐, ☐ 입니다.

(3) 위 (2)와 같이 직각이 있는 삼각형을 ☐이라고 합니다.

원리 확인 2 삼각자를 이용하여 직각삼각형을 그려 보세요.

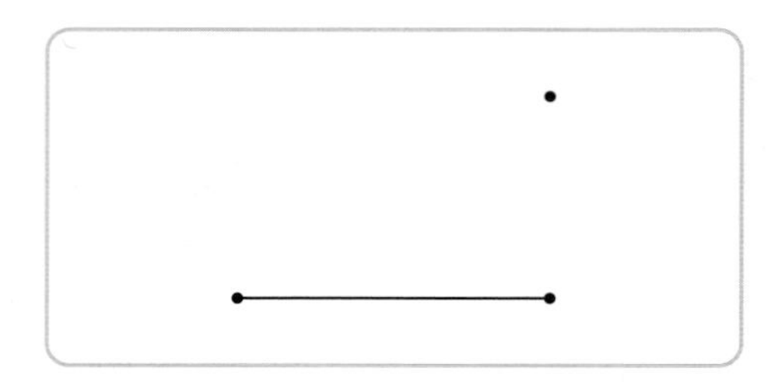

1 그림과 같이 색종이를 접어 삼각형 ㄱㄴㄷ을 만들었습니다. 만들어진 삼각형 ㄱㄴㄷ처럼 한 각이 직각인 삼각형을 무엇이라고 하나요?

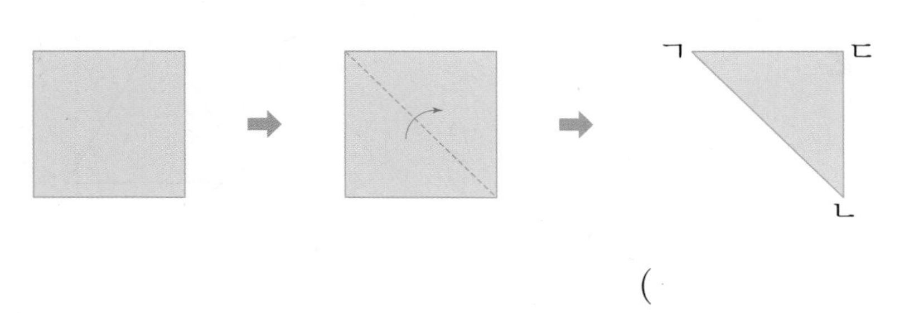

(　　　　　　　　)

2 직각삼각형이 아닌 것을 찾아 ○표 하세요.

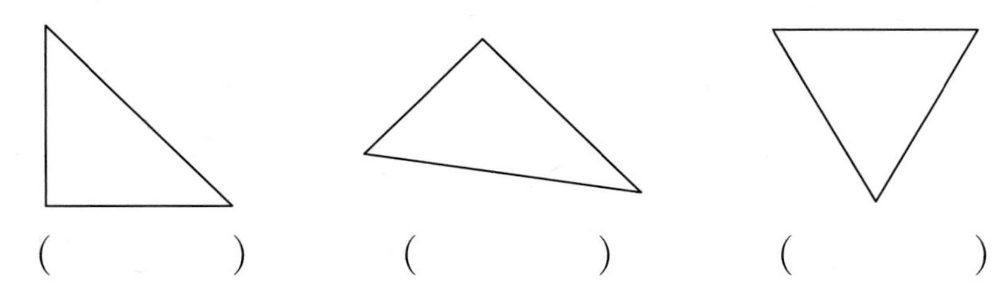

(　　　)　(　　　)　(　　　)

3 다음은 직각삼각형입니다. 직각인 각을 읽어 보세요.

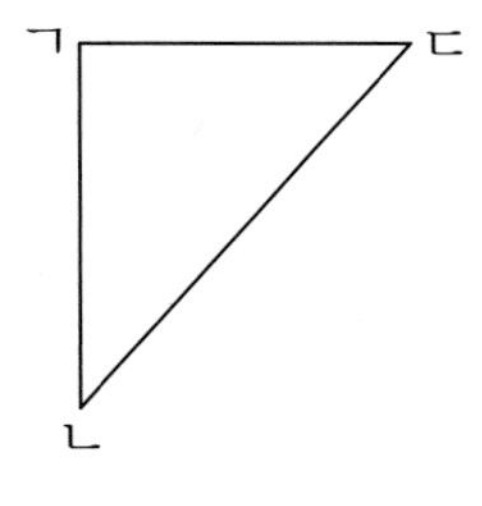

(　　　　　　　　)

3. 각을 읽을 때 꼭짓점의 기호가 가운데에 오도록 읽습니다.

4 주어진 선분을 한 변으로 하는 직각삼각형을 그려 보세요.

(1)

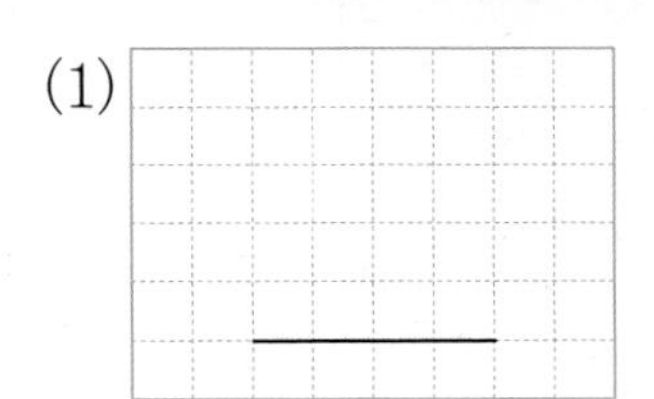

(2)

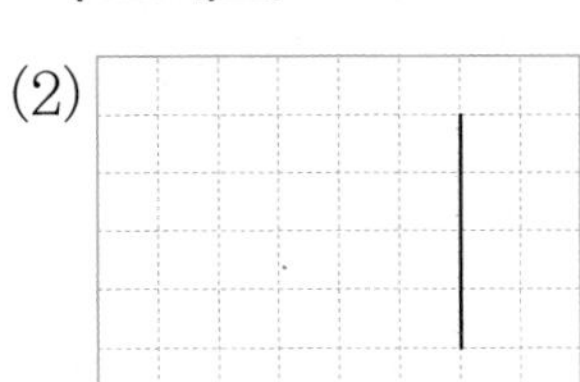

4. 모눈종이의 모눈을 이용하여 한 각이 직각이 되도록 그립니다.

원리 척척

직각삼각형이면 ○표, 직각삼각형이 아니면 ×표 하세요. [1 ~ 12]

1

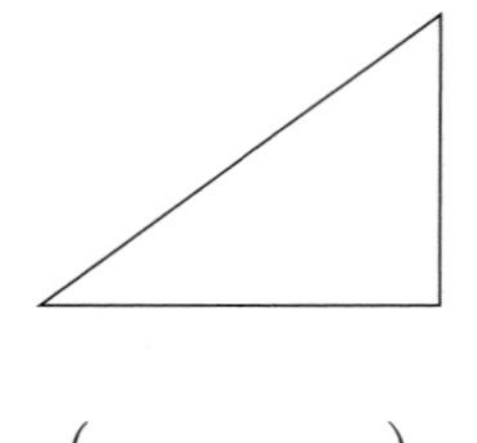

(　　　　)

2

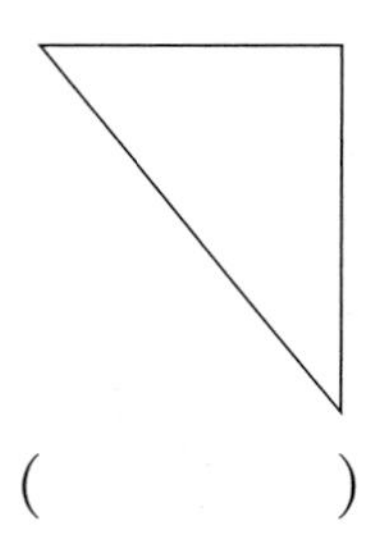

(　　　　)

3

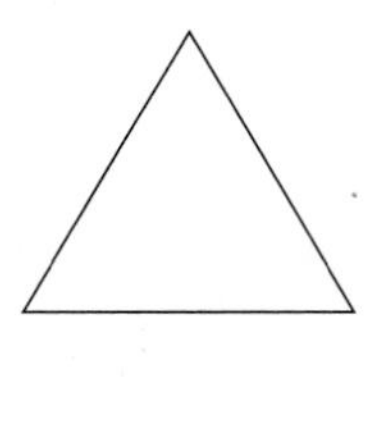

(　　　　)

4

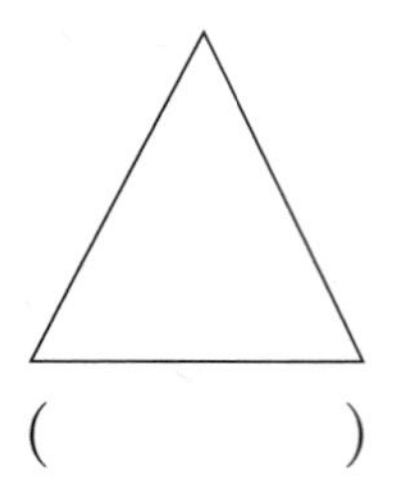

(　　　　)

5

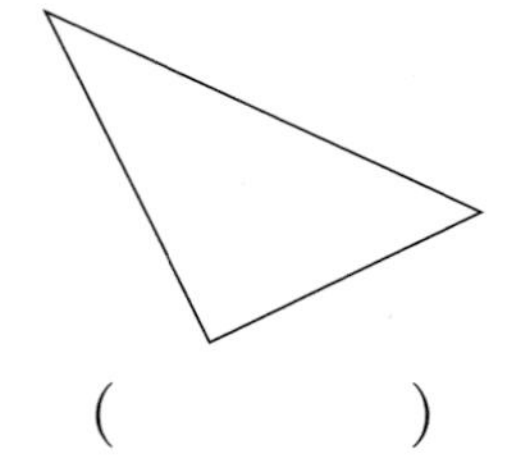

(　　　　)

6

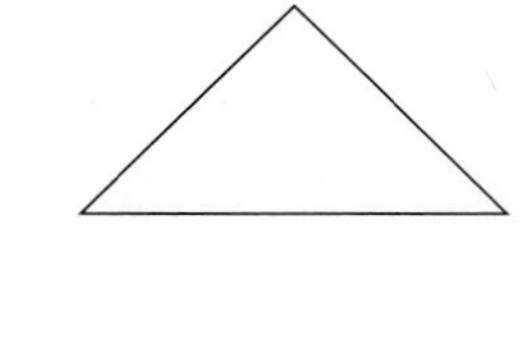

(　　　　)

7

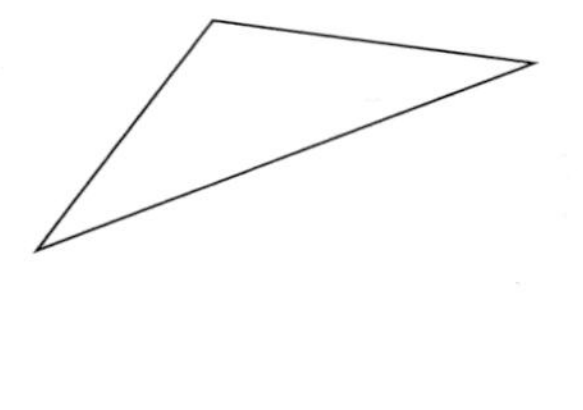

(　　　　)

8

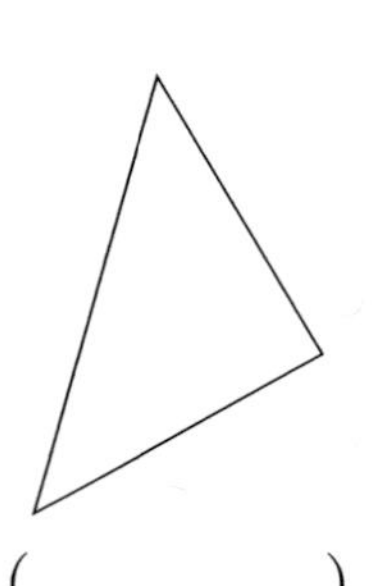

(　　　　)

9

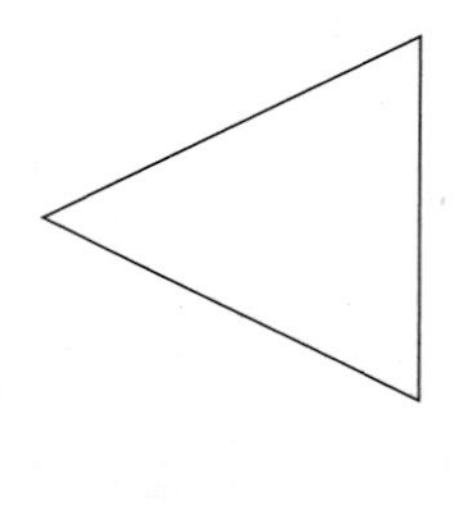

(　　　　)

10

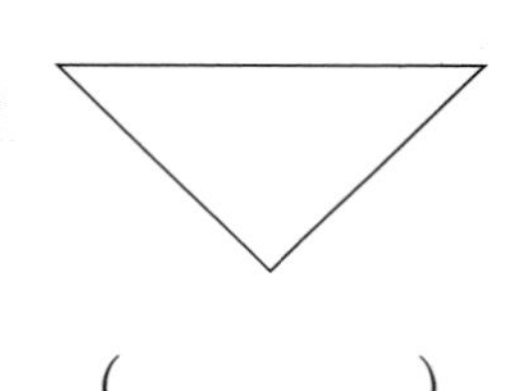

(　　　　)

11

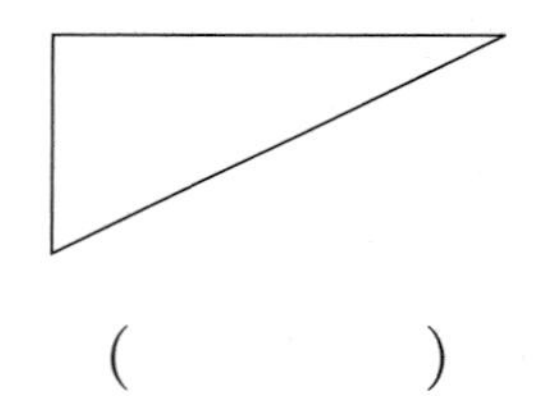

(　　　　)

12

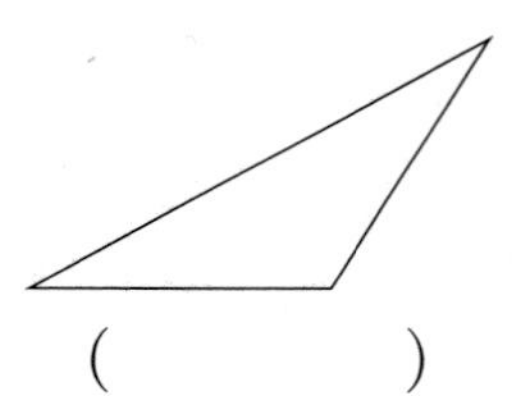

(　　　　)

색종이를 점선을 따라 잘랐을 때 직각삼각형은 모두 몇 개 생기는지 구해 보세요. [13 ~ 15]

13

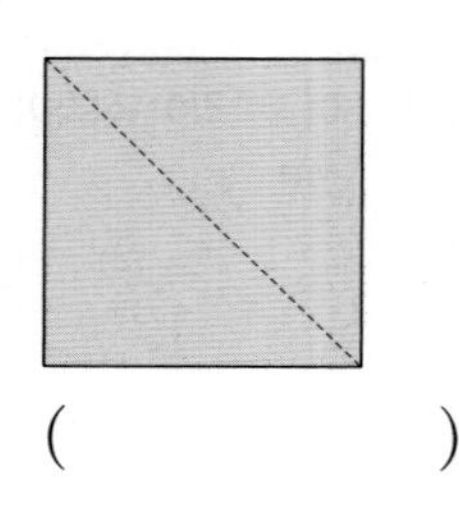

(　　　　)

14

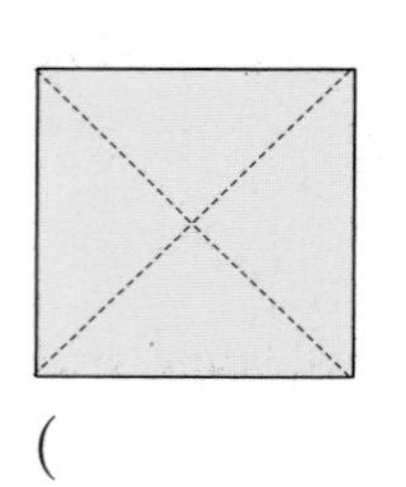

(　　　　)

15

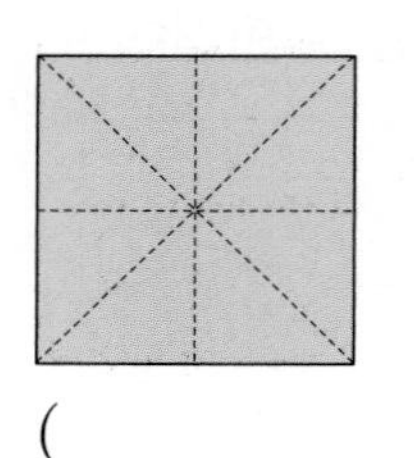

(　　　　)

그림에서 찾을 수 있는 크고 작은 직각삼각형은 모두 몇 개인지 구해 보세요. [16~19]

16

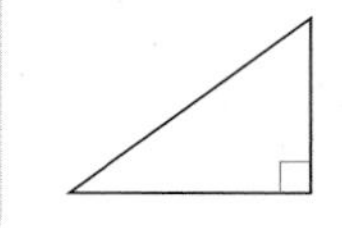 모양: 1개,  모양: 1개, 모양: 1개

➡ 그림에서 찾을 수 있는 크고 작은 직각삼각형은 모두 ☐개입니다.

17

 모양: ☐개, 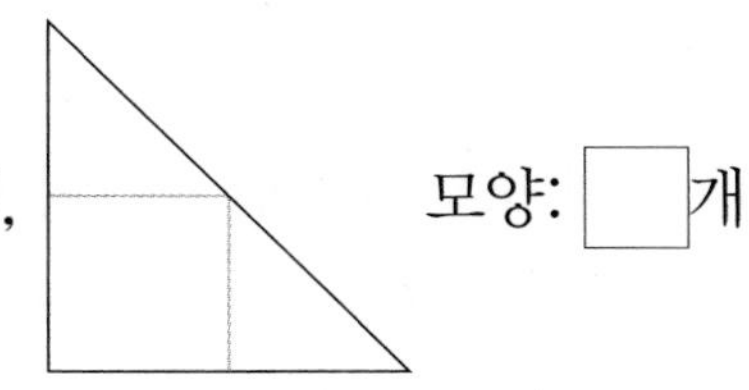 모양: ☐개

➡ 그림에서 찾을 수 있는 크고 작은 직각삼각형은 모두 ☐개입니다.

18

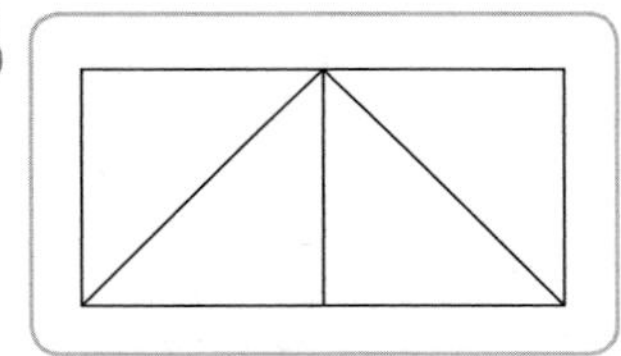

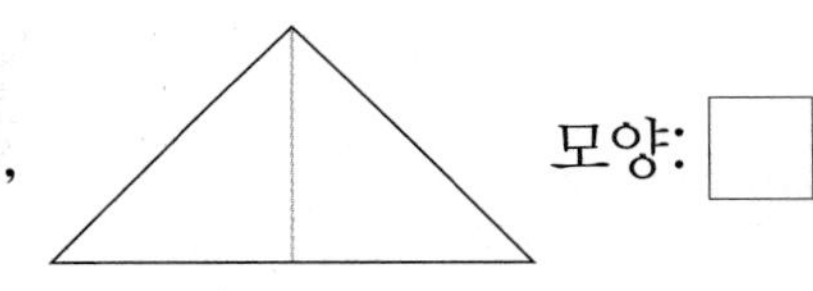

모양: ☐개, 모양: ☐개

➡ 그림에서 찾을 수 있는 크고 작은 직각삼각형은 모두 ☐개입니다.

19

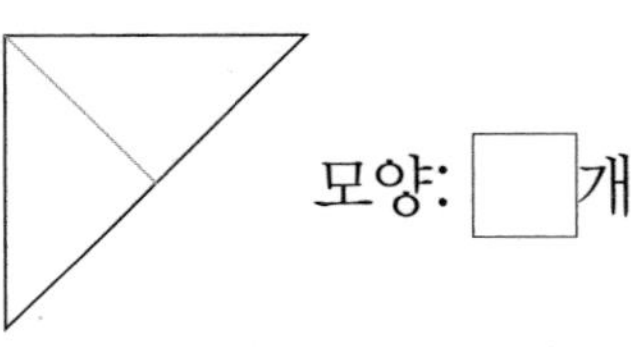

모양: ☐개, 모양: ☐개

➡ 그림에서 찾을 수 있는 크고 작은 직각삼각형은 모두 ☐개입니다.

5. 직사각형 알아보기

직사각형 알아보기

네 각이 모두 직각인 사각형을 직사각형이라고 합니다.

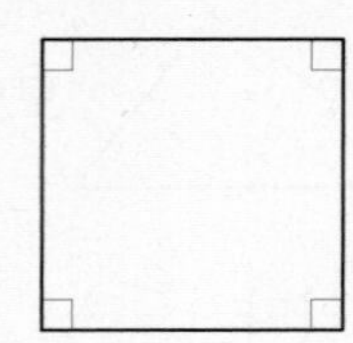
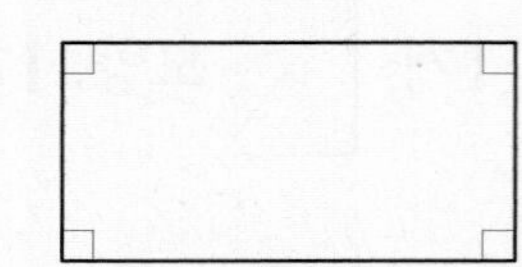
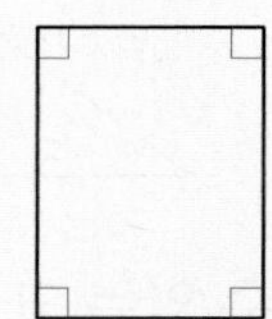

직사각형의 특징

① 각, 변, 꼭짓점이 **4**개씩 있습니다.
② 네 각이 모두 직각입니다.
③ 마주 보는 두 변의 길이가 같습니다.

1 그림을 보고 네 각이 모두 직각인 사각형을 알아보세요.

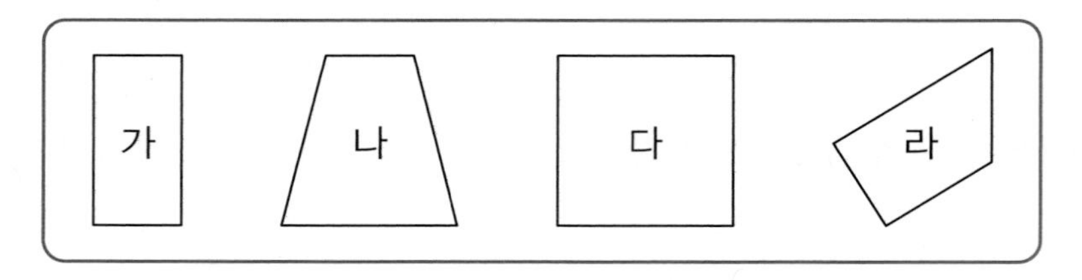

(1) 직각이 있는 사각형은 [ ], [ ], [ ]입니다.

(2) 네 각이 모두 직각인 사각형은 [ ], [ ]입니다.

(3) 위 (2)와 같은 사각형을 [ ]이라고 합니다.

2 사각형에서 직각을 모두 찾아 ⌞으로 표시해 보세요.

기본 문제를 통해 개념과 원리를 다져요.

2 단원

1 직사각형 모양을 찾아 ○표 하세요.

(1)

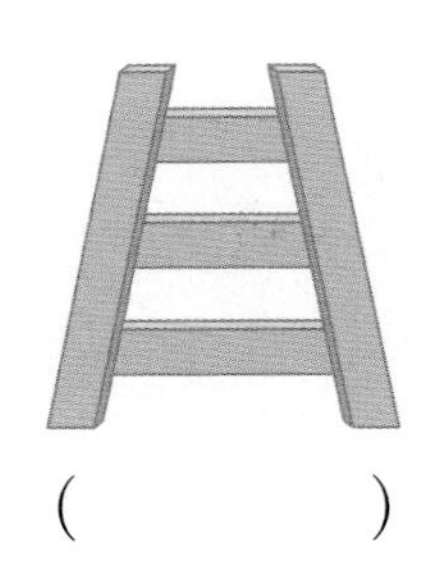

(　　　　)

(2)

(　　　　)

2 오른쪽 직사각형을 보고 □ 안에 알맞은 수를 써넣으세요.

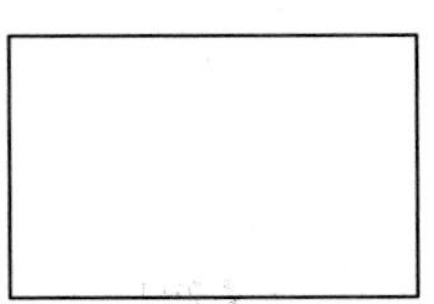

꼭짓점	변	직각
□개	□개	□개

3 직사각형을 모두 고르세요. (　　　　　)

① 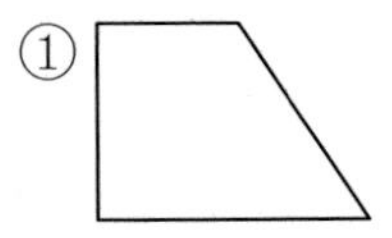

② 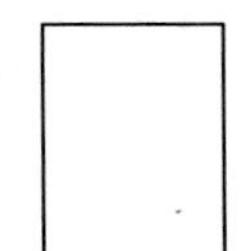

③ 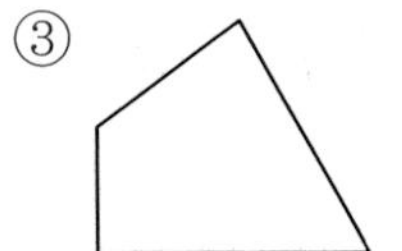

④

⑤

> **3.** 직사각형을 찾을 때에는 네 각이 모두 직각인지 알아봅니다.

4 주어진 선분을 한 변으로 하는 직사각형을 그려 보세요.

(1)

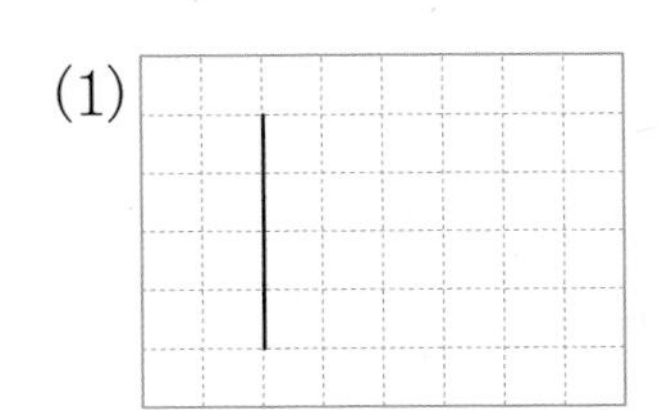

(2)

> **4.** 모눈종이의 모눈을 이용하여 네 각이 모두 직각이 되도록 그립니다.

원리 척척

직사각형이면 ○표, 직사각형이 아니면 ×표 하세요. [1~6]

1

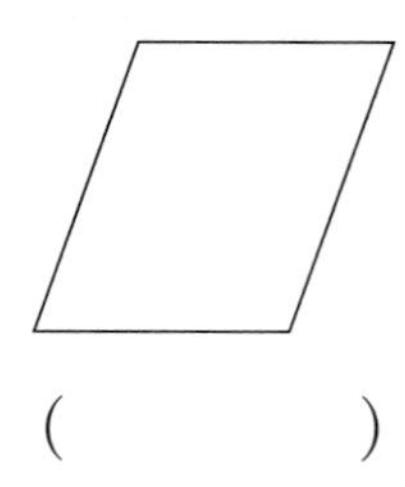

(　　　　)

2

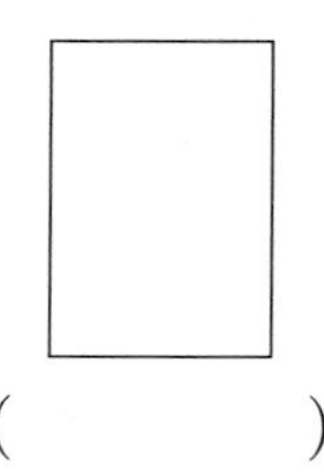

(　　　　)

3

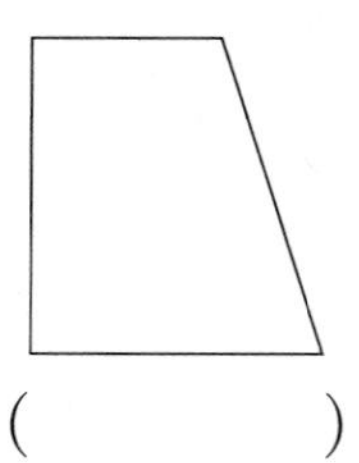

(　　　　)

4

(　　　　)

5

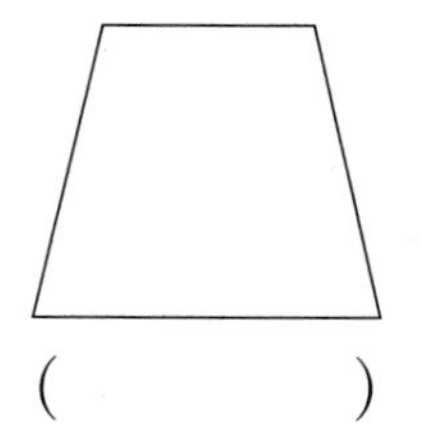

(　　　　)

6

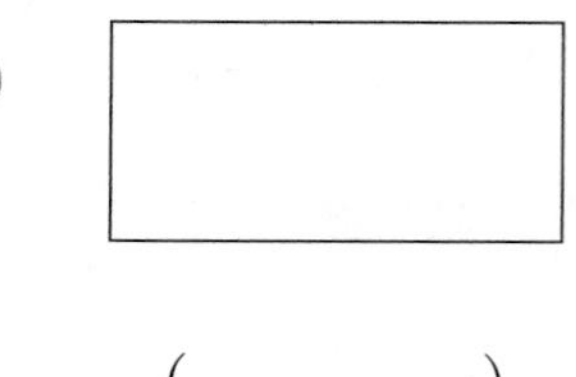

(　　　　)

직사각형을 보고 □ 안에 알맞은 수를 써넣으세요. [7~8]

7

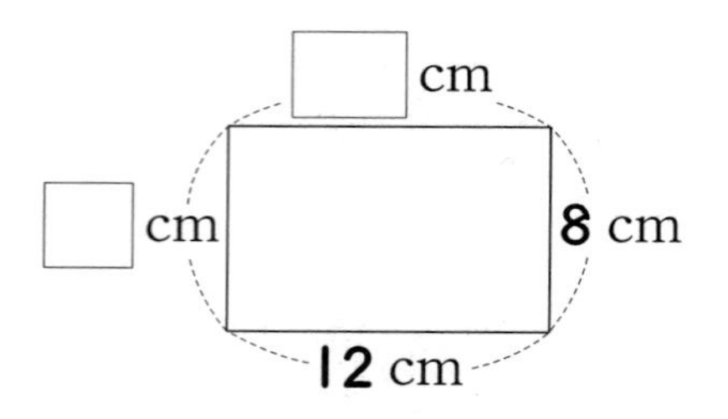

8

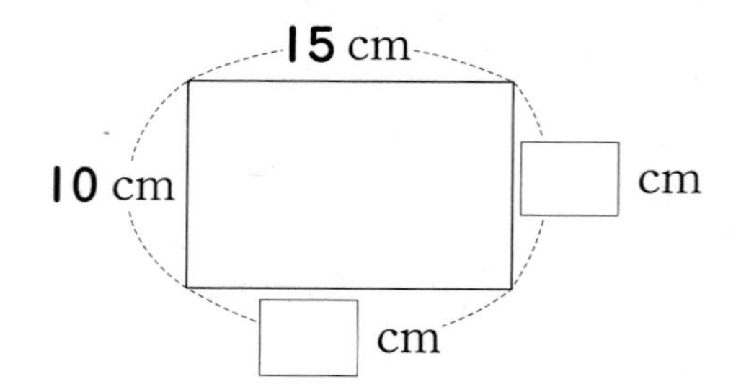

9 점종이에 크기가 다른 직사각형 **3**개를 그려 보세요.

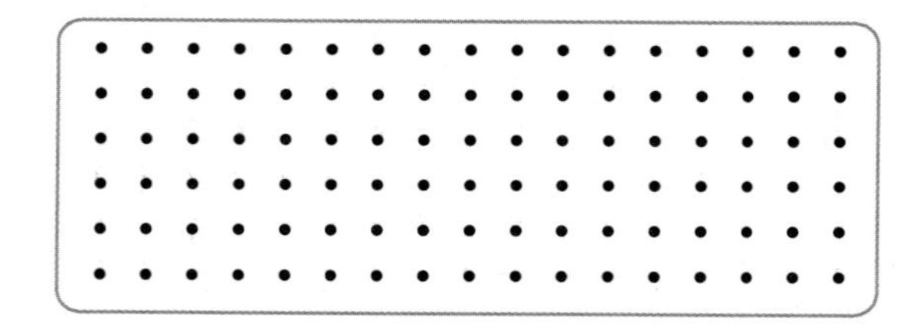

그림에서 찾을 수 있는 크고 작은 직사각형은 모두 몇 개인지 구해 보세요. [10 ~ 13]

10

모양: □개, 모양: □개

➡ 그림에서 찾을 수 있는 크고 작은 직사각형은 모두 □개입니다.

11

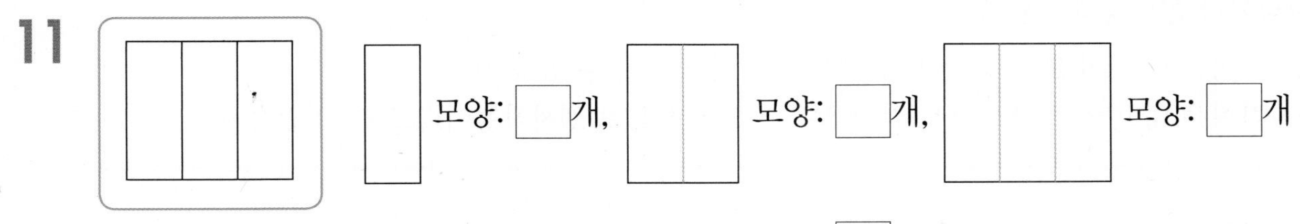

➡ 그림에서 찾을 수 있는 크고 작은 직사각형은 모두 □개입니다.

12

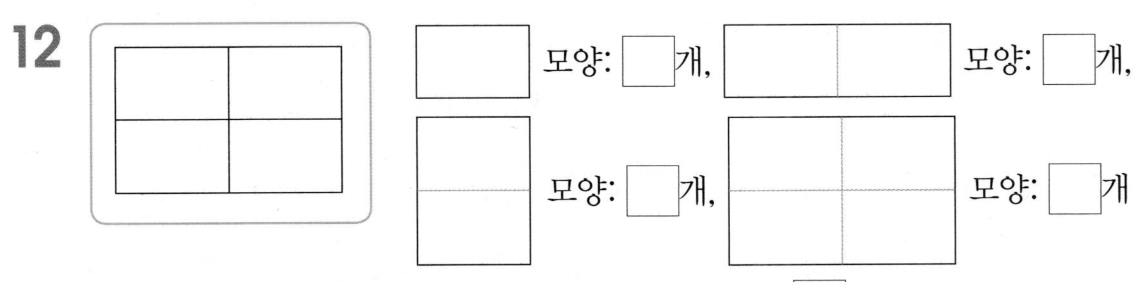

➡ 그림에서 찾을 수 있는 크고 작은 직사각형은 모두 □개입니다.

13

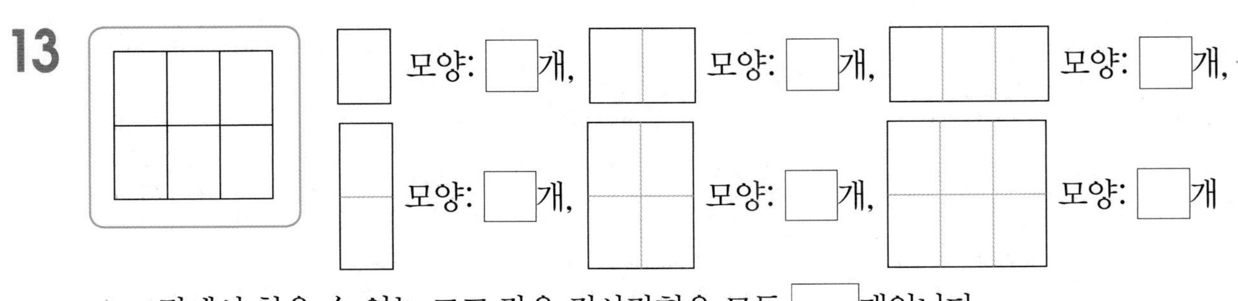

➡ 그림에서 찾을 수 있는 크고 작은 직사각형은 모두 □개입니다.

6. 정사각형 알아보기

정사각형 알아보기

네 각이 모두 직각이고 네 변의 길이가 모두 같은 사각형을 정사각형이라고 합니다.

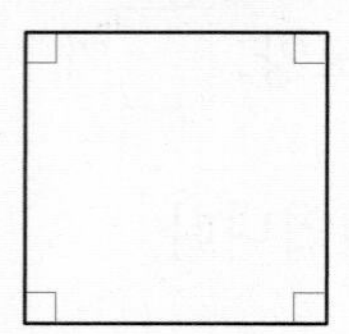

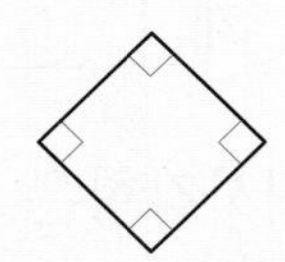

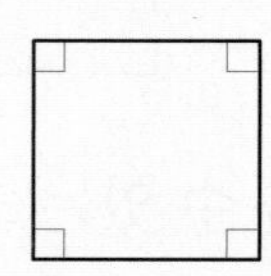

정사각형의 특징

① 네 각이 모두 직각입니다. ② 네 변의 길이가 모두 같습니다.

직사각형과 정사각형의 관계

- 정사각형은 네 각이 모두 직각이므로 직사각형이라고 할 수 있습니다.
- 직사각형은 네 변의 길이가 모두 같지 않은 것도 있으므로 정사각형이라고 할 수 없습니다.

원리 확인 1 그림을 보고 네 각이 모두 직각이고 네 변의 길이가 모두 같은 사각형을 알아보세요.

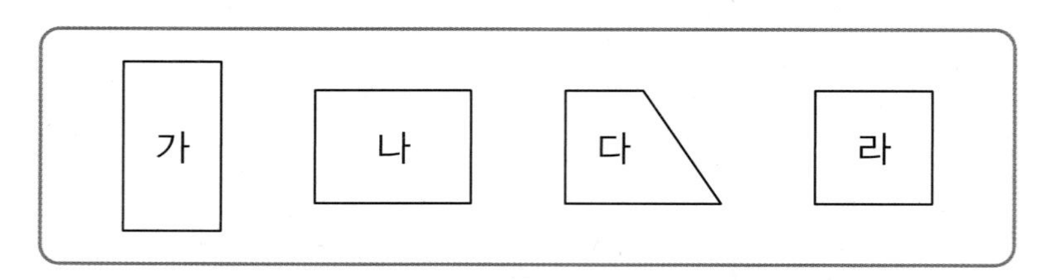

(1) 네 각이 모두 직각인 사각형은 ☐, ☐, ☐입니다.

(2) 네 변의 길이가 모두 같은 사각형은 ☐입니다.

(3) 네 각이 모두 직각이고 네 변의 길이가 모두 같은 사각형은 ☐입니다.

(4) 위 (3)과 같은 사각형을 ☐이라고 합니다.

원리 확인 2 다음과 같은 도형을 무엇이라고 하나요?

- 4개의 선분으로 둘러싸여 있습니다.
- 꼭짓점이 4개입니다.
- 네 각이 모두 직각입니다.
- 네 변의 길이가 모두 같습니다.

(　　　　　　　　)

1 직사각형 모양의 색종이를 그림과 같이 삼각형이 되도록 접고, 자르고, 펼쳐서 사각형을 만들었습니다. 만들어진 사각형은 어떤 사각형인가요?

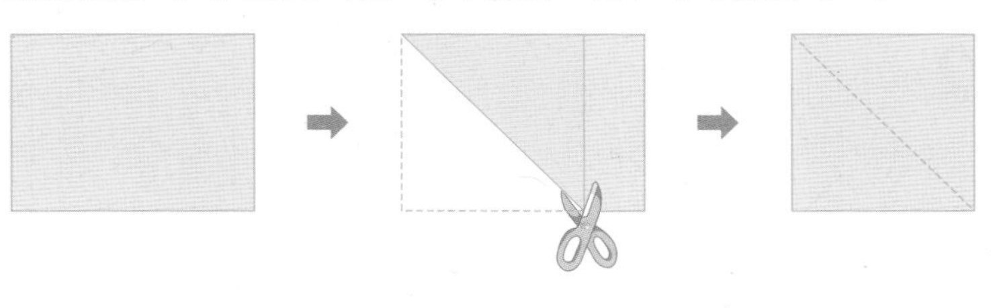

( )

2 정사각형을 찾아 기호를 써 보세요.

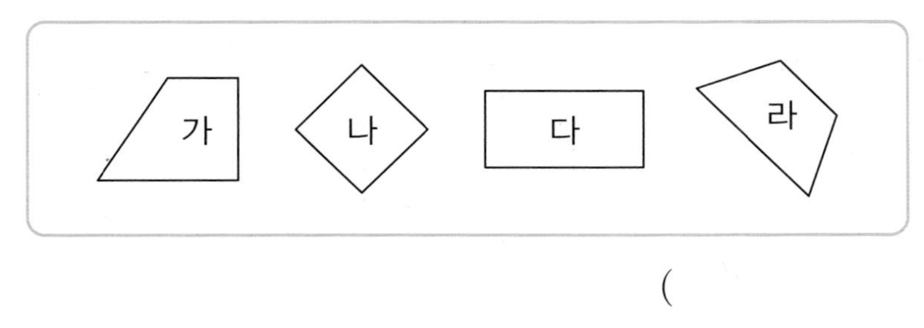

( )

3 정사각형에 대한 설명 중 틀린 것은 어느 것인가요? ( )

① 변과 꼭짓점이 각각 **4**개입니다.
② 네 각이 모두 직각입니다.
③ 네 변의 길이가 모두 같습니다.
④ 정사각형은 직사각형이라고 할 수 있습니다.
⑤ 직사각형은 정사각형이라고 할 수 있습니다.

4 주어진 선분을 한 변으로 하는 정사각형을 그려 보세요.

(1) 

(2) 

2. 정사각형을 찾을 때에는 네 각이 모두 직각인지 네 변의 길이가 모두 같은지 알아봅니다.

3. 정사각형은 직사각형 중에서 네 변의 길이가 모두 같은 사각형입니다.

4. 모눈종이의 모눈을 이용하여 네 각이 모두 직각이고 네 변의 길이가 모두 같아지도록 그립니다.

step 3 원리 척척

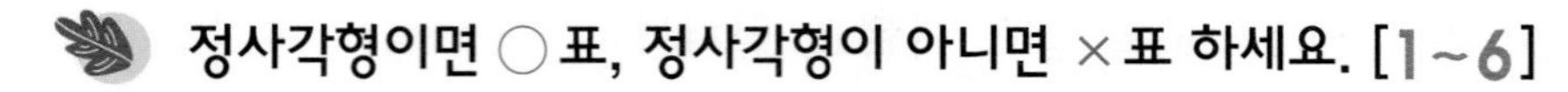

정사각형이면 ○표, 정사각형이 아니면 ×표 하세요. [1~6]

1 

(　　　)

2 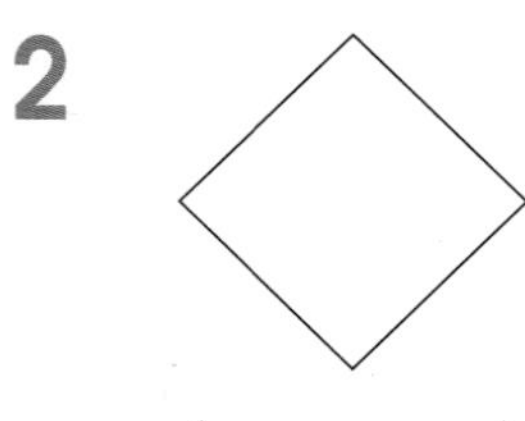

(　　　)

3 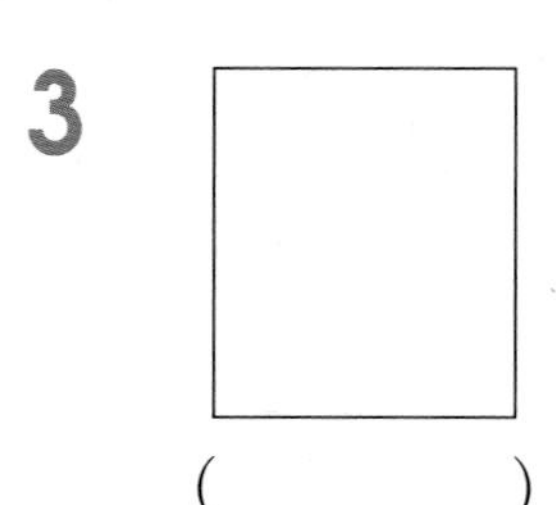

(　　　)

4 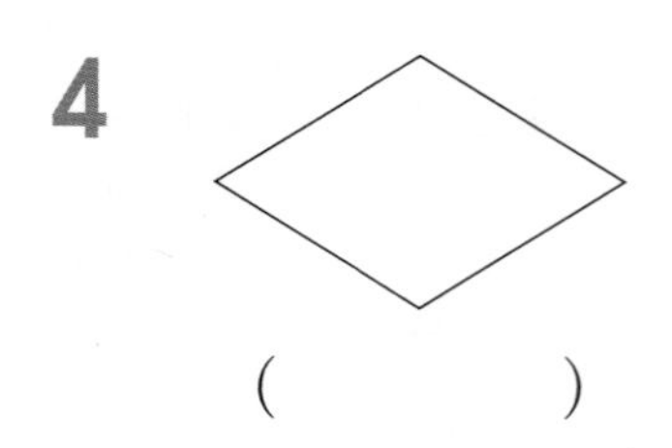

(　　　)

5

(　　　)

6 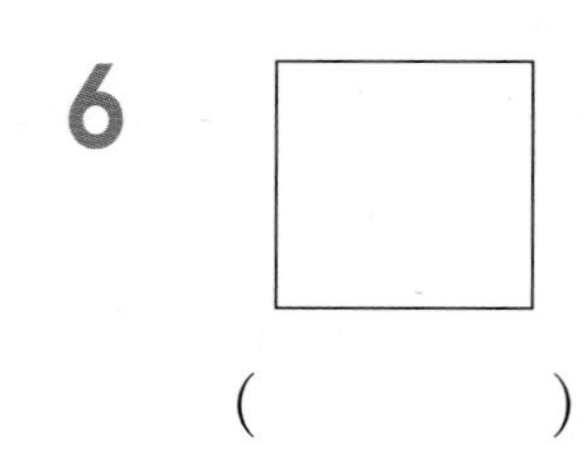

(　　　)

정사각형을 보고 □ 안에 알맞은 수를 써넣으세요. [7~8]

7

□ cm

□ cm　　8 cm

□ cm

8 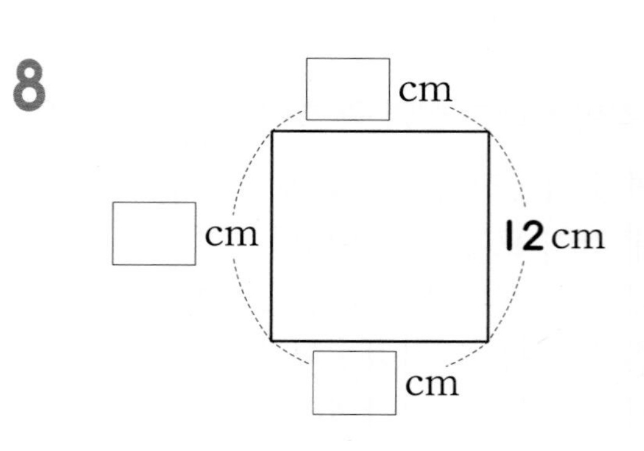

9 점종이에 크기가 다른 정사각형 3개를 그려 보세요.

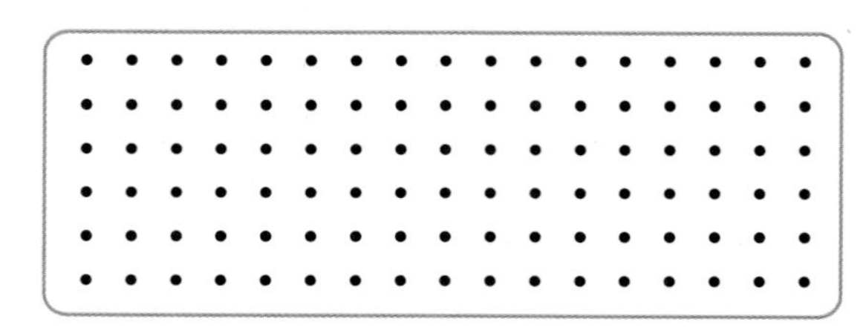

그림에서 찾을 수 있는 크고 작은 정사각형은 모두 몇 개인지 구해 보세요. [10 ~ 13]

10

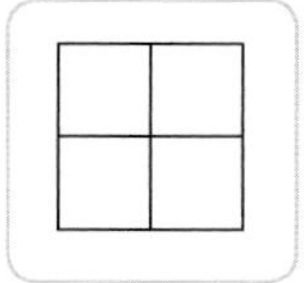

□ 모양: □개, 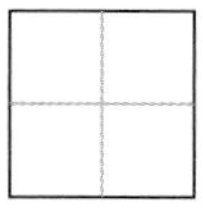 □ 모양: □개

➡ 그림에서 찾을 수 있는 크고 작은 정사각형은 모두 □개입니다.

11

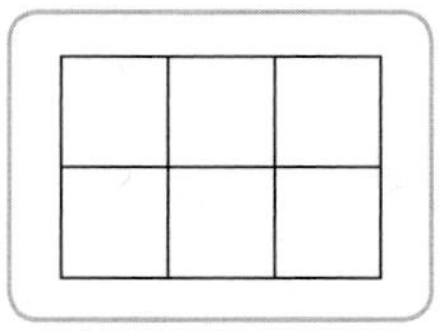

□ 모양: □개, 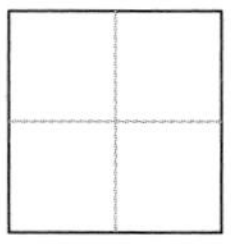 □ 모양: □개

➡ 그림에서 찾을 수 있는 크고 작은 정사각형은 모두 □개입니다.

12

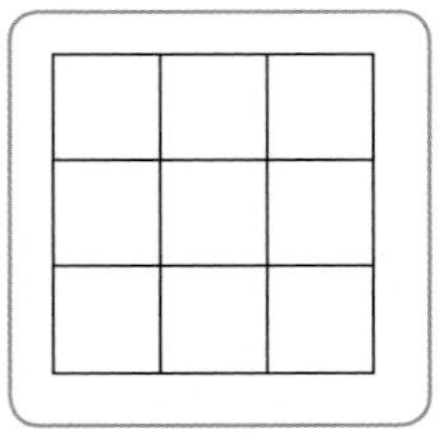

□ 모양: □개, 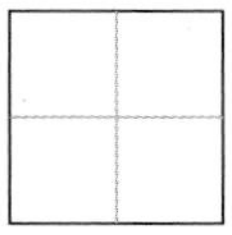 □ 모양: □개, □ 모양: □개

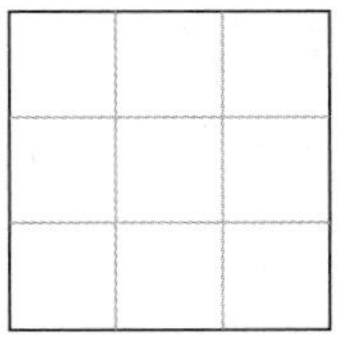

➡ 그림에서 찾을 수 있는 크고 작은 정사각형은 모두 □개입니다.

13

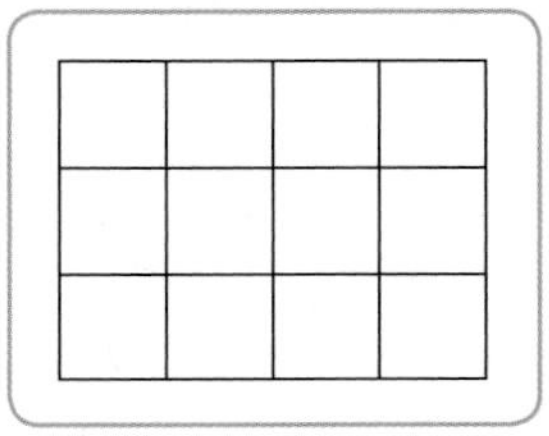

□ 모양: □개, 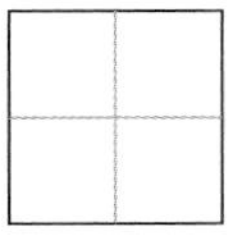 □ 모양: □개, □ 모양: □개

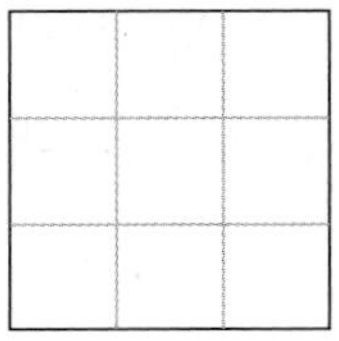

➡ 그림에서 찾을 수 있는 크고 작은 정사각형은 모두 □개입니다.

step 4 유형 콕콕

01 □ 안에 알맞은 말을 써넣으세요.

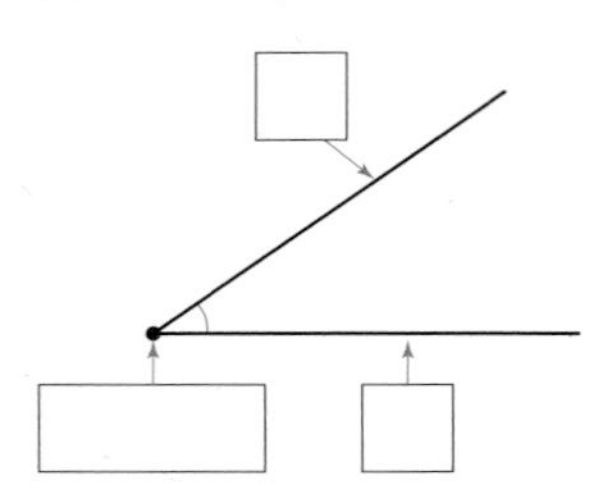

02 각이 아닌 것은 어느 것인가요? (　　　)

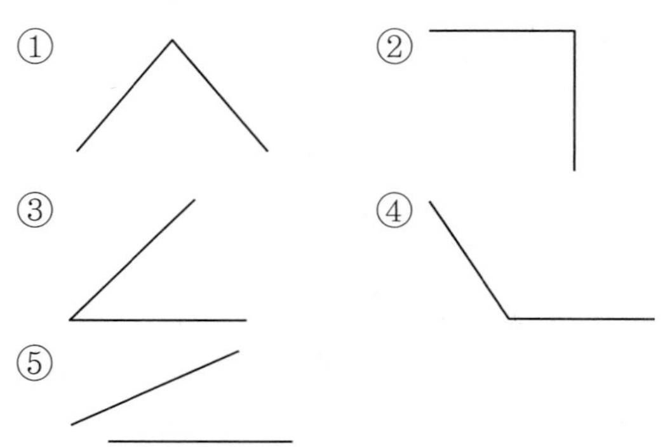

03 그림에서 직각을 모두 찾아 ⌊ 으로 표시하고 몇 개인지 구해 보세요.

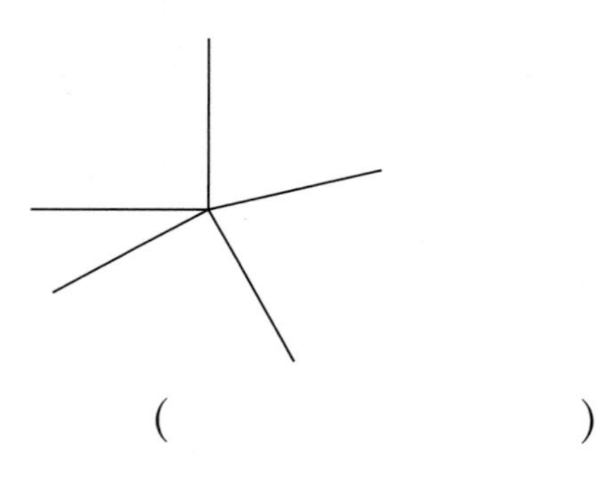

(　　　　　)

04 오른쪽 그림을 보고 직각이 모두 몇 개인지 구해 보세요.

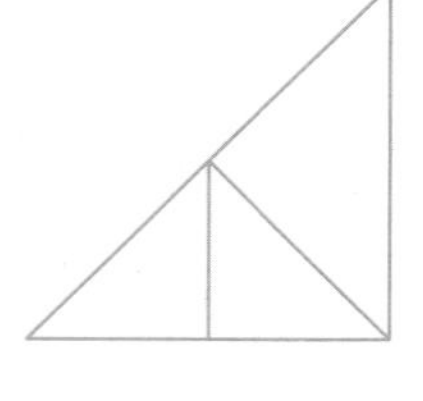

(　　　　　)

05 직각삼각형을 찾아 ○표 하세요.

(　　　) (　　　) (　　　)

06 직각삼각형을 모두 고르세요. (　　　)

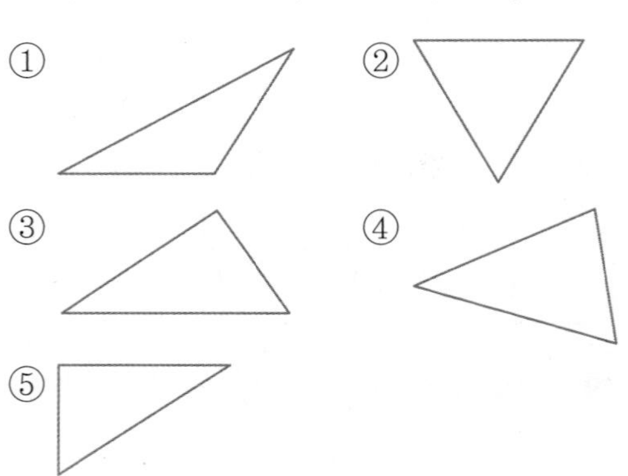

07 주어진 선분을 한 변으로 하는 직각삼각형을 각각 그려 보세요.

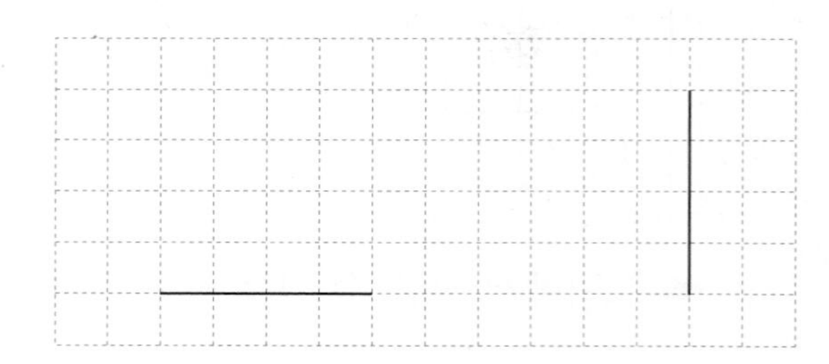

08 그림에서 찾을 수 있는 크고 작은 직각삼각형은 모두 몇 개인지 구해 보세요.

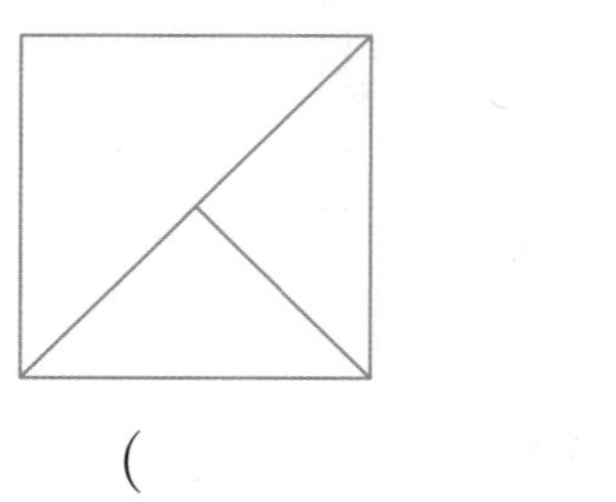

(　　　　　)

09 직사각형을 찾아 ○표 하세요.

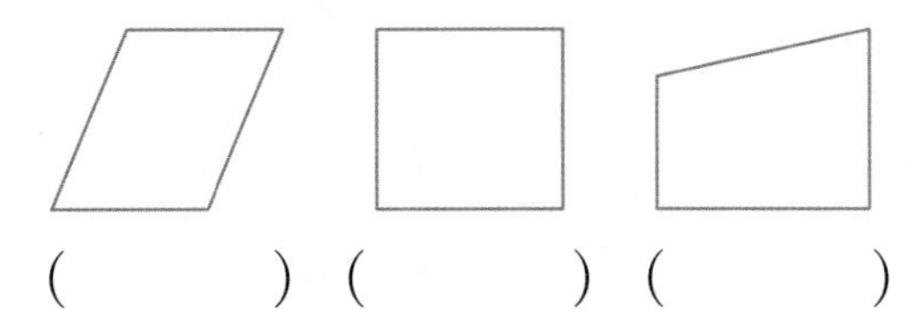

(　　　) (　　　) (　　　)

10 직사각형을 모두 찾아 기호를 써 보세요.

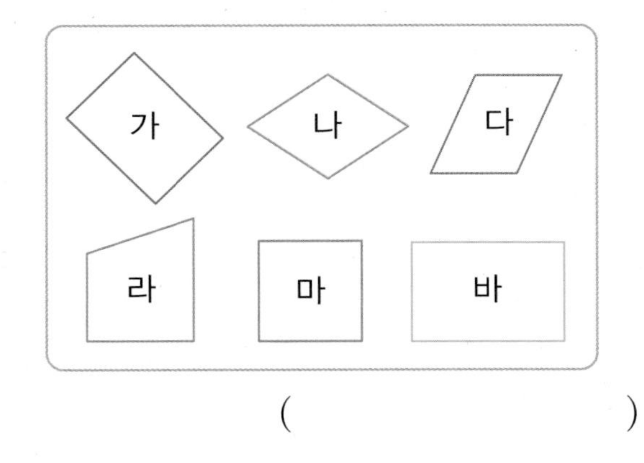

(　　　　　　　)

11 주어진 선분을 한 변으로 하는 직사각형을 각각 그려 보세요.

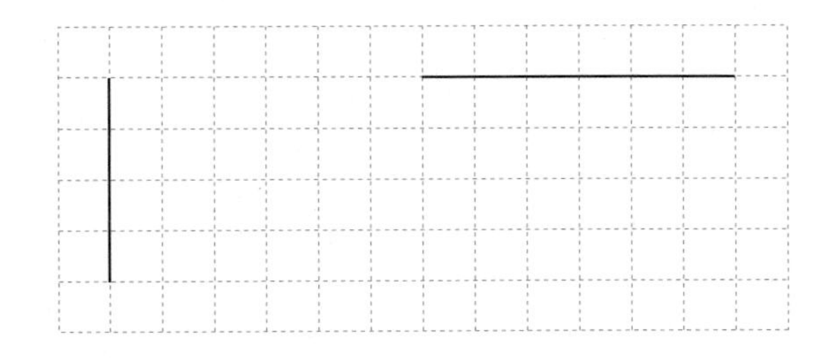

12 그림에서 찾을 수 있는 크고 작은 직사각형은 모두 몇 개인지 구해 보세요.

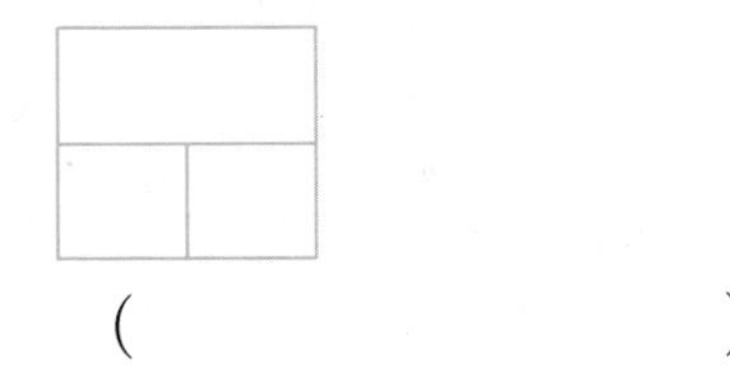

(　　　　　　　)

13 정사각형을 찾아 ○표 하세요.

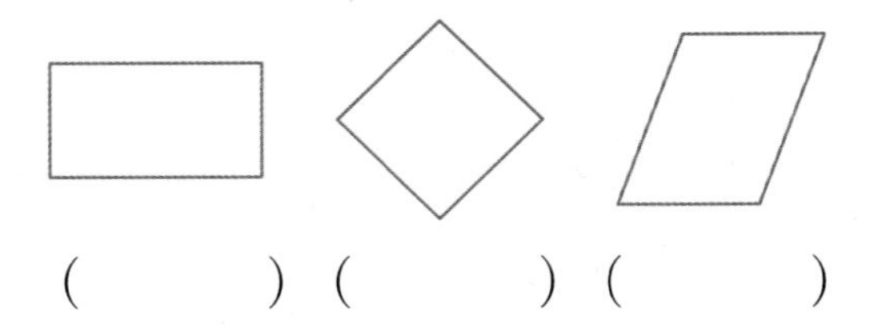

(　　　) (　　　) (　　　)

14 정사각형을 모두 고르세요. (　　　　)

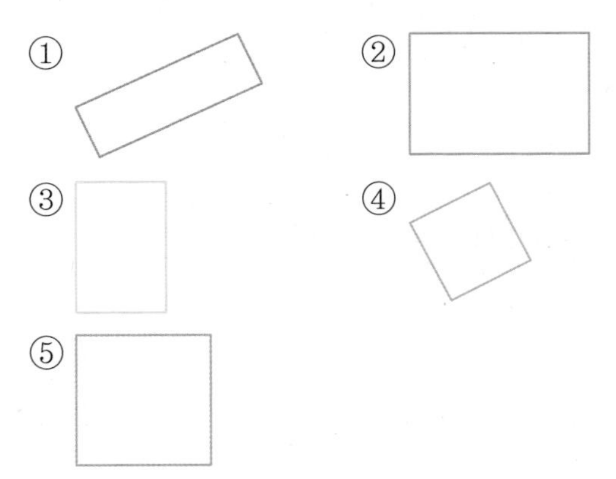

15 주어진 선분을 한 변으로 하는 정사각형을 각각 그려 보세요.

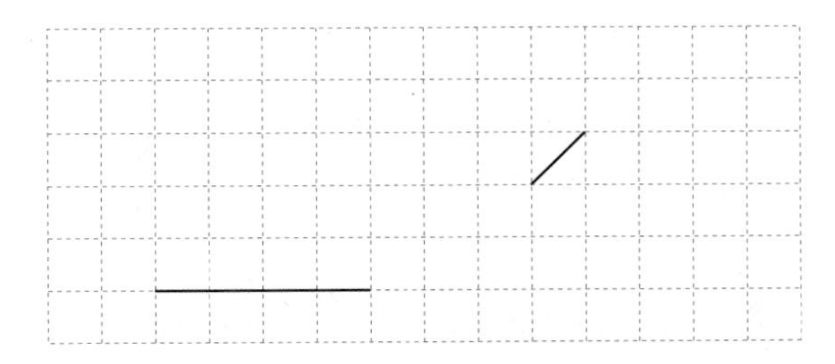

16 그림에서 찾을 수 있는 크고 작은 정사각형은 모두 몇 개인지 구해 보세요.

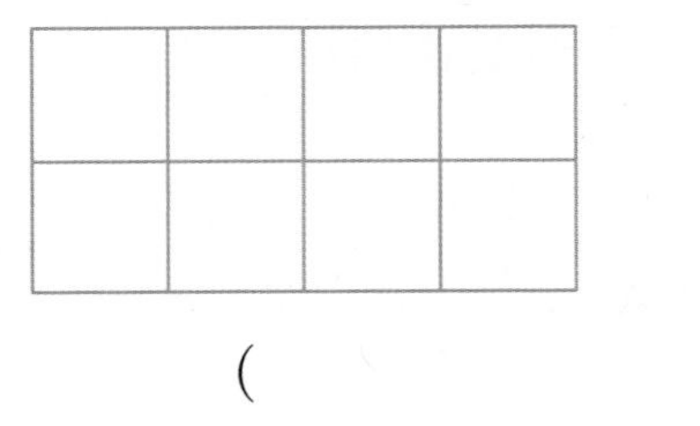

(　　　　　　　)

2 단원

2. 평면도형

점수

01 도형의 이름을 써 보세요.

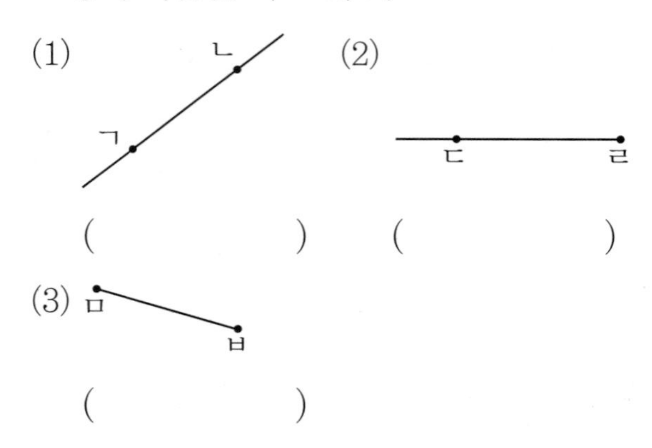

( ) ( )

(3) ㅁ ㅂ

( )

02 각이 아닌 것은 어느 것인가요? ( )

① ② ③ ④ ⑤

03 □ 안에 알맞은 말을 써넣으세요.

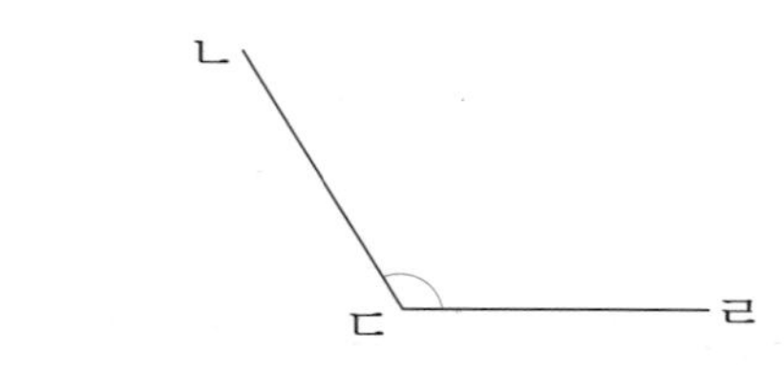

(1) 꼭짓점: 점 □

(2) 변: 변 □, 변 □

(3) 각: 각 □ 또는 각 □

도형을 보고 물음에 답해 보세요. [04~05]

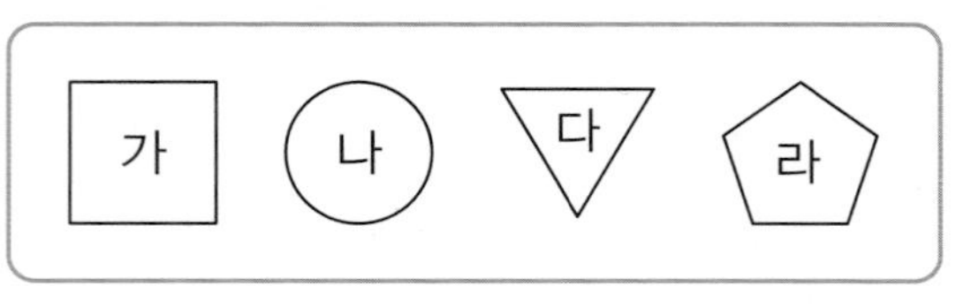

04 도형 중 각의 수가 가장 많은 도형을 찾아 기호를 써 보세요.

( )

05 직각이 있는 도형을 찾아 기호를 써 보세요.

( )

06 삼각자를 이용하여 직각을 바르게 그린 것을 찾아 기호를 써 보세요.

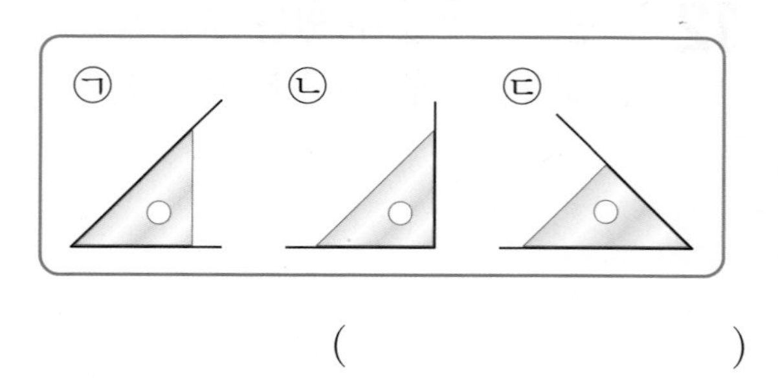

( )

07 도형에는 직각이 몇 개 있는지 세어 보세요.

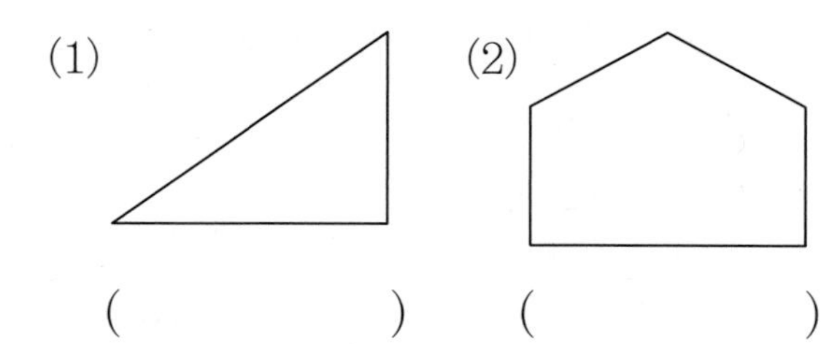

(　　　　) (　　　　)

08 도형에는 직각이 모두 몇 개 있나요?

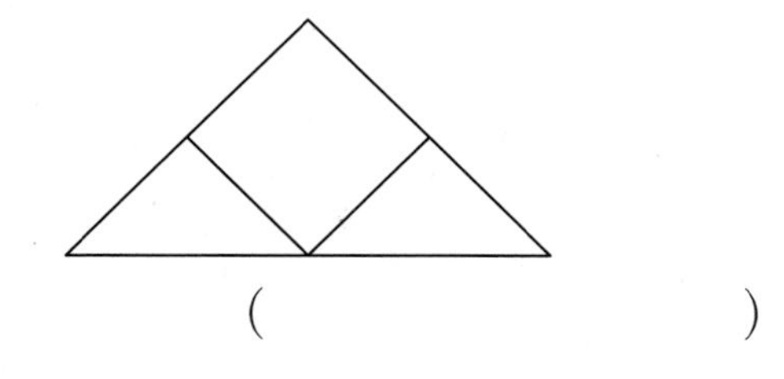

(　　　　　　　　)

09 시계의 두 바늘이 이루는 작은 쪽의 각이 직각인 경우를 찾아 기호를 써 보세요.

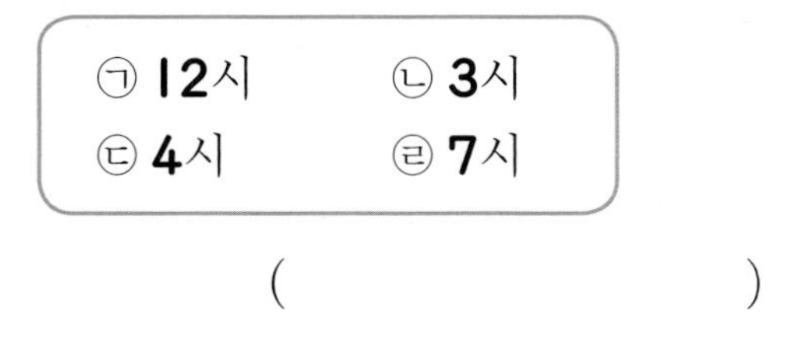

(　　　　　　　　)

10 다음에서 설명하는 도형의 이름을 써 보세요.

- 3개의 선분으로 둘러싸인 도형입니다.
- 한 각이 직각입니다.

(　　　　　　　　)

11 직각삼각형을 모두 고르세요. (　　　　　　)

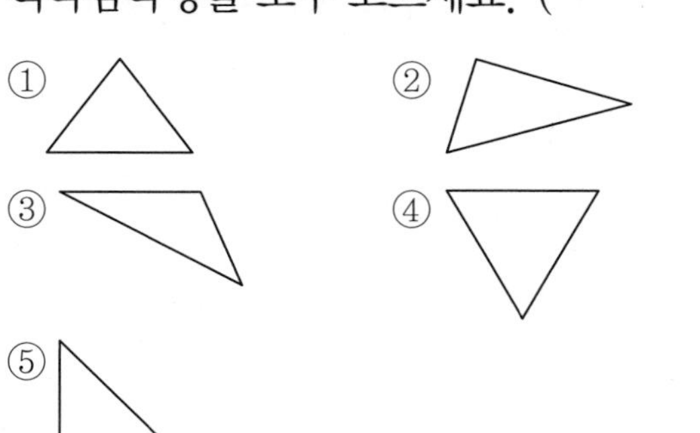

12 삼각형 ㅁㅂㅅ의 꼭짓점 ㅁ을 옮겨 직각삼각형을 만들려고 합니다. 꼭짓점 ㅁ을 어느 점으로 옮겨야 하는지 기호를 써 보세요.

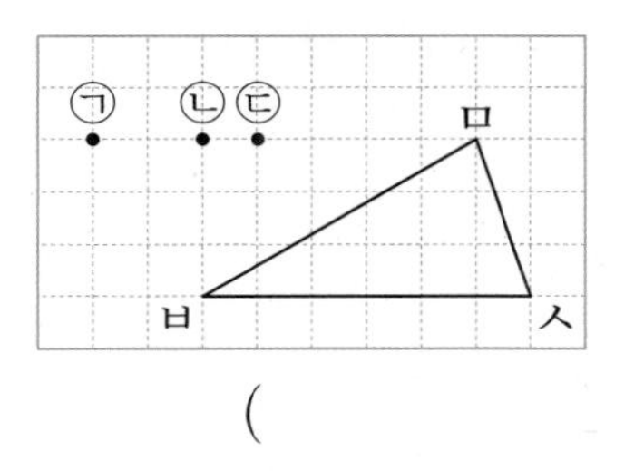

(　　　　　　　　)

13 그림과 같은 직사각형 모양의 종이를 점선을 따라 자르면 직각삼각형은 모두 몇 개 만들어질까요?

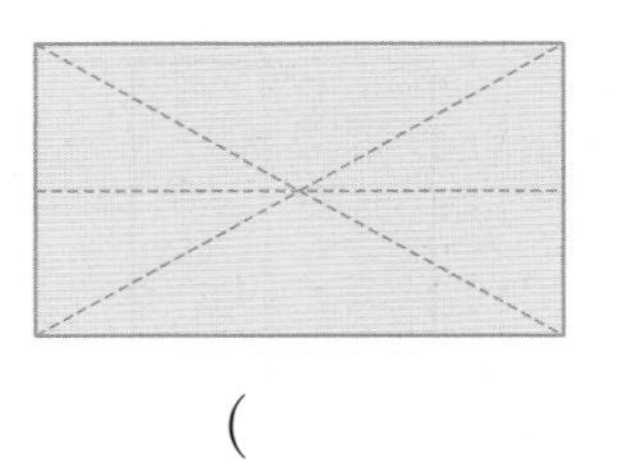

(　　　　　　　　)

14 직사각형이 아닌 것을 모두 찾아 기호를 써 보세요.

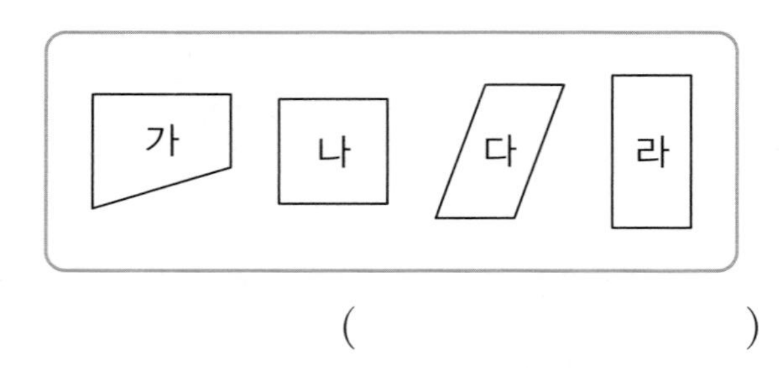

(　　　　　　　　)

15 직사각형에 대한 설명으로 틀린 것은 어느 것인가요? (　　　)

① 네 각이 모두 직각입니다.
② **4**개의 변이 있습니다.
③ **4**개의 꼭짓점이 있습니다.
④ 마주 보는 두 변의 길이가 같습니다.
⑤ 모든 변의 길이가 같습니다.

16 오른쪽 도형은 직사각형입니다. 이 직사각형의 네 변의 길이의 합은 몇 cm인가요?

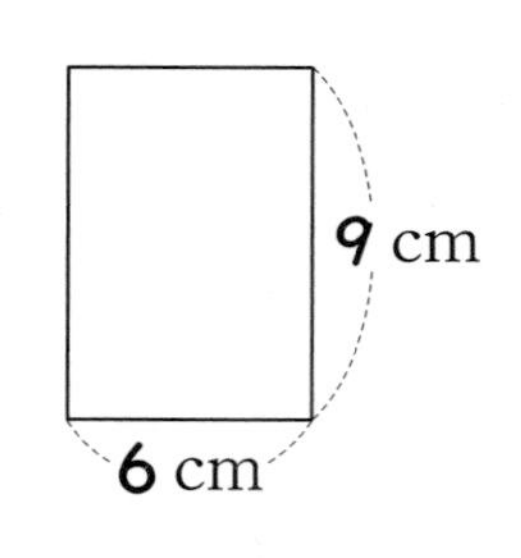

(　　　　　　　　)

17 그림에서 찾을 수 있는 크고 작은 직사각형은 모두 몇 개인가요?

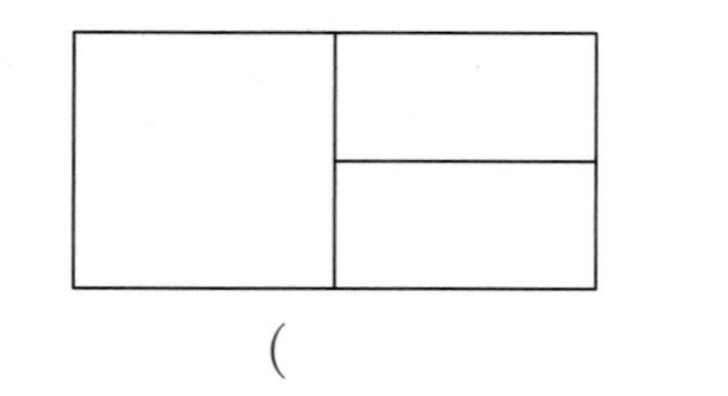

(　　　　　　　　)

18 오른쪽 도형의 이름이 될 수 있는 것을 모두 찾아 기호를 써 보세요.

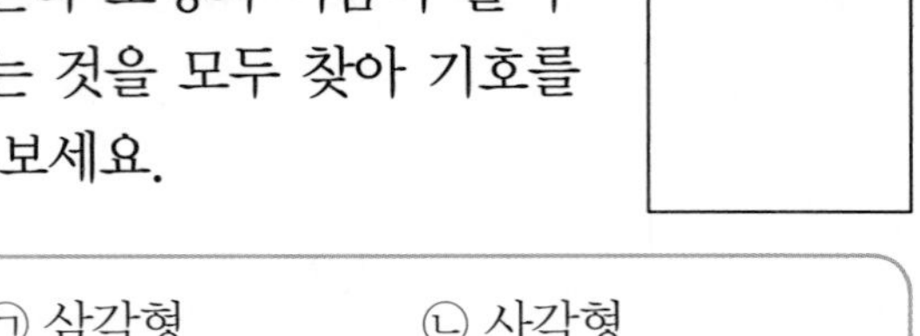

㉠ 삼각형　　㉡ 사각형
㉢ 직각삼각형　　㉣ 직사각형
㉤ 정사각형

(　　　　　　　　)

19 점종이에 크기가 다른 정사각형 **2**개를 그려 보세요.

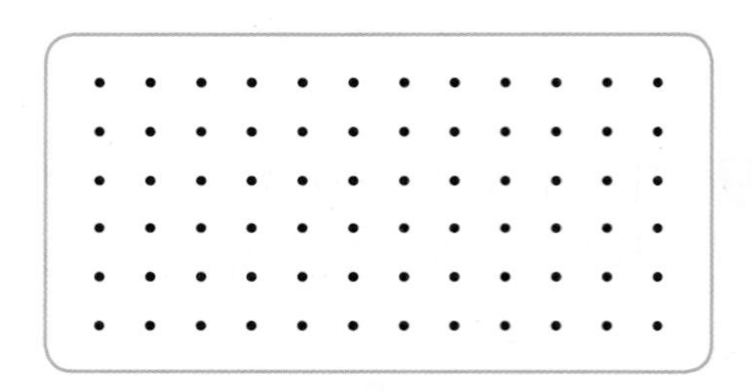

20 정사각형의 네 변의 길이의 합은 **24** cm입니다. □ 안에 알맞은 수를 써넣으세요.

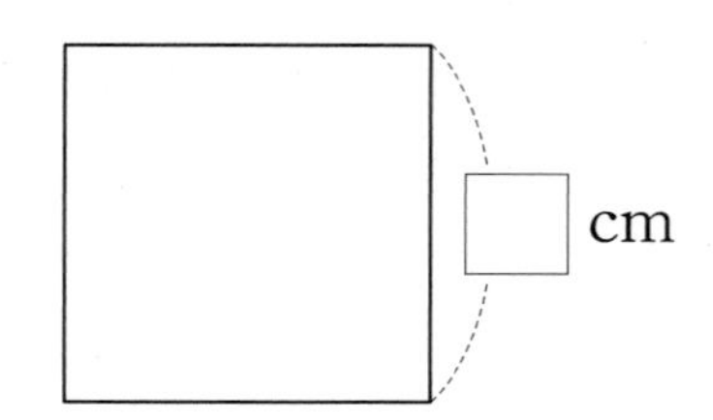

단원 3

나눗셈

이번에 배울 내용

1 똑같이 나누기

2 똑같이 묶어 덜어 내기

3 곱셈과 나눗셈의 관계

4 나눗셈의 몫을 구하는 방법

5 곱셈구구로 나눗셈의 몫 구하기

이전에 배운 내용

- 곱셈구구
- 곱셈표 만들기

다음에 배울 내용

- 분수 알아보기
- (몇십)÷(몇), (몇십몇)÷(몇)
- (세 자리 수)÷(한 자리 수)

step 1 원리 꼼꼼

1. 똑같이 나누기

사과 8개를 4곳에 똑같이 나누기

$8 \div 4 = 2$
2는 8을 4로 나눈 몫,
8은 나누어지는 수,
4는 나누는 수입니다.

- 사과 **8**개를 **4**곳에 똑같이 나누면 한 곳에 **2**개씩 됩니다.
- 식으로 $8 \div 4 = 2$라 쓰고, **8** 나누기 **4**는 **2**와 같습니다라고 읽습니다.
- $8 \div 4 = 2$와 같은 식을 나눗셈식이라고 합니다. 이때 **2**는 **8**을 **4**로 나눈 몫이라고 합니다.
- 사과 **8**개를 학생 **4**명이 똑같이 나누어 가지면 한 사람이 **2**개씩 가질 수 있습니다.

원리 확인 1 배 **12**개를 **4**개의 바구니에 똑같이 나누어 담으면 바구니 한 개에는 배를 몇 개씩 담을 수 있는지 알아보려고 합니다. 물음에 답해 보세요.

(1) 배 **12**개를 똑같이 나누어 보세요.

(2) 배 **12**개를 **4**곳에 똑같이 나누면 한 곳에 □개씩 놓입니다.

(3) 나눗셈식으로 나타내면 $12 \div 4 =$ □입니다.

(4) 바구니 한 개에 배를 □개씩 담을 수 있습니다.

원리 확인 2 $15 \div 3 = 5$에 대한 설명입니다. □ 안에 알맞은 수를 써넣으세요.

(1) □ 나누기 □은 □와 같습니다.

(2) □를 □곳에 똑같이 나누면 한 곳에 □씩 놓입니다.

(3) □는 □를 □으로 나눈 몫입니다.

1 학생 **2**명이 바둑돌 **10**개를 똑같이 나누어 가지면 학생 한 명이 바둑돌을 몇 개씩 가지게 되는지 알아보려고 합니다. 물음에 답해 보세요.

(1) 바둑돌 **10**개를 **2**곳에 똑같이 나누어 보세요.

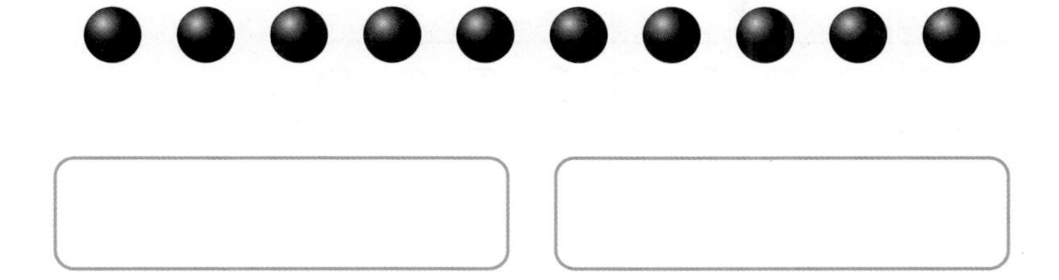

(2) 학생 한 명이 바둑돌을 몇 개씩 가지게 되나요?

10÷2=□(개)

2 나눗셈식을 보고 □ 안에 알맞은 수나 말을 써넣으세요.

16÷8=2

(1) **16**을 □곳에 똑같이 나누면 한 곳에 □씩 놓입니다.

(2) **16** 나누기 □은 □와 같습니다.

(3) **2**는 **16**을 □로 나눈 □입니다.

3 나눗셈식으로 써 보세요.

(1) **21**을 **7**곳에 똑같이 나누면 한 곳에 **3**씩 놓입니다.

(2) **36**을 **4**곳에 똑같이 나누면 한 곳에 **9**씩 놓입니다.

3. ■를 ▲곳에 똑같이 나누었을 때 한 곳에 ●씩이면 나눗셈식으로 나타내었을 때 ■÷▲=●입니다.

3 단원

원리 척척

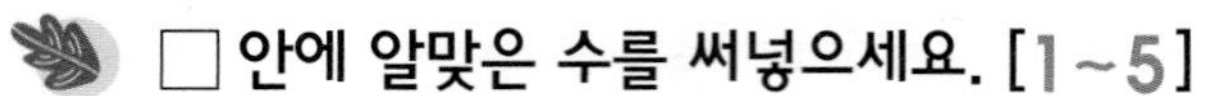

□ 안에 알맞은 수를 써넣으세요. [1~5]

1

$12 \div 2 = \square$

2

$16 \div 2 = \square$

3

$12 \div 3 = \square$

4

$18 \div 3 = \square$

5

$20 \div 4 = \square$

나눗셈식을 보고 □ 안에 알맞은 수를 써넣으세요. [6~10]

6 18÷3=6 ➡
- 18 나누기 □은 □과 같습니다.
- □은 나누어지는 수, □은 나누는 수입니다.
- □은 18을 3으로 나눈 몫입니다.

7 28÷4=7 ➡
- 28 나누기 □는 □과 같습니다.
- □은 나누어지는 수, □는 나누는 수입니다.
- □은 28을 4로 나눈 몫입니다.

8 40÷5=8 ➡
- 40 나누기 □는 □과 같습니다.
- □은 나누어지는 수, □는 나누는 수입니다.
- □은 40을 5로 나눈 몫입니다.

9 42÷7=6 ➡
- 42 나누기 □은 □과 같습니다.
- □는 나누어지는 수, □은 나누는 수입니다.
- □은 42를 7로 나눈 몫입니다.

10 36÷9=4 ➡
- 36 나누기 □는 □와 같습니다.
- □은 나누어지는 수, □는 나누는 수입니다.
- □는 36을 9로 나눈 몫입니다.

2. 똑같이 묶어 덜어 내기

딸기 6개를 2개씩 나누기

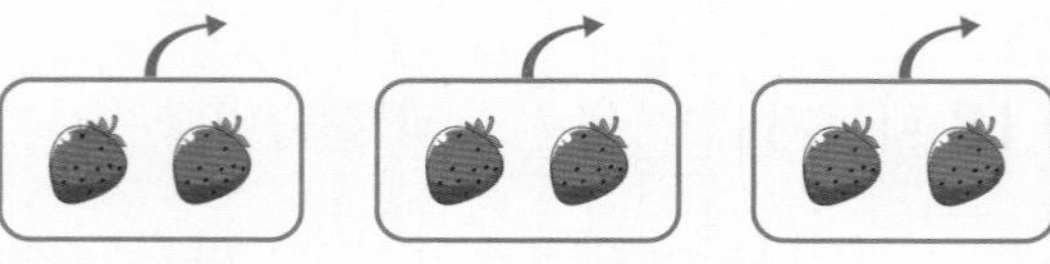

- 6에서 2씩 3번 빼면 0이 됩니다.
- 식으로 $6 \div 2 = 3$이라 쓰고, 6 나누기 2는 3과 같습니다라고 읽습니다.
- $6 \div 2 = 3$과 같은 식을 나눗셈식이라 합니다. 이때 3은 6을 2로 나눈 몫이라고 합니다.
- 뺄셈식으로 나타내면 $6-2-2-2=0$입니다.
- 딸기 6개를 한 접시에 2개씩 담으면 3접시가 됩니다.

원리 확인 **1** 금붕어 10마리가 있습니다. 한 어항에 2마리씩 넣으려면 어항은 모두 몇 개 필요한지 알아보려고 합니다. 물음에 답해 보세요.

(1) 금붕어 10마리를 2마리씩 묶어 덜어 내세요.

(2) 금붕어 10마리에서 2마리씩 묶어 □번 덜어 내면 0입니다.

(3) $10-2-2-2-2-2=0$이므로 10에서 2를 □번 빼면 0입니다.

(4) 위 (1), (2)를 나눗셈식으로 나타내면 $10 \div 2 =$ □입니다.

(5) 어항은 모두 □개 필요합니다.

원리 확인 **2** $24-4-4-4-4-4-4=0$을 나눗셈식으로 나타낸 것입니다. 바르게 나타낸 것에 ○표 하세요.

$24 \div 4 = 6$	$24 \div 6 = 4$
(　　　　)	(　　　　)

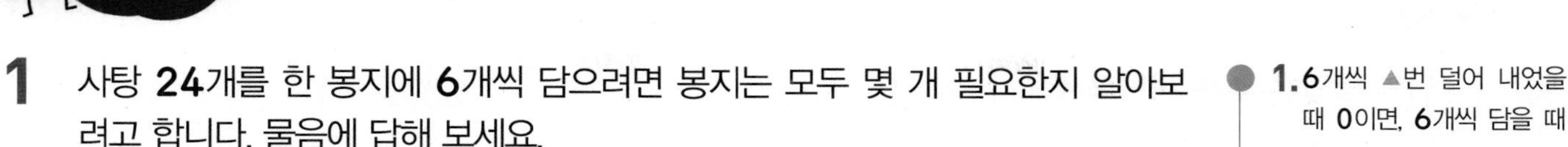

1 사탕 **24**개를 한 봉지에 **6**개씩 담으려면 봉지는 모두 몇 개 필요한지 알아보려고 합니다. 물음에 답해 보세요.

(1) 사탕 **24**개를 **6**개씩 묶어 덜어 내세요.

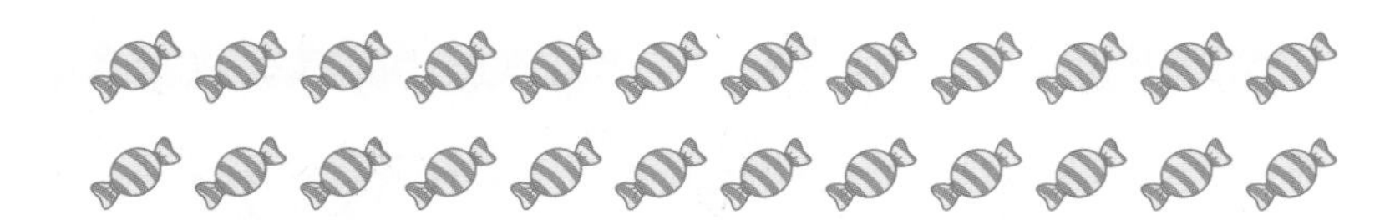

(2) **24**에서 **6**을 빼는 뺄셈식으로 나타내 보세요.

$$24-\square-\square-\square-\square=0$$

(3) 봉지는 모두 몇 개 필요하나요?

$$24\div6=\square\text{(개)}$$

> **1.** **6**개씩 ▲번 덜어 내었을 때 **0**이면, **6**개씩 담을 때 필요한 봉지는 ▲개입니다.

2 나눗셈식을 보고 □ 안에 알맞은 수나 말을 써넣으세요.

$$20\div4=5$$

(1) **20** 나누기 □는 □와 같습니다.

(2) **20**에서 □씩 □번 덜어 내면 **0**입니다.

(3) **5**는 **20**을 **4**로 나눈 □입니다.

3 나눗셈식으로 써 보세요.

(1) **15**에서 **5**씩 **3**번 덜어 내면 **0**입니다.

➡ ____________________

(2) **32**에서 **4**씩 **8**번 덜어 내면 **0**입니다.

➡ ____________________

3 단원

원리 척척

□ 안에 알맞은 수를 써넣으세요. [1~8]

1

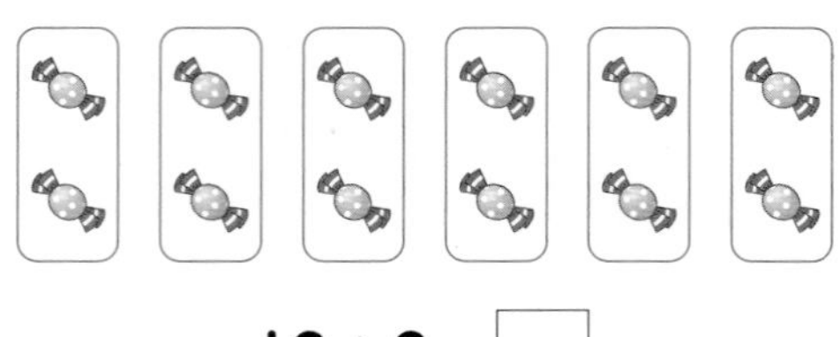

$12 \div 2 = \square$

2

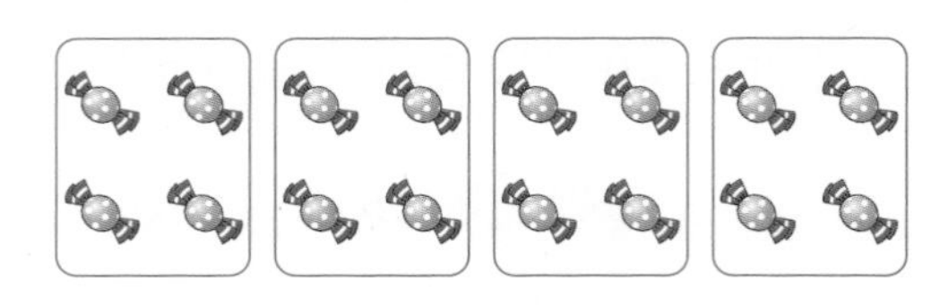

$16 \div 4 = \square$

3

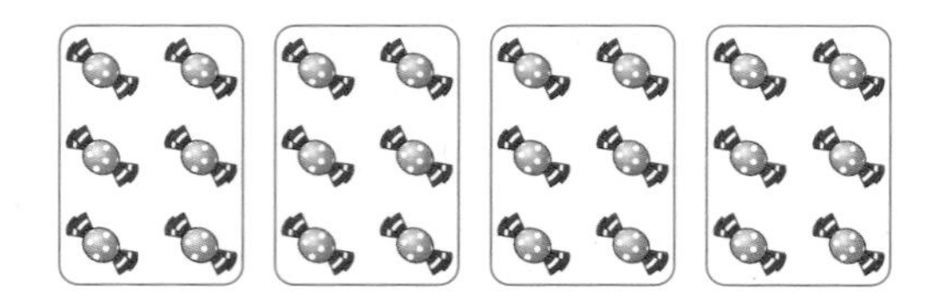

$24 \div 6 = \square$

4

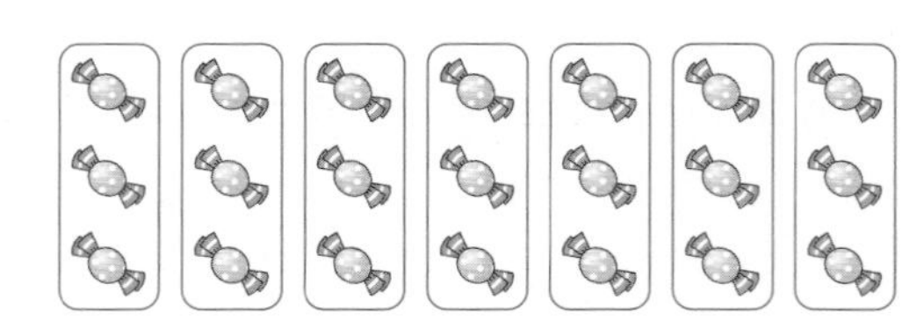

$21 \div 3 = \square$

5

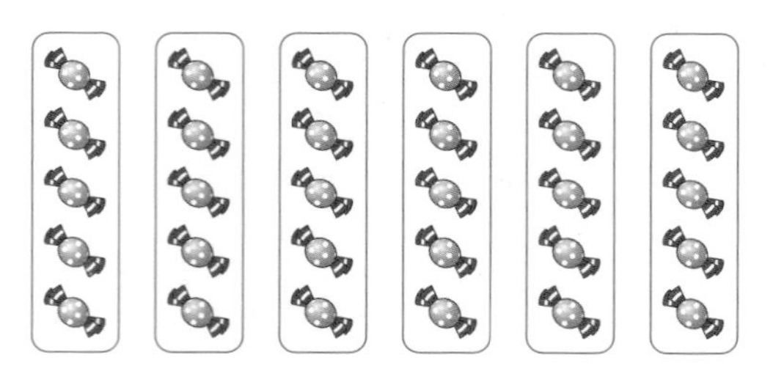

$30 \div 5 = \square$

6

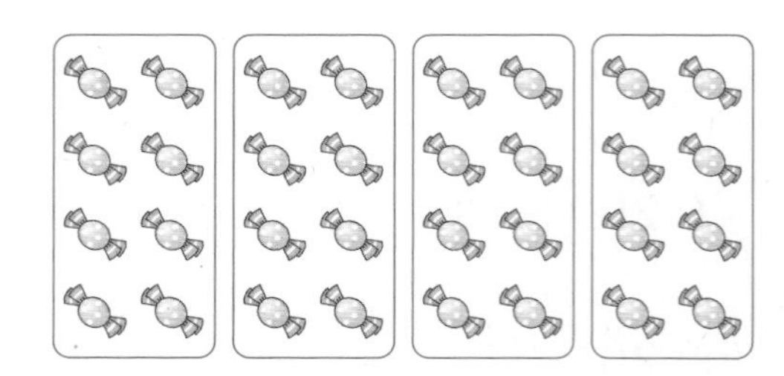

$32 \div 8 = \square$

7

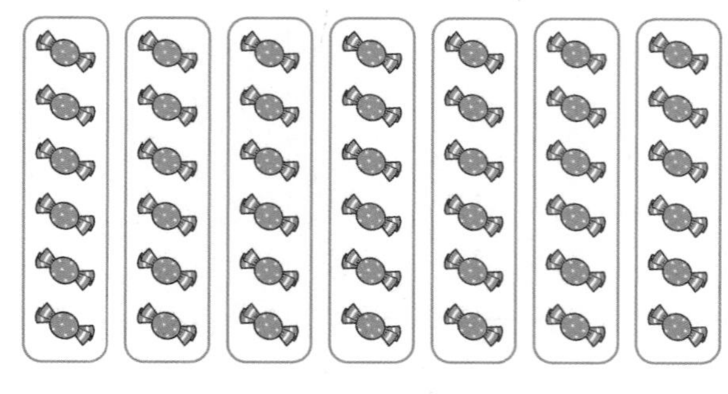

$42 \div 6 = \square$

8

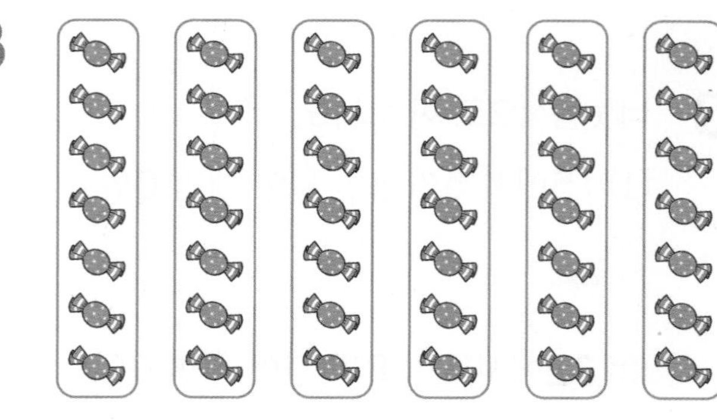

$42 \div 7 = \square$

나눗셈식을 보고 □ 안에 알맞은 수를 써넣으세요. [9~13]

9 14÷2=7 ➡

- 14 나누기 □는 □과 같습니다.
- 14에서 □씩 □번 덜어 내면 0입니다.
- □은 14를 2로 나눈 몫입니다.

10 18÷3=6 ➡

- 18 나누기 □은 □과 같습니다.
- 18에서 □씩 □번 덜어 내면 0입니다.
- □은 18을 3으로 나눈 몫입니다.

11 20÷5=4 ➡

- 20 나누기 □는 □와 같습니다.
- 20에서 □씩 □번 덜어 내면 0입니다.
- □는 20을 5로 나눈 몫입니다.

12 30÷5=6 ➡

- 30 나누기 □는 □과 같습니다.
- 30에서 □씩 □번 덜어 내면 0입니다.
- □은 30을 5로 나눈 몫입니다.

13 48÷6=8 ➡

- 48 나누기 □은 □과 같습니다.
- 48에서 □씩 □번 덜어 내면 0입니다.
- □은 48을 6으로 나눈 몫입니다.

step 1 원리 꼼꼼

3. 곱셈과 나눗셈의 관계

곱셈식과 나눗셈식의 관계 알아보기

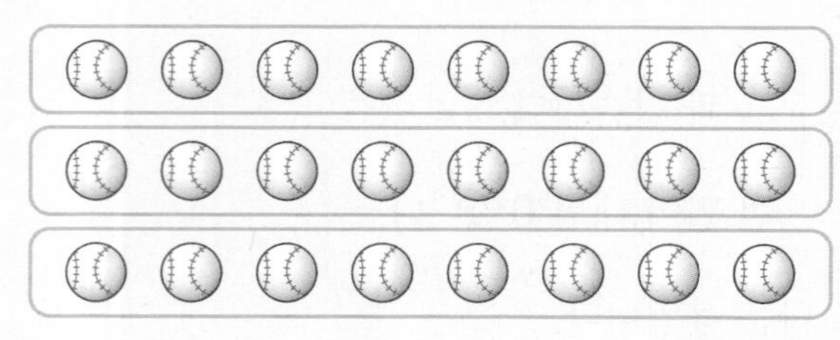

$8\times3=24$ → $24\div8=3$, $24\div3=8$

① 8개씩 3줄이므로 곱셈식 $8\times3=24$입니다.
② 24개는 8개씩 3묶음이므로 나눗셈식 $24\div8=3$입니다.
③ 24개를 3곳으로 똑같이 나누면 한 곳에 8개씩이므로 나눗셈식 $24\div3=8$입니다.

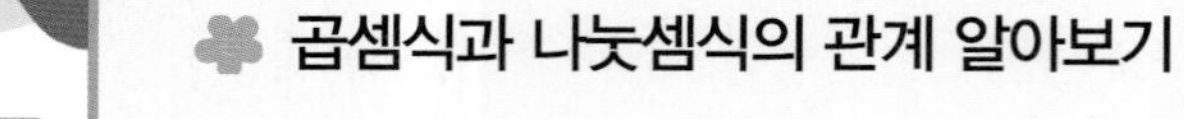

원리 확인 1 곱셈식과 나눗셈식의 관계를 알아보려고 합니다. 물음에 답해 보세요.

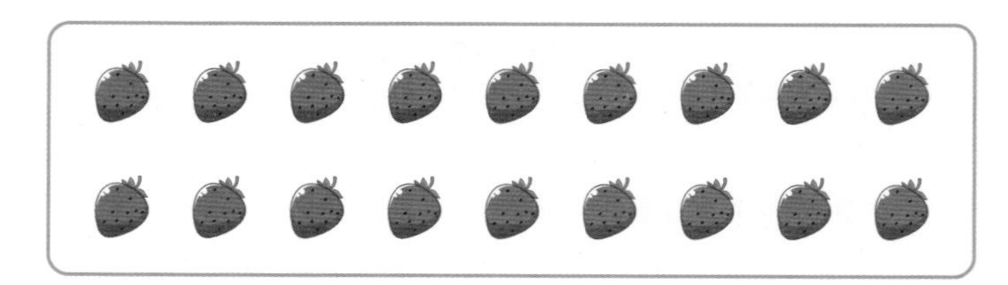

(1) 딸기를 9개씩 묶어 보세요.

(2) 9개씩 □줄이므로 곱셈식으로 나타내면 $9\times$□$=$□입니다.

(3) 18개에서 9개씩 2번 묶어 덜어 내면 0이므로 나눗셈식으로 나타내면
$18\div$□$=$□입니다.

(4) 18개를 2곳에 똑같이 나누면 한 곳에 9개씩이므로 나눗셈식으로 나타내면
$18\div$□$=$□입니다.

(5) □ 안에 알맞은 수를 써넣으세요.

$9\times$□$=$□ → $18\div9=$□, $18\div$□$=9$

원리 확인 2 글을 읽고 □ 안에 알맞은 수를 써넣으세요.

식탁에 빵이 한 접시에 4개씩 3접시 있습니다.

$4\times3=12$ ➡ $12\div4=$□, $12\div3=$□

원리 탄탄

기본 문제를 통해 개념과 원리를 다져요.

1 곱셈식과 나눗셈식의 관계를 알아보세요.

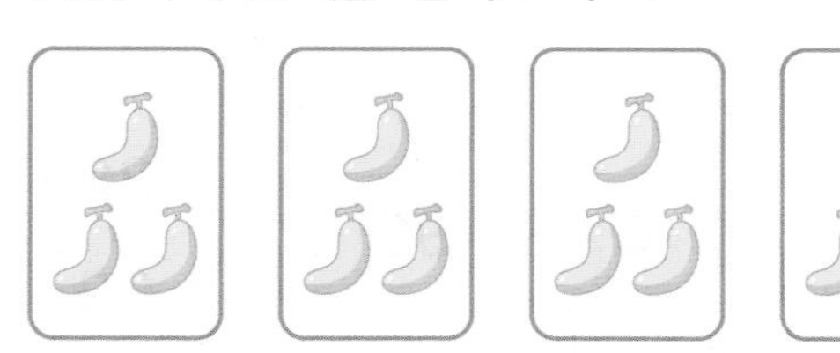

(1) 곱셈식을 써 보세요.

$3 \times \square = \square$

(2) 나눗셈식을 2개 써 보세요.

$15 \div 3 = \square$, $15 \div \square = \square$

2 곱셈식을 보고 □ 안에 알맞은 수를 써넣으세요.

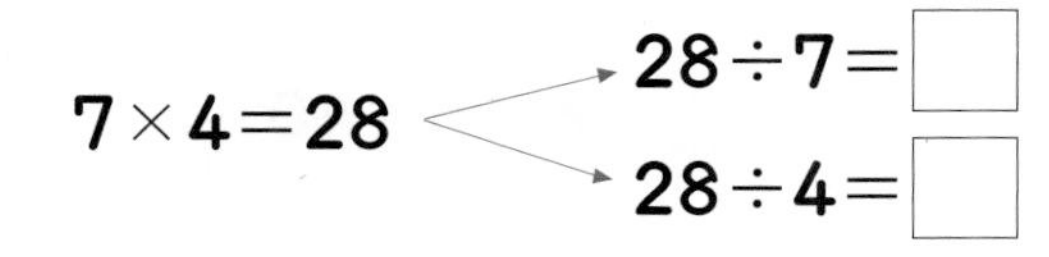

$7 \times 4 = 28$ → $28 \div 7 = \square$, $28 \div 4 = \square$

2\.

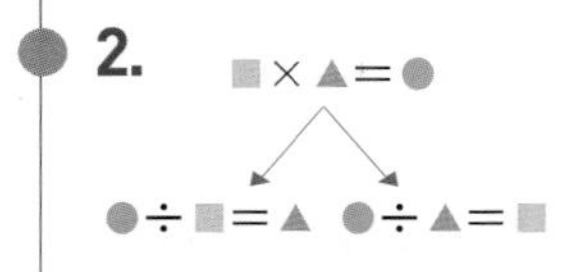

3 나눗셈식을 보고 □ 안에 알맞은 수를 써넣으세요.

$36 \div 6 = 5$ → $6 \times \square = 30$, $\square \times 6 = 30$

3

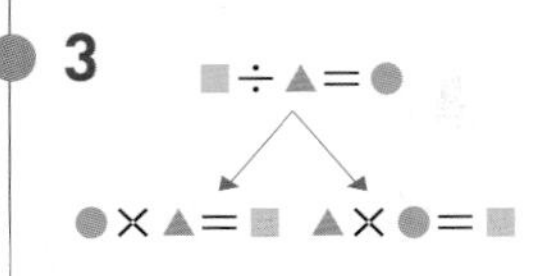

4 곱셈식을 나타내는 글을 읽고, 나눗셈식에 알맞은 문장을 만들려고 합니다. □ 안에 알맞은 수를 써넣으세요.

곱셈식: $7 \times 3 = 21$

달걀이 한 줄에 7개씩 3줄 있습니다.

↓

나눗셈식: $21 \div 7 = 3$

달걀 □개를 한 줄에 □개씩 놓으면 □줄이 됩니다.

 □ 안에 알맞은 수를 써넣으세요. [1 ~ 12]

1 $2\times7=14$
- $14\div2=\square$
- $14\div\square=2$

2 $4\times8=32$
- $32\div4=\square$
- $32\div\square=4$

3 $3\times9=27$
- $27\div\square=\square$
- $27\div\square=\square$

4 $5\times7=35$
- $35\div\square=\square$
- $35\div\square=\square$

5 $7\times6=42$
- $42\div\square=\square$
- $42\div\square=\square$

6 $8\times5=40$
- $40\div\square=\square$
- $40\div\square=\square$

7 $3\times4=12$
- $\square\div\square=\square$
- $\square\div\square=\square$

8 $5\times6=30$
- $\square\div\square=\square$
- $\square\div\square=\square$

9 $9\times4=36$
- $\square\div\square=\square$
- $\square\div\square=\square$

10 $8\times7=56$
- $\square\div\square=\square$
- $\square\div\square=\square$

11 $6\times8=48$
- $\square\div\square=\square$
- $\square\div\square=\square$

12 $9\times8=72$
- $\square\div\square=\square$
- $\square\div\square=\square$

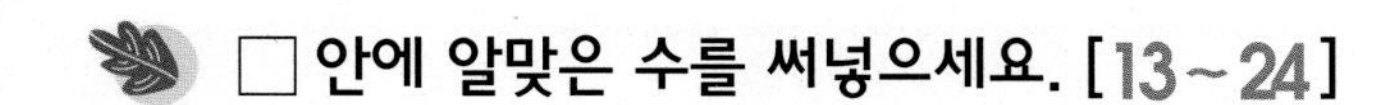

□ 안에 알맞은 수를 써넣으세요. [13~24]

13 $16 \div 2 = 8$ → $2 \times \square = \square$, $8 \times \square = \square$

14 $21 \div 3 = 7$ → $3 \times \square = \square$, $7 \times \square = \square$

15 $32 \div 4 = 8$ → $4 \times \square = \square$, $8 \times \square = \square$

16 $30 \div 5 = 6$ → $5 \times \square = \square$, $6 \times \square = \square$

17 $54 \div 6 = 9$ → $6 \times \square = \square$, $9 \times \square = \square$

18 $45 \div 9 = 5$ → $9 \times \square = \square$, $5 \times \square = \square$

19 $15 \div 3 = 5$ → $\square \times \square = \square$, $\square \times \square = \square$

20 $24 \div 4 = 6$ → $\square \times \square = \square$, $\square \times \square = \square$

21 $48 \div 8 = 6$ → $\square \times \square = \square$, $\square \times \square = \square$

22 $28 \div 7 = 4$ → $\square \times \square = \square$, $\square \times \square = \square$

23 $63 \div 9 = 7$ → $\square \times \square = \square$, $\square \times \square = \square$

24 $40 \div 5 = 8$ → $\square \times \square = \square$, $\square \times \square = \square$

step 1 원리 꼼꼼

4. 나눗셈의 몫을 구하는 방법

나눗셈식 15÷5=□의 몫을 구하는 방법

(1) 그림 15개를 5개씩 묶어 덜어 낼 수 있는 횟수는 3번입니다.

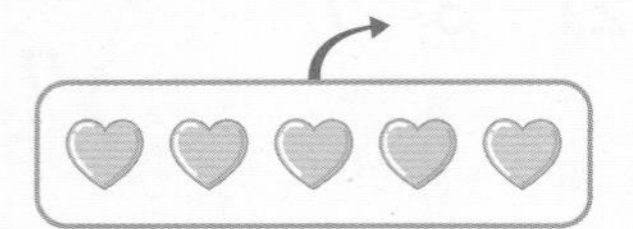
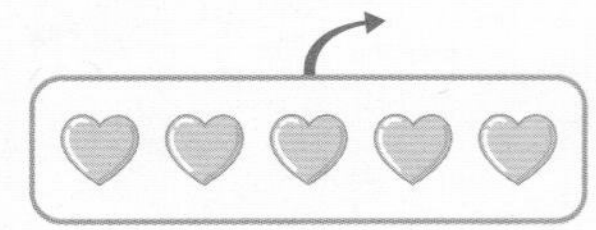
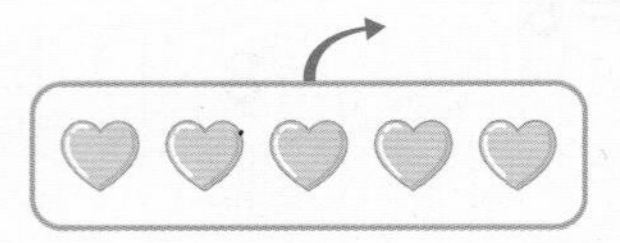

(2) 15에서 5를 빼는 뺄셈식을 써서 구하면 3번입니다. $15-5-5-5=0$ (3번)

(3) 그림 15개를 5곳에 똑같이 나누어 구하면 한 곳에 3개씩입니다.

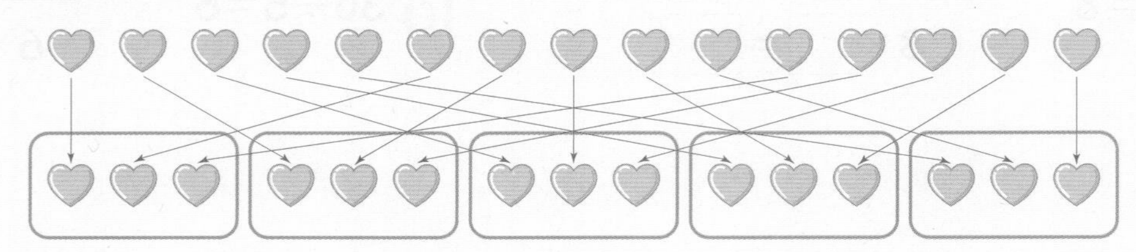

(4) 곱셈식과 나눗셈식의 관계로 알아보기 ➡ $15÷5=\boxed{3} \leftrightarrow 5\times\boxed{3}=15$

원리 확인 1 나눗셈식 12÷2=□의 몫을 구하려고 합니다. 물음에 답해 보세요.

(1) 별 12개를 2개씩 묶어 덜어 내어 몫을 구하면 □입니다.

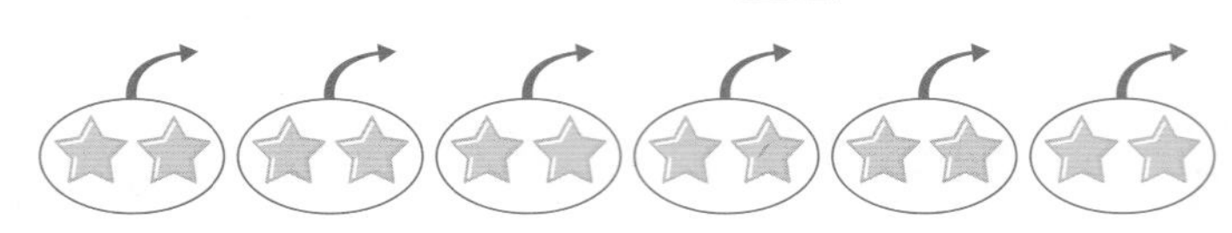

(2) 12에서 2를 빼는 뺄셈식을 만들어 몫을 구하면 □입니다.

$12-\square-\square-\square-\square-\square-\square=0$

(3) 별 12개를 2곳에 똑같이 나누어 몫을 구하면 □입니다.

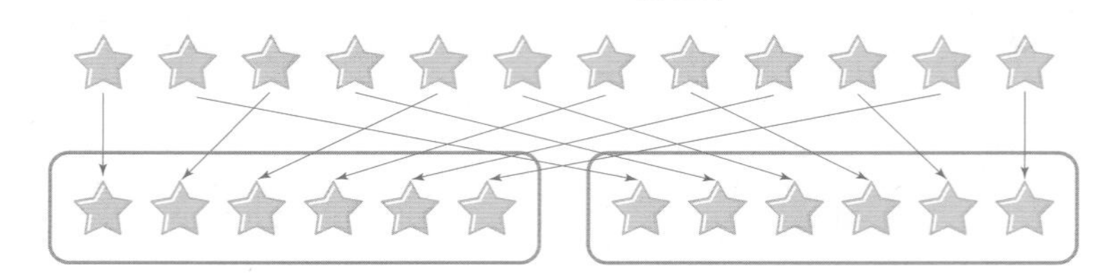

(4) 곱셈식과 나눗셈식의 관계를 이용하여 몫을 구하면 □입니다.

$12÷2=\square \leftrightarrow 2\times\square=12$

1 나눗셈식 24÷8=□의 몫을 구하는 방법입니다. □ 안에 알맞은 수를 써넣으세요.

(1) 24개에서 8개씩 묶어 3번 덜어 낼 수 있으므로 몫은 □입니다.

(2) 24에서 8을 3번 빼면 0이 되므로 몫은 □입니다.

(3) 24개를 8곳에 똑같이 나누면 한 곳에 □개씩이므로 몫은 3입니다.

(4) 곱셈식과 나눗셈식의 관계로 알아보면 몫은 □입니다.

24÷8=□ ↔ 8×□=24

2 곱셈식을 이용하여 나눗셈의 몫을 구해 보세요.

(1) 10÷5=□ ↔ 5×□=10

(2) 18÷3=□ ↔ 3×□=18

(3) 35÷7=□ ↔ 7×□=35

(4) 42÷6=□ ↔ 6×□=42

2. ■÷▲의 몫은 ▲단 곱셈구구를 이용하여 구합니다.

3 과자 28봉지를 한 사람에게 4봉지씩 나누어 주려고 합니다. 모두 몇 명에게 나누어 줄 수 있나요?

28÷4=□ ↔ 4×□=28

( )

4 나눗셈의 몫을 구해 보세요.

(1) 18÷2=□

(2) 32÷4=□

(3) 27÷9=□

(4) 40÷5=□

3단원

원리 척척

곱셈식을 이용하여 나눗셈의 몫을 구해 보세요. [1 ~ 14]

1 $42 \div 7 = \square$ ⟷ $7 \times \square = 42$

2 $36 \div 6 = \square$ ⟷ $6 \times \square = 36$

3 $20 \div 5 = \square$ ⟷ $5 \times \square = 20$

4 $81 \div 9 = \square$ ⟷ $9 \times \square = 81$

5 $72 \div 8 = \square$ ⟷ $8 \times \square = 72$

6 $54 \div 9 = \square$ ⟷ $9 \times \square = 54$

7 $64 \div 8 = \square$ ⟷ $8 \times \square = 64$

8 $48 \div 8 = \square$ ⟷ $8 \times \square = 48$

9 $35 \div 7 = \square$ ⟷ $7 \times \square = 35$

10 $49 \div 7 = \square$ ⟷ $7 \times \square = 49$

11 $42 \div 6 = \square$ ⟷ $6 \times \square = 42$

12 $45 \div 9 = \square$ ⟷ $9 \times \square = 45$

13 $56 \div 7 = \square$ ⟷ $7 \times \square = 56$

14 $63 \div 9 = \square$ ⟷ $9 \times \square = 63$

나눗셈의 몫을 구해 보세요. [15~28]

15 $32 \div 8$

16 $25 \div 5$

17 $28 \div 4$

18 $20 \div 4$

19 $54 \div 6$

20 $42 \div 7$

21 $56 \div 8$

22 $30 \div 6$

23 $24 \div 4$

24 $63 \div 7$

25 $18 \div 3$

26 $48 \div 6$

27 $36 \div 4$

28 $49 \div 7$

step 1 원리 꼼꼼

5. 곱셈구구로 나눗셈의 몫 구하기

동영상강의

×	1	2	3	4	5	6	7	8	9
1	1	2	3	4	5	6	7	8	9
2	2	4	6	8	10	12	14	16	18
3	3	6	9	12	15	18	21	24	27
4	4	8	12	16	20	24	28	32	36
5	5	10	15	20	25	30	35	40	45
6	6	12	18	24	30	36	42	48	54
7	7	14	21	28	35	42	49	56	63
8	8	16	24	32	40	48	56	64	72
9	9	18	27	36	45	54	63	72	81

사탕 48개를 똑같이 나누기

① **6**명으로 나누기(**6**단 곱셈구구 이용)

48÷6=□ ➡ 6× 8 =48

➡ 한 명당 8 개씩 나눔

② **8**명으로 나누기(**8**단 곱셈구구 이용)

48÷8=□ ➡ 8× 6 =48

➡ 한 명당 6 개씩 나눔

곱셈구구로 나눗셈의 몫을 구해 보세요. [1~2]

1 야구공 **28**개를 바구니 **4**개에 똑같이 나누어 담을 때, 한 바구니에 야구공을 몇 개씩 담아야 하는지 알아보려고 합니다. 물음에 답해 보세요.

(1) **28**을 만드는 곱셈식을 써 보세요.

식 **4×□=28, □×4=28**

(2) 한 바구니에 야구공을 몇 개씩 담아야 하나요?

(　　　　　)

2 야구공 **28**개를 한 바구니에 **4**개씩 담을 때, 바구니는 몇 개가 필요하나요?

식 ______________

답 ______________

3 곱셈구구를 이용하여 □ 안에 알맞은 수를 써넣으세요.

(1) **4×□=24** → **24÷4=□**, **24÷□=4**

(2) **□×□=42** → **42÷□=□**, **42÷□=□**

기본 문제를 통해 개념과 원리를 다져요.

1 □ 안에 알맞은 수를 써넣으세요.

(1) **28÷■=4**는 **4×■=28**이므로 **4**단 곱셈구구를 이용하면

■=□입니다.

따라서 **28÷□=4**입니다.

(2) **35÷7=■**는 **■×7=35**이므로 **7**단 곱셈구구를 이용하면

■=□입니다.

따라서 **35÷7=□**입니다.

1. ★÷▲=■는 ★=▲×■로 나타낼 수 있으므로 ▲단 곱셈구구나 ■단 곱셈구구를 이용합니다.

2 곱셈식으로 나타내고 나눗셈의 몫을 구해 보세요.

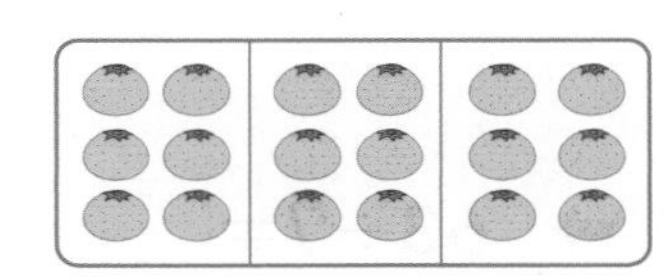

6×□=□

18÷6=□

2. ●개씩 ■묶음이면 전체 개수 ★은 ●×■=★에서 ★÷●=■입니다.

3 □ 안에 알맞은 수를 써넣으세요.

(1) **7×□=56** ➡ **56÷7=□**

(2) **□×7=42** ➡ **42÷7=□**

4 가영이네 반 학생들이 차 한 대에 **4**명씩 타고 놀이공원에 가려고 합니다. 놀이공원에 가는 학생이 **24**명이라면 차는 모두 몇 대 필요한지 □ 안에 알맞은 수를 써넣고 답을 구해 보세요.

4×□=24 ➡ **24÷4=□**

(　　　　　　　　)

4. 필요한 차의 대수를 알아보려면 전체 학생 수를 차 한 대에 타는 학생 수로 나누어 줍니다.

3 단원

원리 척척

 □ 안에 알맞은 수를 써넣으세요. [1 ~ 16]

1 □÷2=6 ➡ 2×6=□

2 □÷3=5 ➡ 3×5=□

3 27÷□=3 ➡ 27÷3=□

4 32÷□=4 ➡ 32÷4=□

5 □÷4=6 ➡ 4×6=□

6 □÷5=7 ➡ 5×7=□

7 45÷□=9 ➡ 45÷9=□

8 63÷□=7 ➡ 63÷7=□

9 □÷6=3 ➡ 6×3=□

10 □÷7=7 ➡ 7×7=□

11 40÷□=5 ➡ 40÷5=□

12 16÷□=8 ➡ 16÷8=□

13 □÷8=4 ➡ 8×4=□

14 □÷9=5 ➡ 9×5=□

15 48÷□=6 ➡ 48÷6=□

16 21÷□=3 ➡ 21÷3=□

□를 사용하여 나눗셈식으로 나타내고 □에 들어갈 수를 구해 보세요. [17~28]

17 어떤 수를 2로 나누면 5와 같습니다.

➡ ______________________

18 어떤 수를 9로 나누면 9와 같습니다.

➡ ______________________

19 어떤 수를 4로 나누면 3과 같습니다.

➡ ______________________

20 56을 어떤 수로 나누면 7과 같습니다.

➡ ______________________

21 64를 어떤 수로 나누면 8과 같습니다.

➡ ______________________

22 8로 어떤 수를 나누면 3과 같습니다.

➡ ______________________

23 5로 어떤 수를 나누면 6과 같습니다.

➡ ______________________

24 7로 어떤 수를 나누면 9와 같습니다.

➡ ______________________

25 어떤 수를 5로 나누면 4와 같습니다.

➡ ______________________

26 32를 어떤 수로 나누면 8과 같습니다.

➡ ______________________

27 3으로 어떤 수를 나누면 7과 같습니다.

➡ ______________________

28 63을 어떤 수로 나누면 7과 같습니다.

➡ ______________________

step 4 유형 콕콕

01 고구마 21개를 한 봉지에 3개씩 담으려고 합니다. 봉지는 모두 몇 개 필요한지 알아보세요.

(1) 고구마 21개를 3개씩 묶어 덜어 내세요.

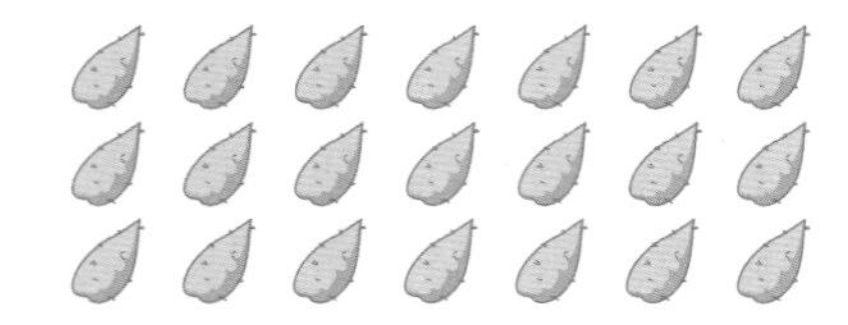

(2) 나눗셈식을 쓰고 답을 구해 보세요.

식 ______________ 답 ________

02 초콜릿 20개를 학생 한 명에게 4개씩 나누어 주려고 합니다. 모두 몇 명에게 줄 수 있는지 알아보세요.

(1) 초콜릿 20개를 4개씩 묶어 덜어 내세요.

(2) 나눗셈식을 쓰고 답을 구해 보세요.

식 ______________ 답 ________

03 나눗셈식 $42 \div 6 = 7$을 문장으로 나타내 보세요.

사탕 ☐ 개를 학생 한 명에게 ☐ 개씩 나누어 주면 모두 ☐ 명에게 줄 수 있습니다.

04 색종이 28장을 4명이 똑같이 나누어 가지면 한 명이 색종이를 몇 장씩 가져야 하는지 알아보세요.

(1) 색종이 28장을 4곳에 똑같이 나누어 나타내 보세요.

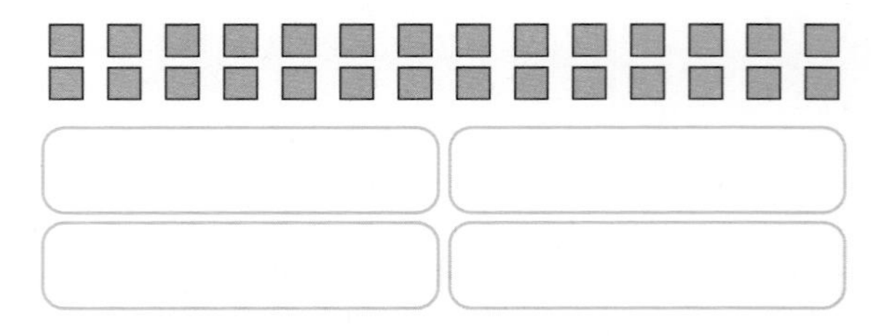

(2) 나눗셈식을 쓰고 답을 구해 보세요.

식 ______________ 답 ________

05 탁구공 15개를 5명에게 똑같이 나누어 주면 한 명이 탁구공을 몇 개씩 가져야 하는지 알아보세요.

(1) 탁구공 15개를 5곳에 똑같이 나누어 나타내 보세요.

(2) 나눗셈식을 쓰고 답을 구해 보세요.

식 ______________ 답 ________

06 나눗셈식 $32 \div 4 = 8$을 문장으로 나타내 보세요.

과자 ☐ 개를 학생 ☐ 명에게 똑같이 나누어 주면 한 학생에게 과자를 ☐ 개씩 줄 수 있습니다.

07 그림을 보고 곱셈식과 나눗셈식의 관계를 알아보세요.

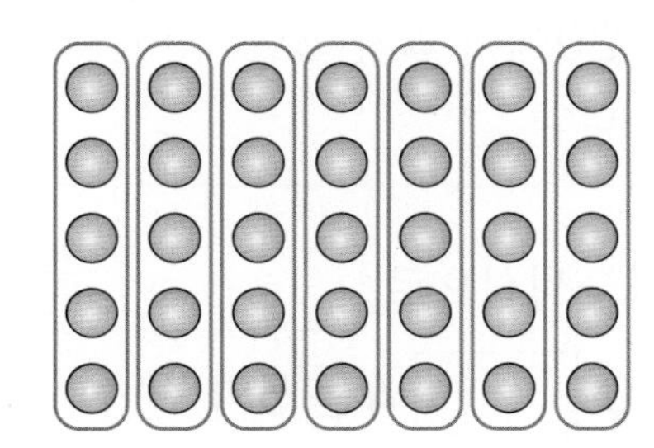

(1) 곱셈식을 써 보세요.

5 × □ = □

(2) 나눗셈식을 2개 써 보세요.

35 ÷ □ = □, 35 ÷ □ = □

08 그림을 보고 □ 안에 알맞은 수를 써넣으세요.

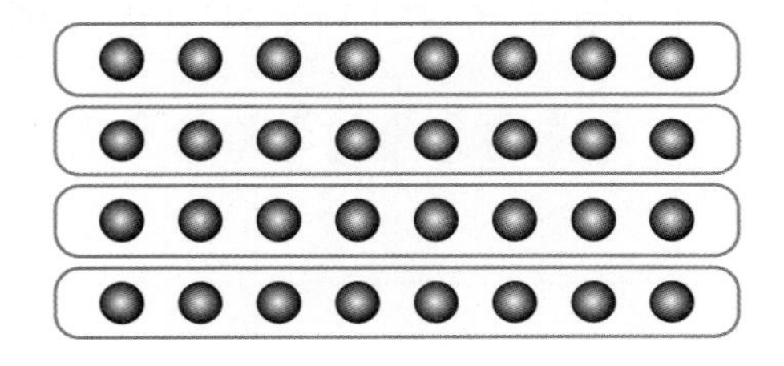

8 × □ = □ → 32 ÷ □ = □, 32 ÷ □ = □

09 나눗셈식을 보고 곱셈식 2개를 써 보세요.

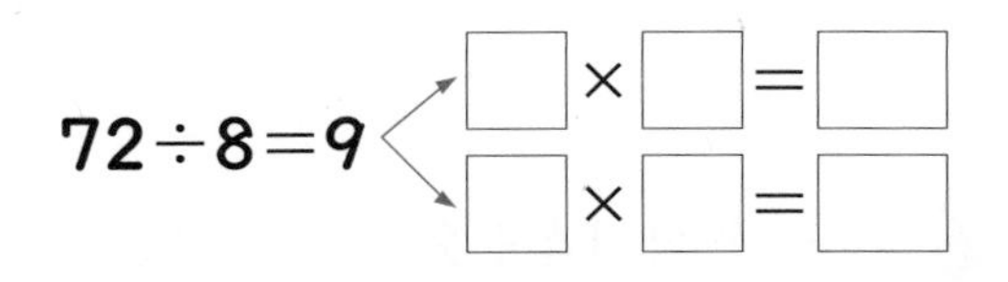

72 ÷ 8 = 9 → □ × □ = □, □ × □ = □

10 곱셈식을 이용하여 나눗셈식의 몫을 구해 보세요.

(1) 16 ÷ 2 = □ ⟷ 2 × □ = 16

(2) 24 ÷ 4 = □ ⟷ 4 × □ = 24

11 4단 곱셈구구를 이용하여 몫을 구해 보세요.

(1) 8 ÷ 4 = □　(2) 16 ÷ 4 = □

(3) 36 ÷ 4 = □　(4) 32 ÷ 4 = □

12 나눗셈의 몫을 구해 보세요.

(1) 12 ÷ 3 = □　(2) 28 ÷ 4 = □

(3) 40 ÷ 5 = □　(4) 54 ÷ 6 = □

13 몫의 크기를 비교하여 ○ 안에 >, =, < 를 알맞게 써넣으세요.

(1) 14 ÷ 2 ○ 18 ÷ 3

(2) 64 ÷ 8 ○ 63 ÷ 7

14 몫이 같은 것끼리 선으로 이어 보세요.

25 ÷ 5 •	• 16 ÷ 4
28 ÷ 7 •	• 18 ÷ 2
63 ÷ 7 •	• 30 ÷ 6
32 ÷ 4 •	• 24 ÷ 3

3 단원

점수

01 나눗셈식을 읽어 보세요.

$63 \div 7 = 9$

(　　　　　　　　　　　　)

02 그림을 보고 □ 안에 알맞은 수를 써넣으세요.

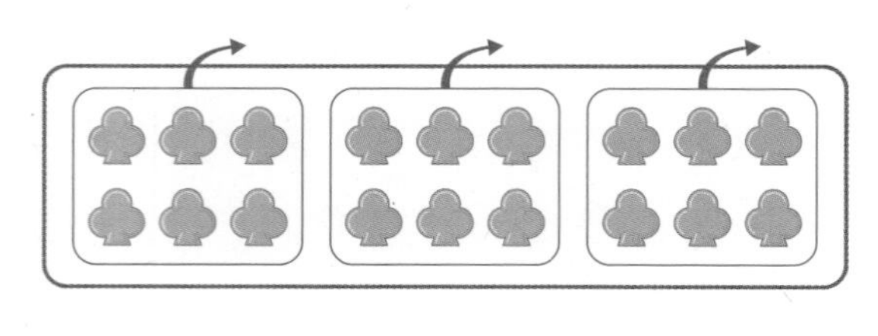

$18 \div 6 =$ □

03 나눗셈식 $32 \div 8 = 4$를 보고 □ 안에 알맞은 수나 말을 써넣으세요.

- 32 나누기 □은 □와 같습니다.
- 32에서 □씩 □번 덜어 내면 0입니다.
  ➡ 32−□−□−□−□=0
- 4는 32를 8로 나눈 □입니다.

04 다음을 읽고 □ 안에 알맞게 써넣으세요.

20에서 4씩 5번 묶어 덜어 내면 0입니다.

나눗셈식으로 □라 쓰고
20 □ 4는 5와 같습니다라고
읽습니다.

05 사탕 16개를 4명이 똑같이 나누어 가지려고 합니다. 한 사람이 몇 개씩 가져야 하는지 사탕을 똑같이 나누고 답을 구해 보세요.

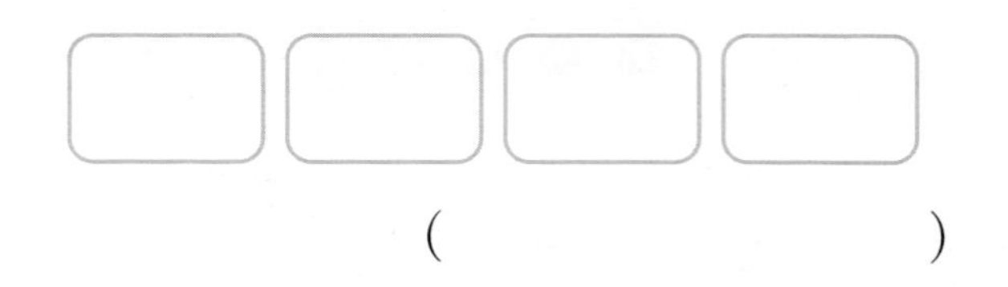

(　　　　　　　　　　　　)

06 나눗셈식 $14 \div 2 = 7$을 문장으로 나타내 보세요.

지우개 □개를 □사람에게 똑같이 나누어 주려면 한 사람에게 지우개를 □개씩 줄 수 있습니다.

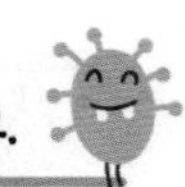

07 곱셈식을 보고 나눗셈식 2개를 완성해 보세요.

$7 \times 8 = 56$ → $56 \div 7 = \square$, $56 \div \square = \square$

08 나눗셈식을 보고 곱셈식 2개를 완성해 보세요.

$18 \div 6 = 3$ → $6 \times \square = \square$, $3 \times \square = \square$

09 7단 곱셈구구를 이용하여 몫을 구할 수 있는 나눗셈은 어느 것인가요? (　　　)

① $9 \div 3$　② $12 \div 6$　③ $20 \div 5$
④ $21 \div 7$　⑤ $40 \div 8$

10 빈칸에 알맞은 수를 써넣으세요.

(→ ÷, ↓ ÷)

24	6	
4	2	

11 나눗셈의 몫을 구해 보세요.

(1) $30 \div 6$　　(2) $48 \div 8$

3 단원

12 나눗셈식을 보고 곱셈식 2개를 써 보세요.

$72 \div 8 = 9$

(　　　　　　　　　　)

13 □ 안에 알맞은 수를 써넣으세요.

나눗셈식 $45 \div 9 = 5$에서 몫 5는 45에서 □를 □번 빼면 0이 될 때, 빼는 횟수를 나타냅니다.

14 몫이 8인 나눗셈식을 찾아 기호를 써 보세요.

㉠ $40 \div 8$　㉡ $28 \div 4$
㉢ $24 \div 3$　㉣ $35 \div 5$

(　　　　　　　　)

15 몫의 크기를 비교하여 ○ 안에 >, =, < 를 알맞게 써넣으세요.

$24 \div 4$ 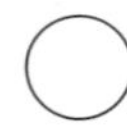 $36 \div 9$

16 빈 곳에 알맞은 수를 써넣으세요.

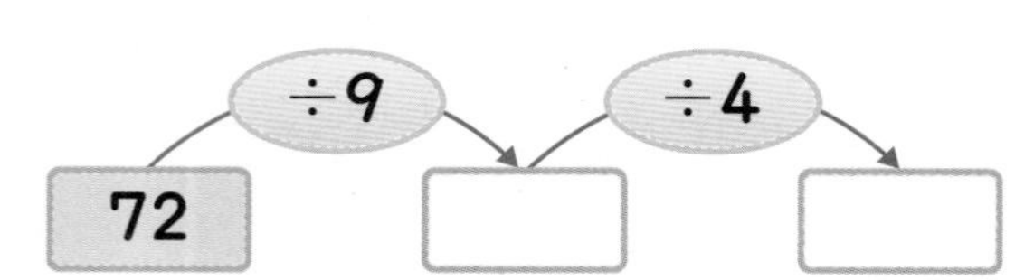

17 빈 곳에 알맞은 수를 써넣으세요.

(1)

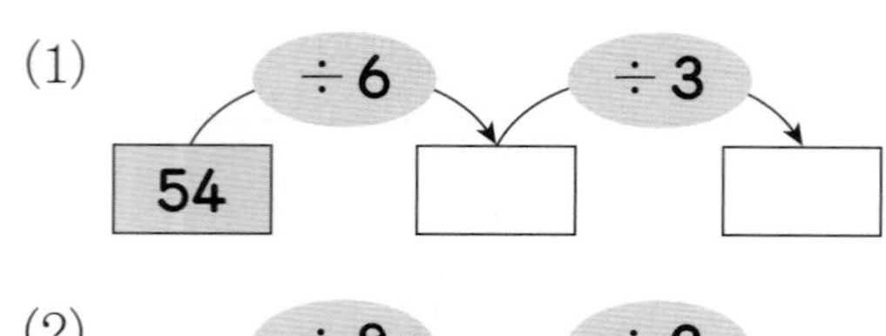

(2)

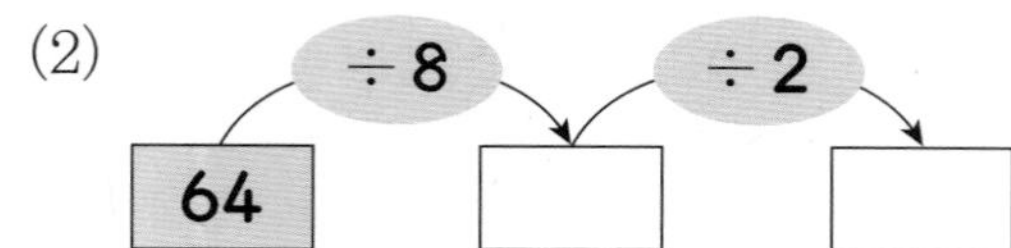

18 □ 안에 알맞은 수를 써넣으세요.

$\square \div 9 = 7$

19 효근이가 도화지 9묶음을 샀습니다. 효근이가 산 도화지가 모두 54장이라고 할 때 한 묶음에 몇 장씩 있는지 곱셈식과 나눗셈식을 이용하여 알아보세요.

곱셈식: $9 \times \square = 54$

나눗셈식: $54 \div 9 = \square$

20 학생 42명이 긴 의자 6개에 똑같이 나누어 앉으려고 합니다. 긴 의자 한 개에는 몇 명씩 앉아야 하는지 나눗셈식을 쓰고 답을 구해 보세요.

식 ________________

답 ________________

단원 4

곱셈

이번에 배울 내용

1. (몇십)×(몇)
2. 올림이 없는 (몇십몇)×(몇)
3. 십의 자리에서 올림이 있는 (몇십몇)×(몇)
4. 일의 자리에서 올림이 있는 (몇십몇)×(몇)
5. 십의 자리와 일의 자리에서 올림이 있는 (몇십몇)×(몇)

이전에 배운 내용

- 곱셈구구 알아보기
- 곱셈구구로 문제 해결하기

다음에 배울 내용

- (세 자리 수)×(한 자리 수)
- (한 자리 수)×(두 자리 수)
- (두 자리 수)×(두 자리 수)

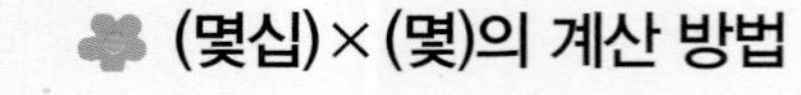

step 1 원리 꼼꼼

1. (몇십)×(몇)

(몇십)×(몇)의 계산 방법

예 20×3의 계산

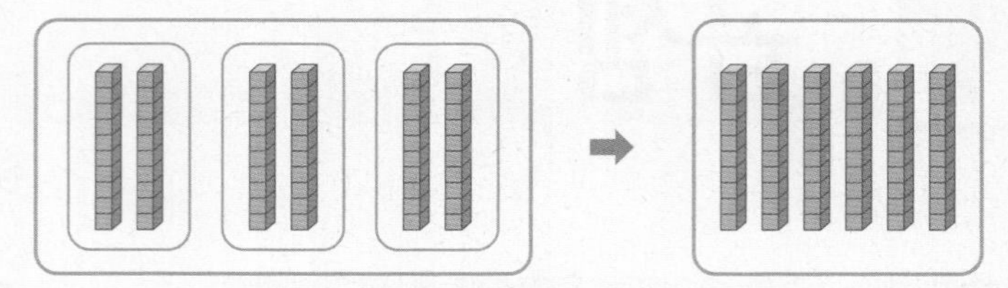

(1) $20+20+20=60$이므로 $20 \times 3=60$입니다.

(2) 2×3을 구하여 십의 자리에 6을 쓰고, 일의 자리에 0을 씁니다.

$20 \times 3=60$ ($2 \times 3=6$)

$$\begin{array}{r} 20 \\ \times \quad 3 \\ \hline 60 \end{array}$$

원리 확인 1 수 모형을 보고 30×2는 얼마인지 알아보려고 합니다. 물음에 답해 보세요.

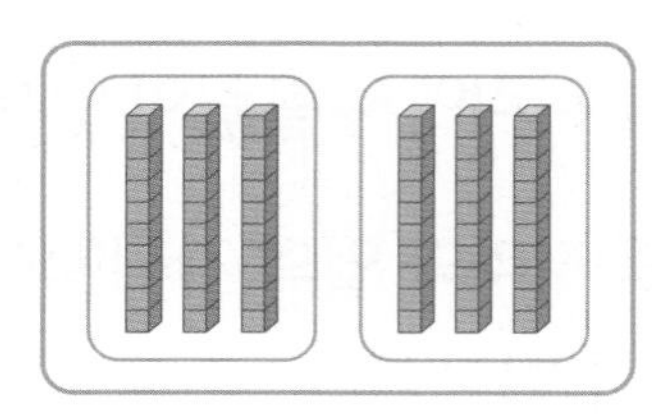

(1) 30×2는 30을 □번 더한 것과 같습니다.

$30 \times 2=30+30=$□

(2) 십 모형은 모두 몇 개인가요?

$3 \times 2=$□(개)

(3) 모형이 나타내는 수를 곱셈식으로 써 보세요.

$30 \times 2=$□

(4) 30×2는 얼마인가요?

(　　　　　　)

원리 확인 2 □ 안에 알맞은 수를 써넣으세요.

(1) $10 \times 8=$□0

(2) $80 \times 7=$□0

1 수 모형을 보고 물음에 답해 보세요.

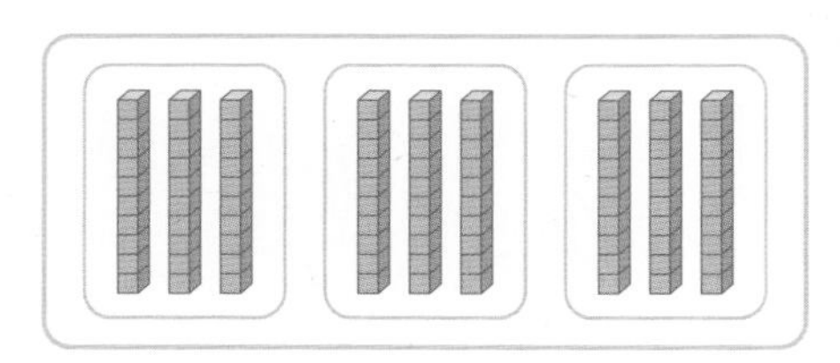

(1) 십 모형은 모두 몇 개인가요?

( )

(2) 모형이 나타내는 수를 곱셈식으로 써 보세요.

$30 \times 3 = \square$

2 다음을 곱셈식으로 나타내 보세요.

(1) $20+20+20+20$ ➡ ( )

(2) 50씩 3묶음 ➡ ( )

(3) 40의 7배 ➡ ( )

(4) 30과 4의 곱 ➡ ( )

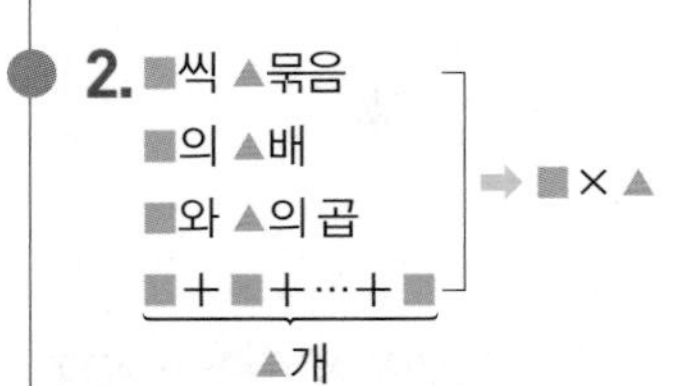

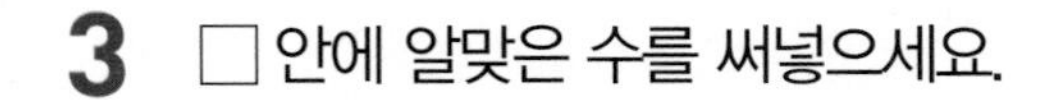

3 □ 안에 알맞은 수를 써넣으세요.

(1) $10 \times 3 = \square$

(2) $50 \times 5 = \square$

4 계산해 보세요.

(1) 40×2

(2) 20×5

(3) $\begin{array}{r} 60 \\ \times \quad 4 \\ \hline \end{array}$

(4) $\begin{array}{r} 30 \\ \times \quad 6 \\ \hline \end{array}$

4 단원

원리 척척

□ 안에 알맞은 수를 써넣으세요. [1~5]

1 30+30+30+30=30×□=□

2 20+20+20+20+20+20=□×□=□

3 50+50+50+50+50=□×□=□

4 40+40+40+40+40+40+40=□×□=□

5 70+70+70+70+70+70+70+70=□×□=□

6 관계있는 것끼리 선으로 이어 보세요.

10씩 4묶음 ·	· 20×5 ·	· 120
30의 4배 ·	· 10×4 ·	· 100
20과 5의 곱 ·	· 30×4 ·	· 40
60+60+60 ·	· 60×3 ·	· 180

계산해 보세요. [7 ~ 20]

7 20×5

8 40×3

9 30×8

10 40×8

11 40×9

12 50×7

13 60×4

14 60×7

15 70×9

16 80×4

17 90×6

18 90×9

19 70×7

20 80×7

2. 올림이 없는 (몇십몇)×(몇)

올림이 없는 (몇십몇)×(몇)의 계산 방법

예 12×3의 계산

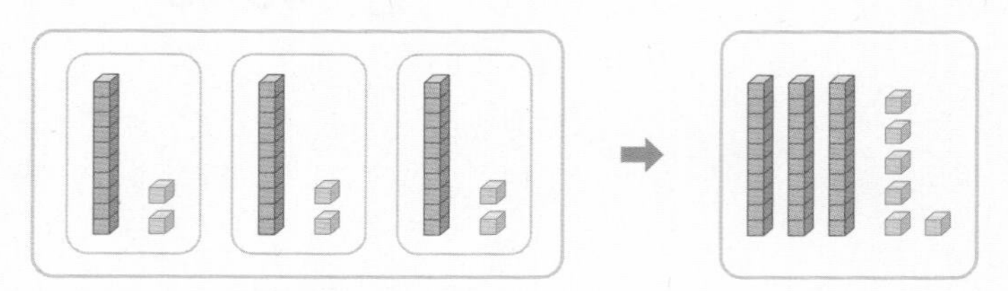

(1) $12+12+12=36$이므로 $12 \times 3=36$입니다.

(2) 2×3을 구하여 일의 자리에 6을 쓰고, 1×3을 구하여 십의 자리에 3을 씁니다.

$2 \times 3=6$

$12 \times 3=36$

$1 \times 3=3$

$$\begin{array}{r} 12 \\ \times 3 \\ \hline 36 \end{array}$$

원리 확인 1 수 모형을 보고 23×3은 얼마인지 알아보세요.

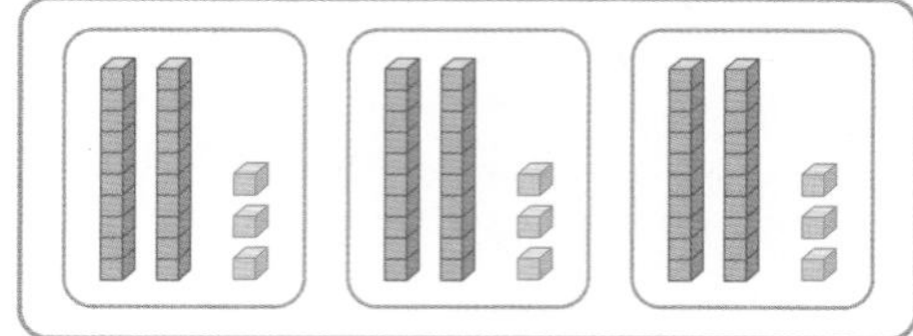

(1) 23×3은 23을 □번 더한 것과 같습니다.

$23 \times 3=23+23+23=$ □

(2) 일 모형이 $3 \times 3=$ □(개), 십 모형이 $2 \times 3=$ □(개)이므로

$23 \times 3=$ □입니다.

(3) 가로셈과 세로셈으로 계산해 보세요.

23×3	$\begin{array}{r} 23 \\ \times 3 \\ \hline \end{array}$

원리 확인 2 수 모형을 보고 □ 안에 알맞은 수를 써넣으세요.

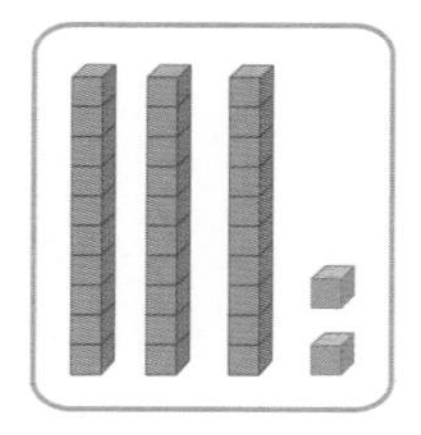

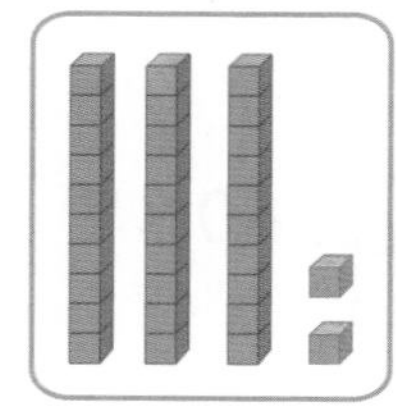

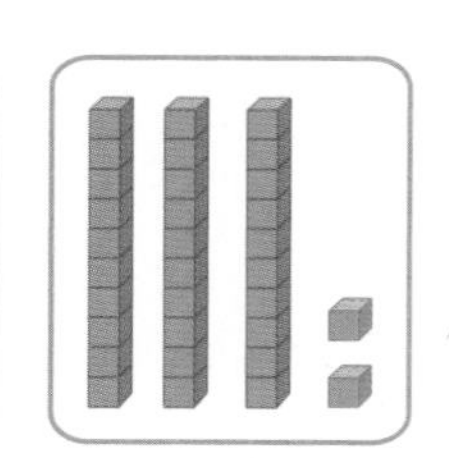

(1) $32+32+32=$ □

(2) $32 \times 3=$ □

원리 탄탄

1 곱셈을 어림하여 계산하려고 합니다. □ 안에 알맞은 수를 써넣으세요.

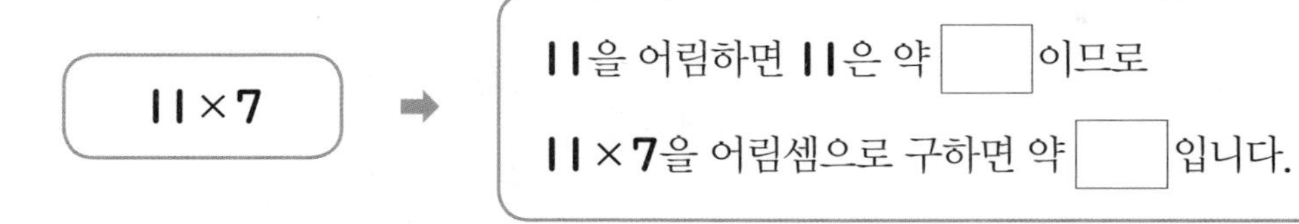

11 × 7 ➡ 11을 어림하면 11은 약 □이므로

11 × 7을 어림셈으로 구하면 약 □입니다.

> **1.** (몇십몇) × (몇)을 어림셈으로 구할 때에는 몇십몇을 약 몇십으로 어림하여 곱셈을 합니다.

2 수 모형을 보고 □ 안에 알맞은 수를 써넣으세요.

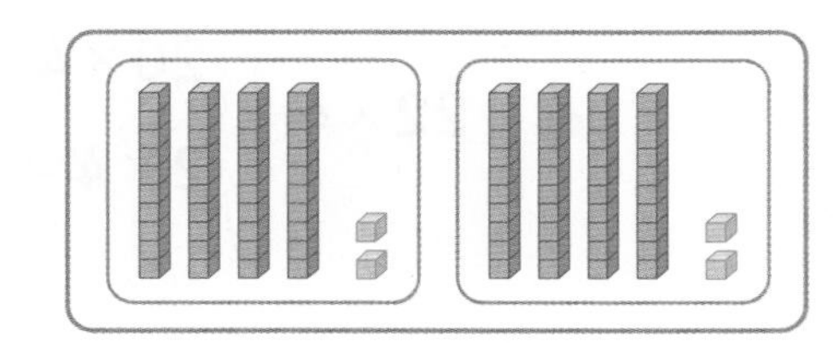

(1) $42+42=$□

(2) 일 모형의 개수를 곱셈식으로 나타내면 $2\times2=$□입니다.

(3) 십 모형의 개수를 곱셈식으로 나타내면 $4\times2=$□입니다.

(4) $42\times2=$□

(5)
```
    4 2
×     2
-------
   □ □
```

3 □ 안에 알맞은 수를 써넣으세요.

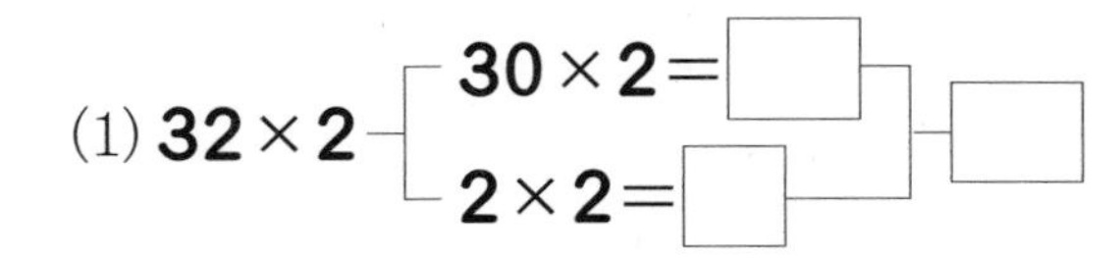

(1) 32×2 ─ $30\times2=$□, $2\times2=$□ → □

(2) 13×3 ─ $10\times3=$□, $3\times3=$□ → □

> **3.** 일의 자리의 곱은 일의 자리에, 십의 자리의 곱은 십의 자리에 씁니다.

4 계산해 보세요.

(1) 22×3

(2) 34×2

(3)
```
    3 1
×     2
-------
```

(4)
```
    4 3
×     2
-------
```

> **4.** 세로셈으로 계산할 때에는 자리를 잘 맞춰 씁니다.

4 단원

□ 안에 알맞은 수를 써넣으세요. [1 ~ 12]

1 11×5 — $10\times5=\square$, $1\times5=\square$ → $\square$

2 13×2 — $10\times2=\square$, $3\times2=\square$ → $\square$

3 12×4 — $10\times4=\square$, $2\times4=\square$ → $\square$

4 22×4 — $20\times4=\square$, $2\times4=\square$ → $\square$

5 21×2 — $20\times2=\square$, $1\times2=\square$ → $\square$

6 23×3 — $20\times3=\square$, $3\times3=\square$ → $\square$

7 31×3 — $30\times3=\square$, $1\times3=\square$ → $\square$

8 33×2 — $30\times2=\square$, $3\times2=\square$ → $\square$

9 41×2 — $40\times2=\square$, $1\times2=\square$ → $\square$

10 43×2 — $40\times2=\square$, $3\times2=\square$ → $\square$

11 24×2 — $20\times2=\square$, $4\times2=\square$ → $\square$

12 32×3 — $30\times3=\square$, $2\times3=\square$ → $\square$

계산해 보세요. [13~30]

13 $\begin{array}{r} 12 \\ \times\ 3 \\ \hline \end{array}$

14 $\begin{array}{r} 14 \\ \times\ 2 \\ \hline \end{array}$

15 $\begin{array}{r} 23 \\ \times\ 2 \\ \hline \end{array}$

16 $\begin{array}{r} 22 \\ \times\ 2 \\ \hline \end{array}$

17 $\begin{array}{r} 11 \\ \times\ 9 \\ \hline \end{array}$

18 $\begin{array}{r} 32 \\ \times\ 3 \\ \hline \end{array}$

19 $\begin{array}{r} 24 \\ \times\ 2 \\ \hline \end{array}$

20 $\begin{array}{r} 33 \\ \times\ 3 \\ \hline \end{array}$

21 $\begin{array}{r} 13 \\ \times\ 3 \\ \hline \end{array}$

22 $\begin{array}{r} 11 \\ \times\ 7 \\ \hline \end{array}$

23 $\begin{array}{r} 34 \\ \times\ 2 \\ \hline \end{array}$

24 $\begin{array}{r} 44 \\ \times\ 2 \\ \hline \end{array}$

25 31×2

26 42×2

27 12×4

28 41×2

29 23×3

30 43×2

1 원리 꼼꼼

3. 십의 자리에서 올림이 있는 (몇십몇)×(몇)

십의 자리에서 올림이 있는 (몇십몇)×(몇)의 계산 방법

예 31×4의 계산

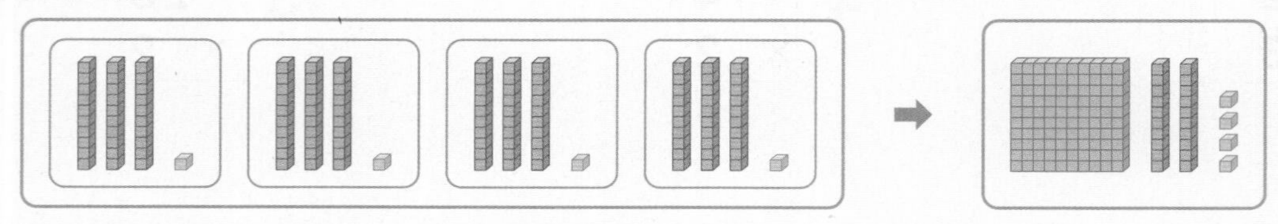

(1) 31+31+31+31=124이므로 31×4=124입니다.

(2) 1×4를 구하여 일의 자리에 4를 씁니다. 3×4를 구하여 십의 자리에 2를 쓰고 백의 자리에 1을 씁니다.

$$31\times4=124 \quad (1\times4=4,\ 3\times4=12)$$

$$\begin{array}{r} 3\,1 \\ \times\ \ 4 \\ \hline 1\,2\,4 \end{array}$$

원리 확인 1 수 모형을 보고 42×3은 얼마인지 알아보세요.

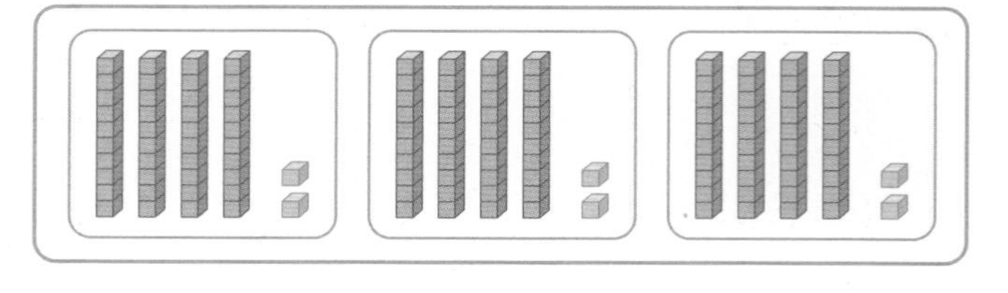

(1) 42×3은 42를 □번 더한 것과 같습니다.

42×3=42+42+42=□

(2) 일 모형이 2×3=□(개), 십 모형이 4×3=□(개)이므로

42×3=□입니다.

(3) 가로셈과 세로셈으로 계산해 보세요.

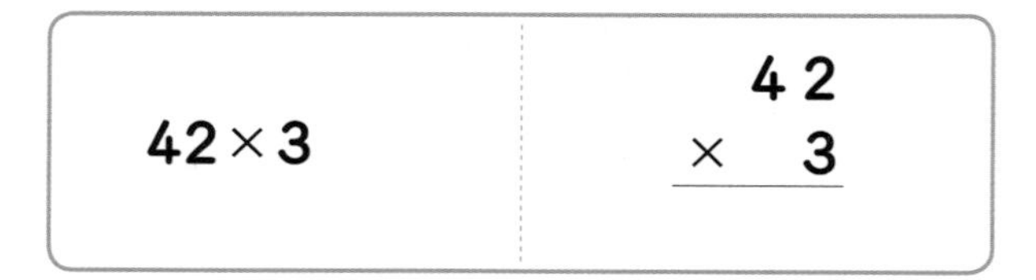

42×3	$\begin{array}{r} 4\,2 \\ \times\ \ 3 \\ \hline \end{array}$

원리 확인 2 수 모형을 보고 □ 안에 알맞은 수를 써넣으세요.

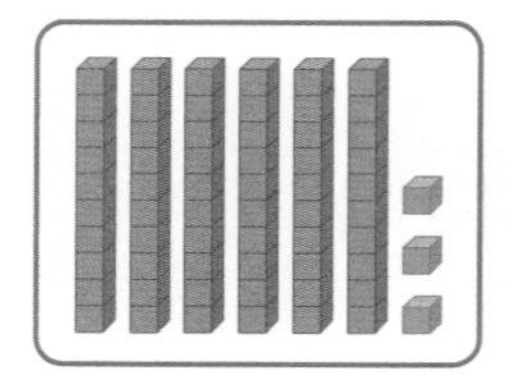
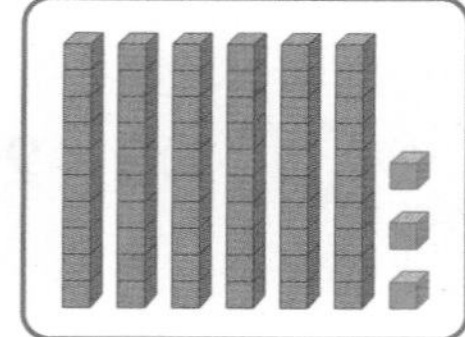
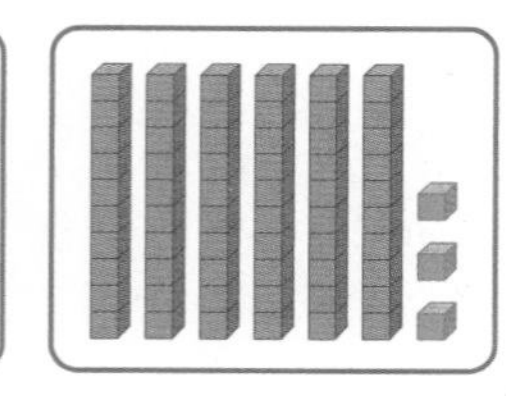

(1) 63+63+63=□

(2) 63×3=□

원리 탄탄

기본 문제를 통해 개념과 원리를 다져요.

1 곱셈을 어림하여 계산하려고 합니다. □ 안에 알맞은 수를 써넣으세요.

31×5 ➡ 31을 어림하면 31은 약 □이므로
31×5를 어림셈으로 구하면 약 □입니다.

2 수 모형을 보고 □ 안에 알맞은 수를 써넣으세요.

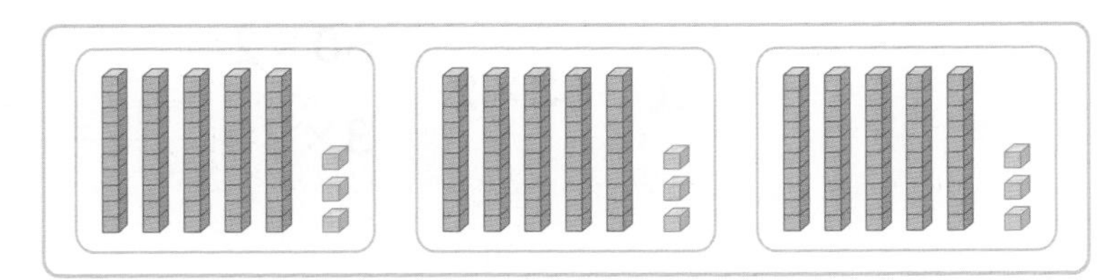

(1) $53+53+53=$□

(2) 일 모형의 개수를 곱셈식으로 나타내면 $3 \times 3=$□입니다.

(3) 십 모형의 개수를 곱셈식으로 나타내면 $5 \times 3=$□입니다.

(4) $53 \times 3=$□

(5)
$$\begin{array}{r} 5\ 3 \\ \times \quad 3 \\ \hline \square\square\square \end{array}$$

3 □ 안에 알맞은 수를 써넣으세요.

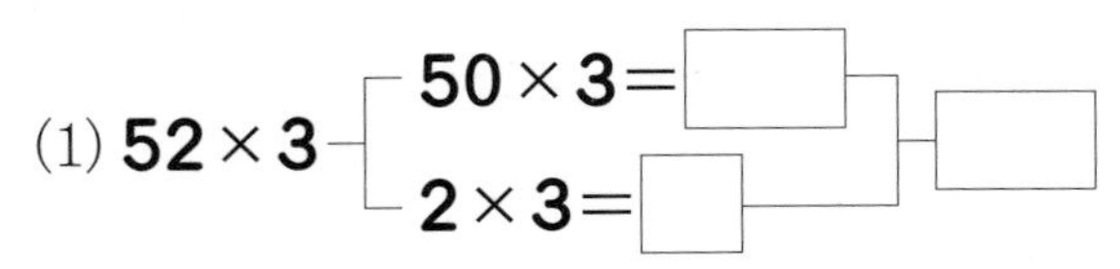

(1) 52×3 — $50 \times 3=$□, $2 \times 3=$□ → □

(2) 21×6 — $20 \times 6=$□, $1 \times 6=$□ → □

4 계산해 보세요.

(1) 41×4

(2) 83×3

(3)
$$\begin{array}{r} 6\ 4 \\ \times \quad 2 \\ \hline \end{array}$$

(4)
$$\begin{array}{r} 7\ 2 \\ \times \quad 3 \\ \hline \end{array}$$

1. (몇십몇)×(몇)을 어림셈으로 구할 때에는 몇십몇을 약 몇십으로 어림하여 곱셈을 합니다.

2. 십의 자리에서 올림이 있는 (몇십몇)×(몇)은 십의 자리 계산에서 올림이 있으므로 곱은 세 자리 수가 됩니다.

3. (1) 52를 50과 2로 나누어 각각 3을 곱합니다.
(2) 21을 20과 1로 나누어 각각 6을 곱합니다.

4. 세로셈으로 계산할 때에는 자리를 잘 맞춰 씁니다.

원리 척척

□ 안에 알맞은 수를 써넣으세요. [1 ~ 12]

1 32×4 — $30 \times 4 =$ □, $2 \times 4 =$ □ → □

2 43×3 — $40 \times 3 =$ □, $3 \times 3 =$ □ → □

3 52×2 — $50 \times 2 =$ □, $2 \times 2 =$ □ → □

4 63×2 — $60 \times 2 =$ □, $3 \times 2 =$ □ → □

5 61×4 — $60 \times 4 =$ □, $1 \times 4 =$ □ → □

6 74×2 — $70 \times 2 =$ □, $4 \times 2 =$ □ → □

7 73×3 — $70 \times 3 =$ □, $3 \times 3 =$ □ → □

8 82×3 — $80 \times 3 =$ □, $2 \times 3 =$ □ → □

9 92×4 — $90 \times 4 =$ □, $2 \times 4 =$ □ → □

10 93×3 — $90 \times 3 =$ □, $3 \times 3 =$ □ → □

11 53×3 — $50 \times 3 =$ □, $3 \times 3 =$ □ → □

12 81×7 — $80 \times 7 =$ □, $1 \times 7 =$ □ → □

계산해 보세요. [13~30]

13 $\begin{array}{r} 21 \\ \times \ 5 \\ \hline \end{array}$

14 $\begin{array}{r} 31 \\ \times \ 4 \\ \hline \end{array}$

15 $\begin{array}{r} 41 \\ \times \ 5 \\ \hline \end{array}$

16 $\begin{array}{r} 43 \\ \times \ 3 \\ \hline \end{array}$

17 $\begin{array}{r} 51 \\ \times \ 3 \\ \hline \end{array}$

18 $\begin{array}{r} 53 \\ \times \ 2 \\ \hline \end{array}$

19 $\begin{array}{r} 41 \\ \times \ 7 \\ \hline \end{array}$

20 $\begin{array}{r} 92 \\ \times \ 3 \\ \hline \end{array}$

21 $\begin{array}{r} 62 \\ \times \ 4 \\ \hline \end{array}$

22 $\begin{array}{r} 72 \\ \times \ 2 \\ \hline \end{array}$

23 $\begin{array}{r} 81 \\ \times \ 6 \\ \hline \end{array}$

24 $\begin{array}{r} 91 \\ \times \ 5 \\ \hline \end{array}$

25 83×3

26 84×2

27 81×9

28 94×2

29 63×2

30 91×4

step 1 원리 꼼꼼

4. 일의 자리에서 올림이 있는 (몇십몇)×(몇)

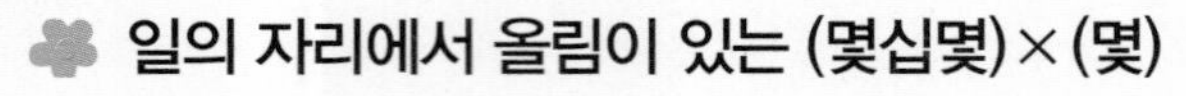

일의 자리에서 올림이 있는 (몇십몇)×(몇)

동영상강의

예 16×3의 계산

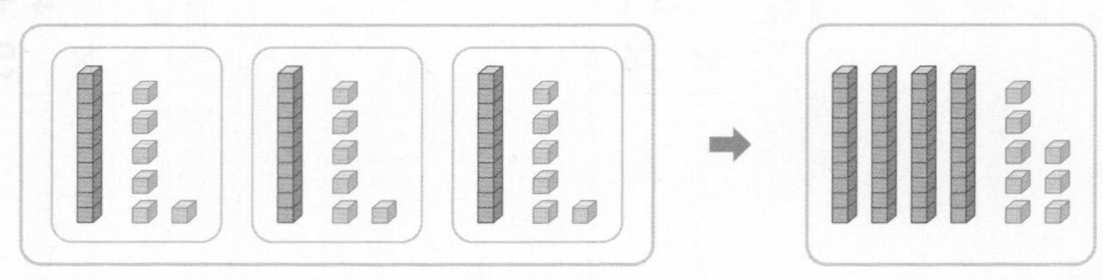

(1) 16+16+16=48이므로 16×3=48입니다.

(2) 6×3을 구하여 일의 자리에 8을 쓰고, 올림한 수 1은 십의 자리 위에 작게 씁니다.
1×3을 구한 후 올림한 수 1을 더하여 4를 십의 자리에 씁니다.

16×3=48

$$\begin{array}{r} {}^{1}\\ 16 \\ \times \quad 3 \\ \hline 48 \end{array}$$

원리 확인 1 수 모형을 보고 23×4는 얼마인지 알아보세요.

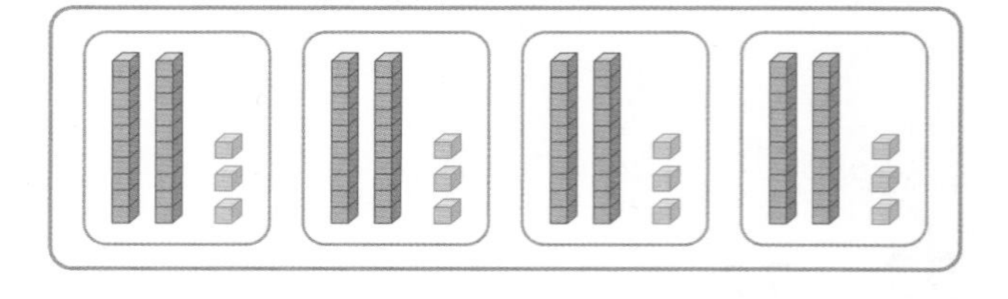

(1) 23×4는 23을 □번 더한 것과 같습니다.

23×4=23+23+23+23=□

(2) 일 모형이 3×4=□(개), 십 모형이 2×4=□(개)이므로
23×4=□입니다.

(3) 가로셈과 세로셈으로 계산해 보세요.

23×4	$\begin{array}{r} 23 \\ \times \quad 4 \\ \hline \end{array}$

원리 확인 2 수 모형을 보고 □ 안에 알맞은 수를 써넣으세요.

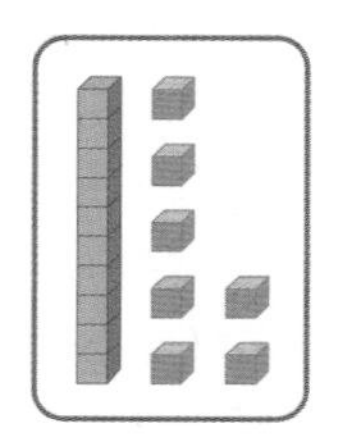
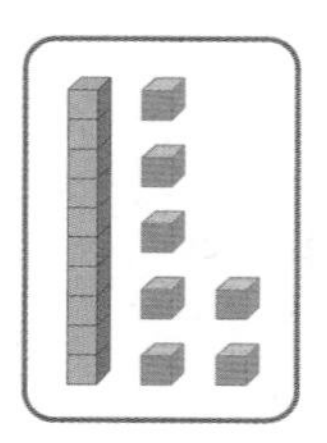
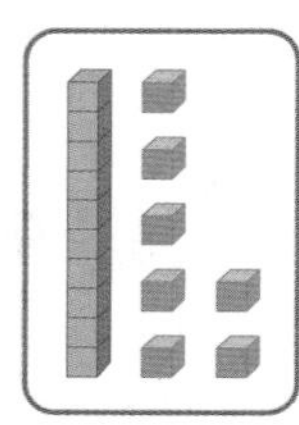

(1) 17+17+17=□

(2) 17×3=□

1 곱셈을 어림하여 계산하려고 합니다. □ 안에 알맞은 수를 써넣으세요.

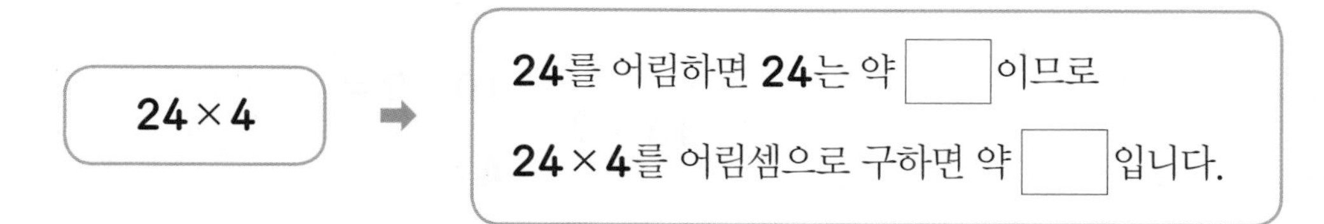

2 수 모형을 보고 □ 안에 알맞은 수를 써넣으세요.

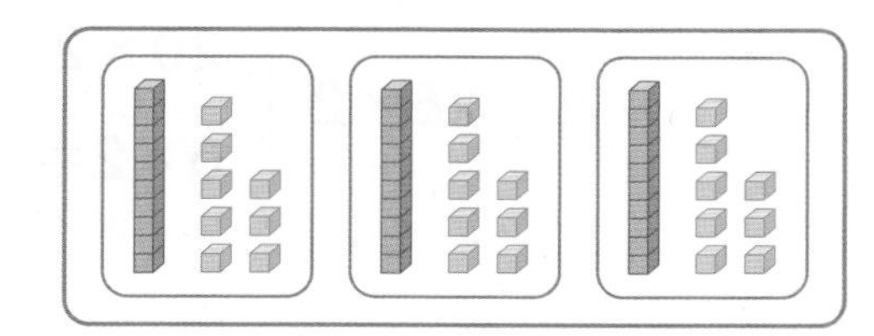

(1) $18+18+18=$ □

(2) 일 모형의 개수를 곱셈식으로 나타내면 $8\times3=$ □입니다.

(3) 십 모형의 개수를 곱셈식으로 나타내면 $1\times3=$ □입니다.

(4) $18\times3=$ □

(5)
$$\begin{array}{r} 1\ 8 \\ \times\quad 3 \\ \hline \square\square \end{array}$$

3 □ 안에 알맞은 수를 써넣으세요.

(1) 36×2 — $30\times2=$ □, $6\times2=$ □ → □

(2) 25×3 — $20\times3=$ □, $5\times3=$ □ → □

4 계산해 보세요.

(1) 27×3

(2) 48×2

(3)
$$\begin{array}{r} 3\ 9 \\ \times\quad 2 \\ \hline \end{array}$$

(4)
$$\begin{array}{r} 1\ 9 \\ \times\quad 5 \\ \hline \end{array}$$

2. $8\times3=24$에서 올림한 숫자 2는 실제로는 20을 나타냅니다.

3. (1) 36을 30과 6으로 나누어 각각 2를 곱합니다.
(2) 25를 20과 5로 나누어 각각 3을 곱합니다.

4. 일의 자리 계산에서 올림한 수는 십의 자리 계산 결과에 더해 줍니다.

1 15×5 — $10 \times 5 = \square$, $5 \times 5 = \square$ → $\square$

2 14×7 — $10 \times 7 = \square$, $4 \times 7 = \square$ → $\square$

3 17×5 — $10 \times 5 = \square$, $7 \times 5 = \square$ → $\square$

4 26×2 — $20 \times 2 = \square$, $6 \times 2 = \square$ → $\square$

5 27×3 — $20 \times 3 = \square$, $7 \times 3 = \square$ → $\square$

6 23×4 — $20 \times 4 = \square$, $3 \times 4 = \square$ → $\square$

7 35×2 — $30 \times 2 = \square$, $5 \times 2 = \square$ → $\square$

8 37×2 — $30 \times 2 = \square$, $7 \times 2 = \square$ → $\square$

9 46×2 — $40 \times 2 = \square$, $6 \times 2 = \square$ → $\square$

10 49×2 — $40 \times 2 = \square$, $9 \times 2 = \square$ → $\square$

11 38×2 — $30 \times 2 = \square$, $8 \times 2 = \square$ → $\square$

12 29×3 — $20 \times 3 = \square$, $9 \times 3 = \square$ → $\square$

 계산해 보세요. [13~30]

13 $\begin{array}{r} 16 \\ \times \ 4 \\ \hline \end{array}$

14 $\begin{array}{r} 18 \\ \times \ 4 \\ \hline \end{array}$

15 $\begin{array}{r} 15 \\ \times \ 6 \\ \hline \end{array}$

16 $\begin{array}{r} 13 \\ \times \ 5 \\ \hline \end{array}$

17 $\begin{array}{r} 19 \\ \times \ 3 \\ \hline \end{array}$

18 $\begin{array}{r} 26 \\ \times \ 3 \\ \hline \end{array}$

19 $\begin{array}{r} 25 \\ \times \ 2 \\ \hline \end{array}$

20 $\begin{array}{r} 24 \\ \times \ 3 \\ \hline \end{array}$

21 $\begin{array}{r} 29 \\ \times \ 3 \\ \hline \end{array}$

22 $\begin{array}{r} 36 \\ \times \ 2 \\ \hline \end{array}$

23 $\begin{array}{r} 38 \\ \times \ 2 \\ \hline \end{array}$

24 $\begin{array}{r} 39 \\ \times \ 2 \\ \hline \end{array}$

25 27×2

26 28×2

27 37×2

28 45×2

29 48×2

30 46×2

5. 십의 자리와 일의 자리에서 올림이 있는 (몇십몇)×(몇)

동영상강의

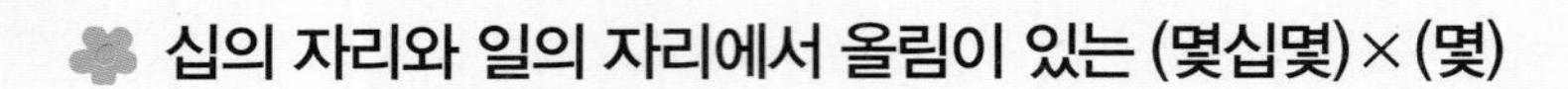

십의 자리와 일의 자리에서 올림이 있는 (몇십몇)×(몇)

예 56×2의 계산

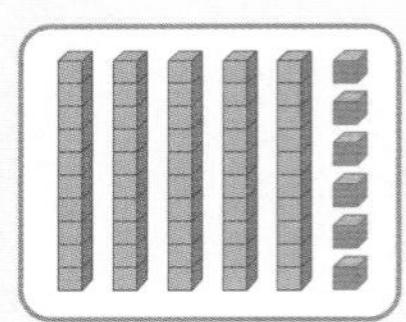
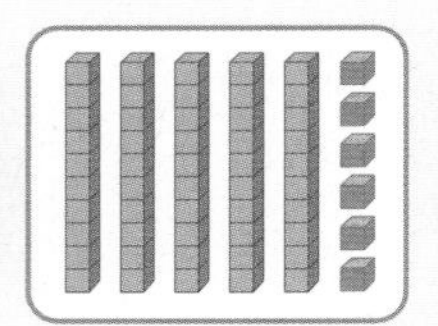

$6\times2=12$

$56\times2=112$

$5\times2+1=11$

① 십의 자리부터 계산

$$\begin{array}{r} 5\ 6 \\ \times\ \ \ 2 \\ \hline 1\ 0\ 0 \\ 1\ 2 \\ \hline 1\ 1\ 2 \end{array}$$

② 일의 자리부터 계산

$$\begin{array}{r} 5\ 6 \\ \times\ \ \ 2 \\ \hline 1\ 2 \\ 1\ 0\ 0 \\ \hline 1\ 1\ 2 \end{array}$$

$$\begin{array}{r} {}^{1}\ \ \\ 5\ 6 \\ \times\ \ \ 2 \\ \hline 2 \end{array} \Rightarrow \begin{array}{r} {}^{1}\ \ \\ 5\ 6 \\ \times\ \ \ 2 \\ \hline 1\ 1\ 2 \end{array}$$

$6\times2=12$

$5\times2+1=11$

원리 확인 1

54×3을 여러 가지 방법으로 계산하려고 합니다. 수 모형을 보고 □ 안에 알맞은 수를 써넣으세요.

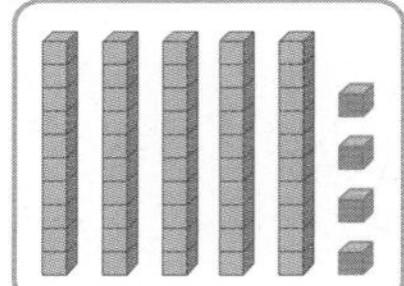
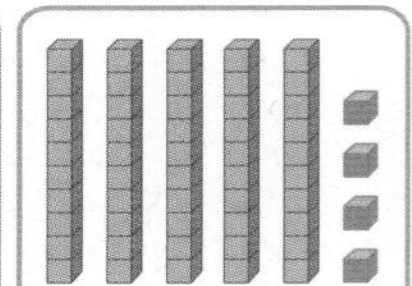
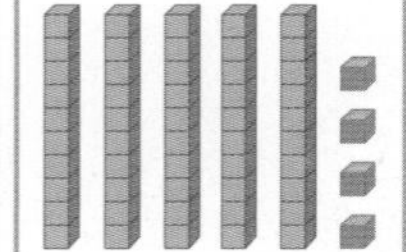

(1) $54\times3=54+54+54=$□

(2) 54×3 ─ $50\times3=$□, $4\times3=$□ → □

(3)

$$\begin{array}{r} 5\ 4 \\ \times\ \ \ 3 \\ \hline \square \\ 1\ 2 \\ \hline \square \end{array}$$

(4)

$$\begin{array}{r} 5\ 4 \\ \times\ \ \ 3 \\ \hline 1\ 2 \\ \square \\ \hline \square \end{array}$$

원리 확인 2

수 모형을 보고 □ 안에 알맞은 수를 써넣으세요.

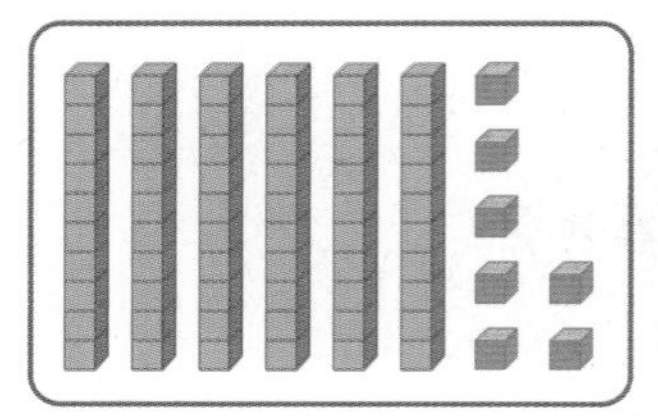
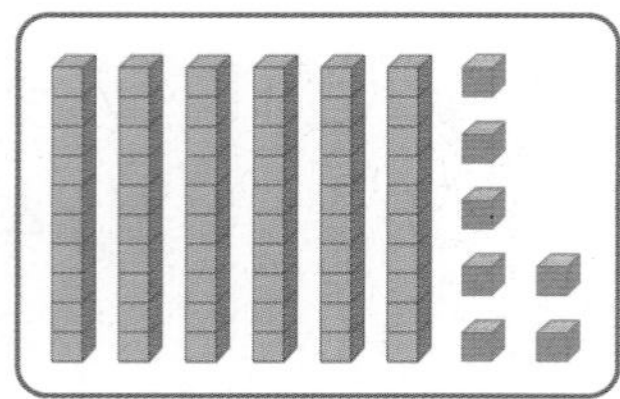

(1) $67+67=$□

(2) $67\times2=$□

기본 문제를 통해 개념과 원리를 다져요.

1 곱셈을 어림하여 계산하려고 합니다. □ 안에 알맞은 수를 써넣으세요.

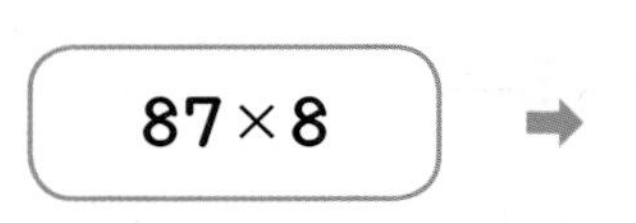

➡ **87**을 어림하면 **87**은 약 □이므로
87×**8**을 어림셈으로 구하면 약 □입니다.

2 보기 와 같이 계산해 보세요.

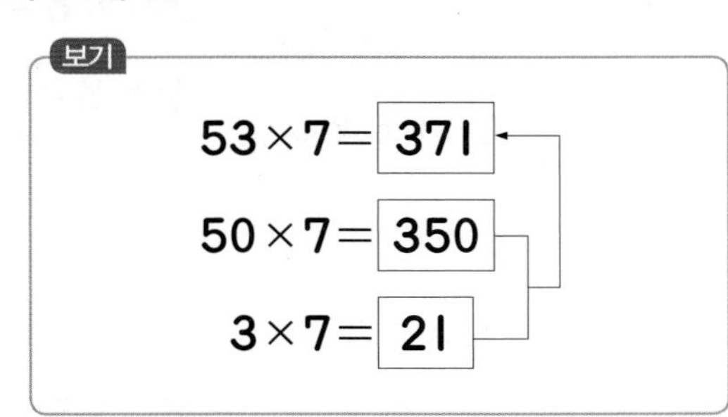

$79\times4=\square$

$\square\times4=\square$

$\square\times4=\square$

3 계산 결과를 비교하여 ○ 안에 >, =, <를 알맞게 써넣으세요.

4 운동장에 학생이 **26**명씩 **7**줄로 서 있습니다. 운동장에 서 있는 학생은 모두 몇 명인가요?

1. (몇십몇)×(몇)을 어림셈으로 구할 때에는 몇십몇을 약 몇십으로 어림하여 곱셈을 합니다.

2. (몇십몇)×(몇)은 (몇십)×(몇)+(몇)×(몇)의 계산으로 구할 수 있습니다.

3. 두 수의 곱을 먼저 구한 후 수의 크기를 비교합니다.

4. 운동장에 서 있는 전체 학생 수는 한 줄에 서 있는 학생 수와 줄 수의 곱으로 구합니다.

4 단원

원리 척척

 □안에 알맞은 수를 써넣으세요. [1 ~ 12]

1 36×6 — $30 \times 6 = \square$, $6 \times 6 = \square$ → $\square$

2 43×5 — $40 \times 5 = \square$, $3 \times 5 = \square$ → $\square$

3 54×7 — $50 \times 7 = \square$, $4 \times 7 = \square$ → $\square$

4 62×8 — $60 \times 8 = \square$, $2 \times 8 = \square$ → $\square$

5 73×6 — $70 \times 6 = \square$, $3 \times 6 = \square$ → $\square$

6 85×5 — $80 \times 5 = \square$, $5 \times 5 = \square$ → $\square$

7 39×4 — $30 \times 4 = \square$, $9 \times 4 = \square$ → $\square$

8 47×6 — $40 \times 6 = \square$, $7 \times 6 = \square$ → $\square$

9 58×7 — $50 \times 7 = \square$, $8 \times 7 = \square$ → $\square$

10 67×8 — $60 \times 8 = \square$, $7 \times 8 = \square$ → $\square$

11 86×4 — $80 \times 4 = \square$, $6 \times 4 = \square$ → $\square$

12 97×6 — $90 \times 6 = \square$, $7 \times 6 = \square$ → $\square$

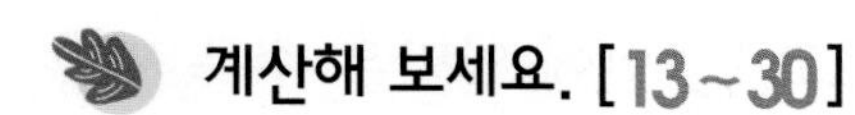

계산해 보세요. [13~30]

13 $\begin{array}{r} 34 \\ \times \quad 6 \\ \hline \end{array}$

14 $\begin{array}{r} 46 \\ \times \quad 4 \\ \hline \end{array}$

15 $\begin{array}{r} 55 \\ \times \quad 6 \\ \hline \end{array}$

16 $\begin{array}{r} 63 \\ \times \quad 5 \\ \hline \end{array}$

17 $\begin{array}{r} 74 \\ \times \quad 3 \\ \hline \end{array}$

18 $\begin{array}{r} 85 \\ \times \quad 7 \\ \hline \end{array}$

19 $\begin{array}{r} 57 \\ \times \quad 6 \\ \hline \end{array}$

20 $\begin{array}{r} 93 \\ \times \quad 5 \\ \hline \end{array}$

21 $\begin{array}{r} 97 \\ \times \quad 8 \\ \hline \end{array}$

22 $\begin{array}{r} 77 \\ \times \quad 8 \\ \hline \end{array}$

23 $\begin{array}{r} 89 \\ \times \quad 7 \\ \hline \end{array}$

24 $\begin{array}{r} 88 \\ \times \quad 7 \\ \hline \end{array}$

25 36×4

26 45×7

27 53×8

28 64×5

29 78×8

30 94×9

4 단원

유형 콕콕

01 수 모형을 보고 □ 안에 알맞은 수를 써넣으세요.

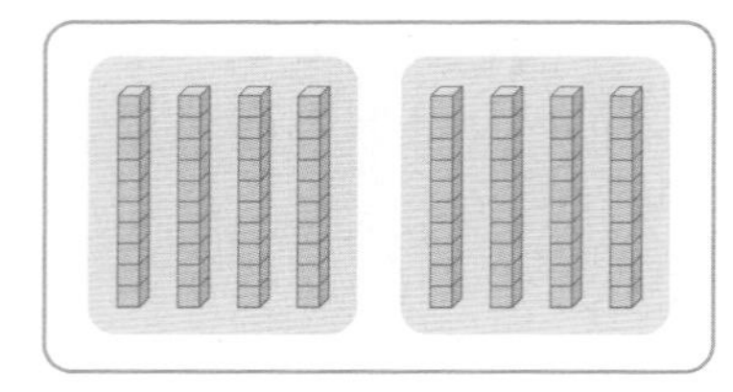

$40 \times 2 = \square$

02 계산해 보세요.

(1) $\begin{array}{r} 70 \\ \times \ \ 6 \\ \hline \end{array}$

(2) $\begin{array}{r} 60 \\ \times \ \ 8 \\ \hline \end{array}$

(3) 20×4

(4) 80×4

03 빈칸에 알맞은 수를 써넣으세요.

× →

30	4	
50	5	
70	2	
90	3	

04 ○ 안에 >, =, <를 알맞게 써넣으세요.

(1) 30×6 ○ 20×8

(2) 80×3 ○ 70×4

05 수 모형을 보고 □ 안에 알맞은 수를 써넣으세요.

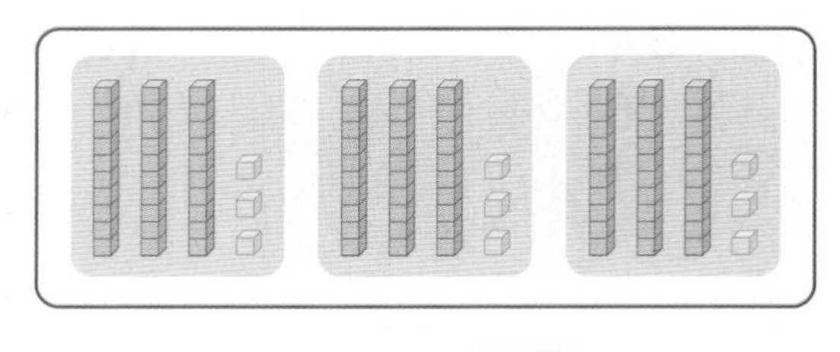

$33 \times 3 = \square$

06 단추가 한 봉지에 83개씩 들어 있습니다. 2봉지에 들어 있는 단추는 약 몇 개인지 어림셈으로 구한 값을 찾아 ○표 하세요.

약 140개	약 160개	약 180개

07 빈칸에 알맞은 수를 써넣으세요.

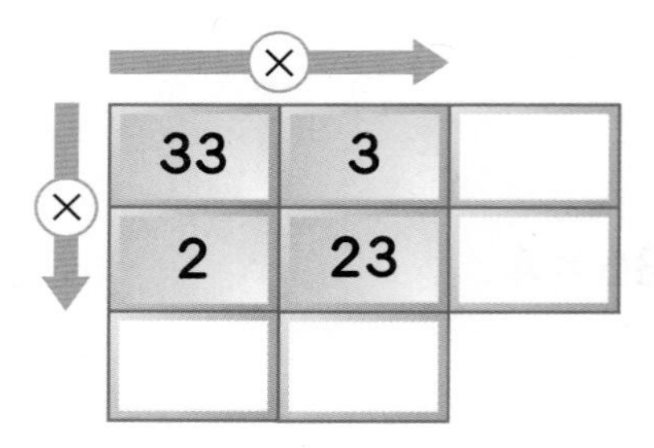

08 계산 결과가 가장 큰 것은 어느 것인가요?

(　　　)

① 23×3　② 12×4　③ 31×2
④ 44×2　⑤ 14×2

09 수 모형을 보고 □ 안에 알맞은 수를 써넣으세요.

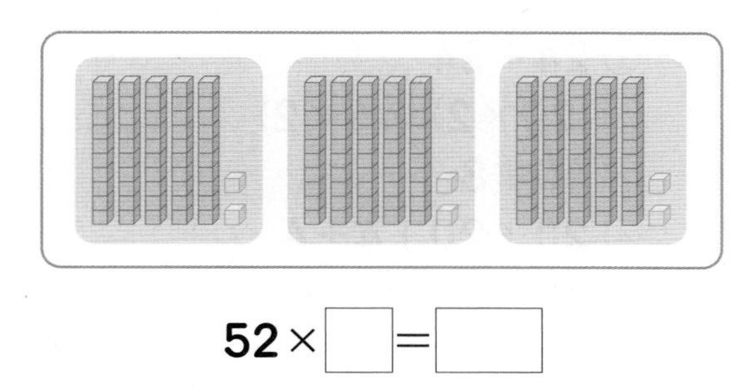

52 × □ = □

10 □ 안에 알맞은 수를 써넣으세요.

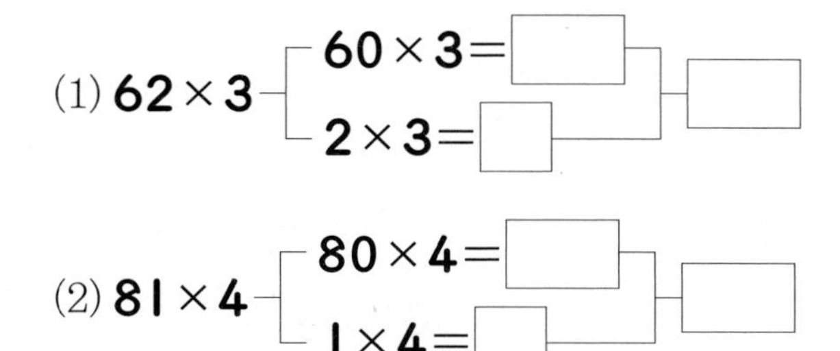

11 빈 곳에 알맞은 수를 써넣으세요.

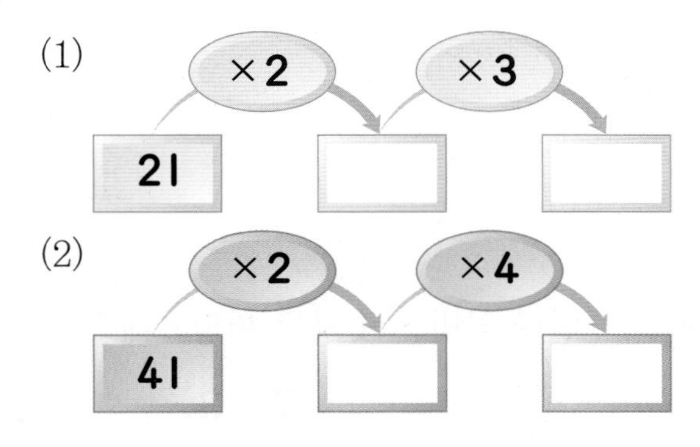

12 계산 결과가 같은 것끼리 선으로 이어 보세요.

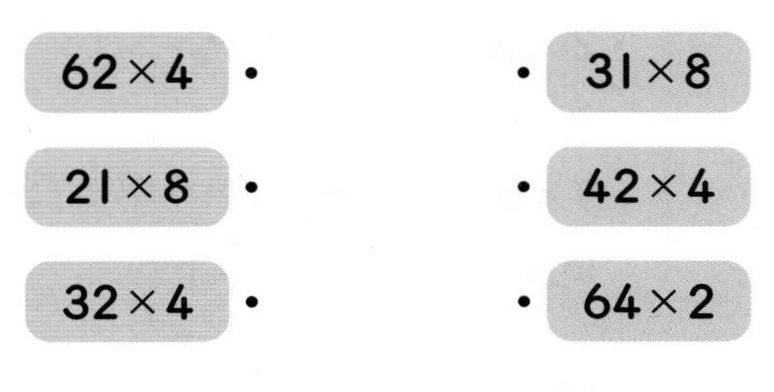

13 수 모형을 보고 □ 안에 알맞은 수를 써넣으세요.

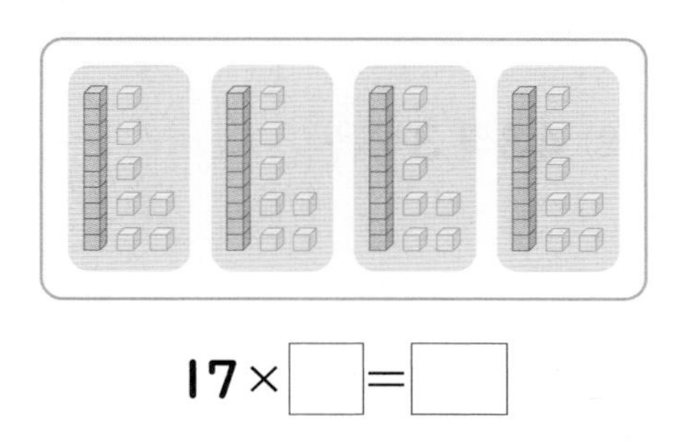

17 × □ = □

14 □ 안에 알맞은 수를 써넣으세요.

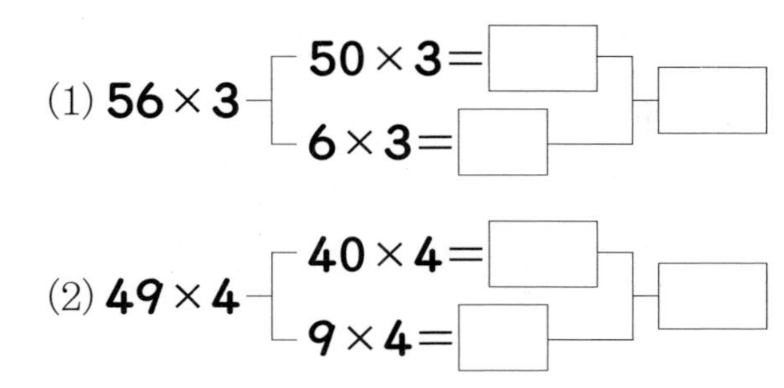

15 곱셈에서 잘못된 부분을 찾아 바르게 계산해 보세요.

$$\begin{array}{r} 26 \\ \times \quad 3 \\ \hline 618 \end{array}$$

➡ □

16 빈칸에 알맞은 수를 써넣으세요.

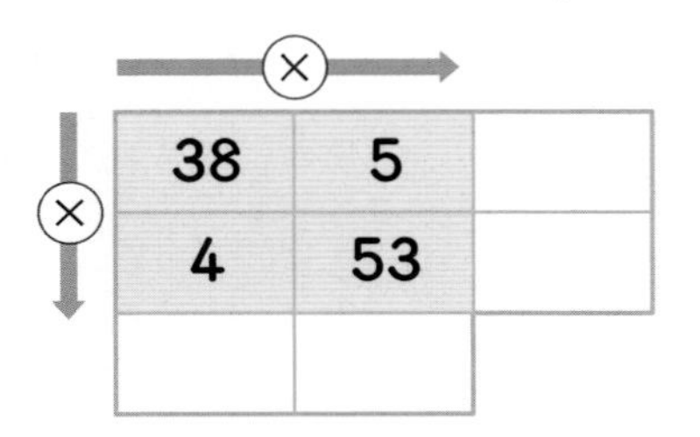

단원 평가

4. 곱셈

점수

01 곱셈식으로 나타내 보세요.

(1) $30+30+30+30+30+30+30$

( )

(2) 43씩 3묶음

( )

02 수 모형을 보고 □ 안에 알맞은 수를 써넣으세요.

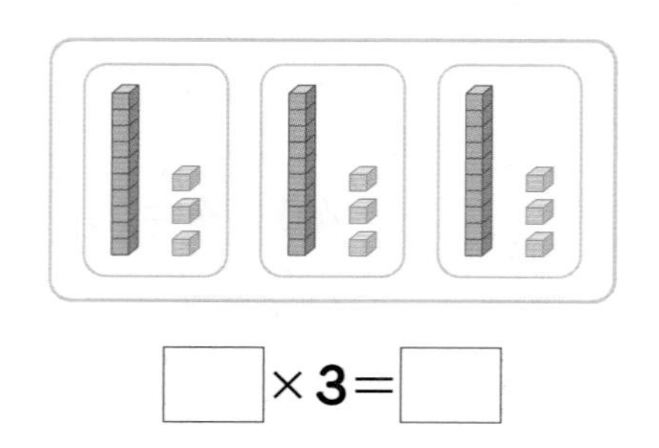

$\square \times 3 = \square$

03 그림을 보고 □ 안에 알맞은 수를 써넣으세요.

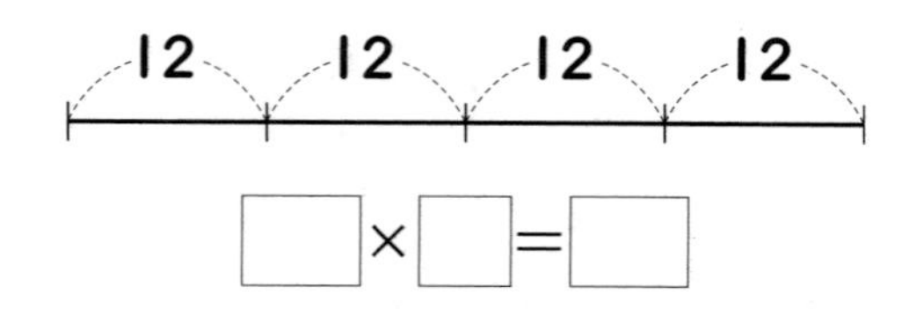

$\square \times \square = \square$

04 24×2와 계산 결과가 다른 것은 어느 것인가요? ( )

① $24+24$
② $(20 \times 2)+(4 \times 2)$
③ $40+8$
④ $20+20+4+4$
⑤ $(2 \times 2)+(4 \times 2)$

05 □ 안에 알맞은 수를 써넣으세요.

37×4 — $30 \times 4 = \square$, $7 \times 4 = \square$ → $\square$

06 □ 안에 알맞은 숫자를 써넣으세요.

$$\begin{array}{r} 7\ 3 \\ \times \quad 3 \\ \hline \square\square\square \end{array}$$

- 3×3을 구하여 일의 자리에 □를 씁니다.
- 7×3을 구하여 십의 자리에 1을 쓰고 백의 자리에 □를 씁니다.

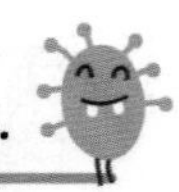

07 계산 결과를 비교하여 ○ 안에 >, =, < 를 알맞게 써넣으세요.

(1) 50×3 ○ 20×7

(2) 40×4 ○ 30×6

08 계산해 보세요.

(1) $\begin{array}{r} 52 \\ \times \ \ 4 \\ \hline \end{array}$　　(2) $\begin{array}{r} 39 \\ \times \ \ 2 \\ \hline \end{array}$

09 계산 결과가 같은 것을 모두 찾아 기호를 써 보세요.

㉠ $50+50+50+50$
㉡ 30씩 7묶음
㉢ 40의 5배
㉣ 70×4

(　　　　　　)

10 □ 안에 알맞은 수를 써넣으세요.

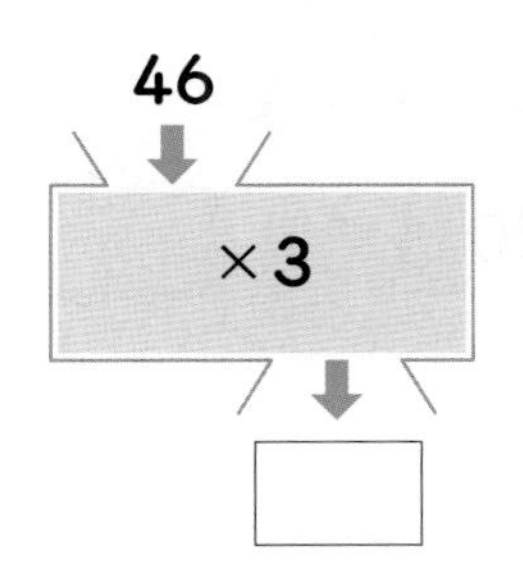

11 예린이는 수학 문제를 하루에 29개씩 풀었습니다. 예린이가 일주일 동안 푼 수학 문제는 약 몇 개인지 어림셈으로 구해 보세요.

(　　　　　　)

12 □ 안의 숫자가 실제로 나타내는 값은 얼마인가요?

$\begin{array}{r} \boxed{2} \ \ \\ 28 \\ \times \ \ 3 \\ \hline 84 \end{array}$

(　　　　　　)

13 계산 결과가 더 큰 것을 찾아 기호를 써 보세요.

㉠ 32×3　㉡ 41×2

(　　　　　　)

4 단원

14 빈 곳에 알맞은 수를 써넣으세요.

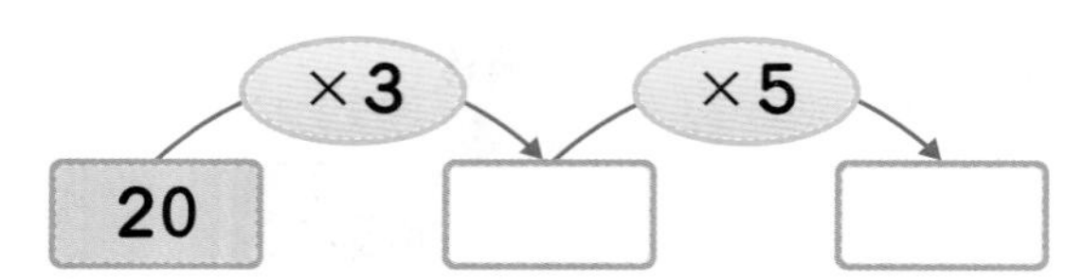

15 곱셈에서 잘못된 부분을 찾아 바르게 계산해 보세요.

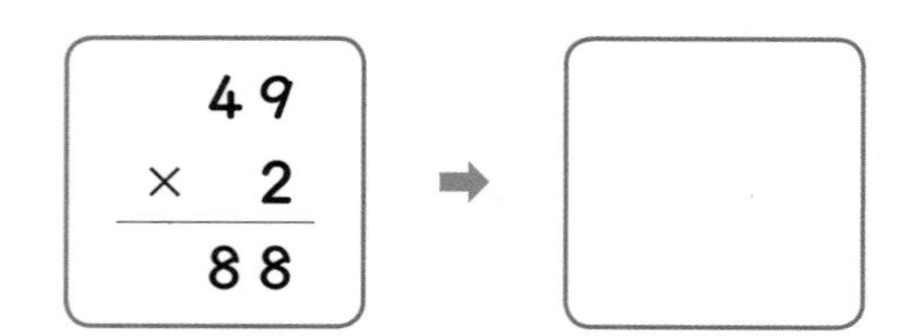

16 곱이 같은 것끼리 선으로 이어 보세요.

42×2 •	• 21×4
18×4 •	• 33×3
11×9 •	• 24×3

17 빈칸에 알맞은 수를 써넣으세요.

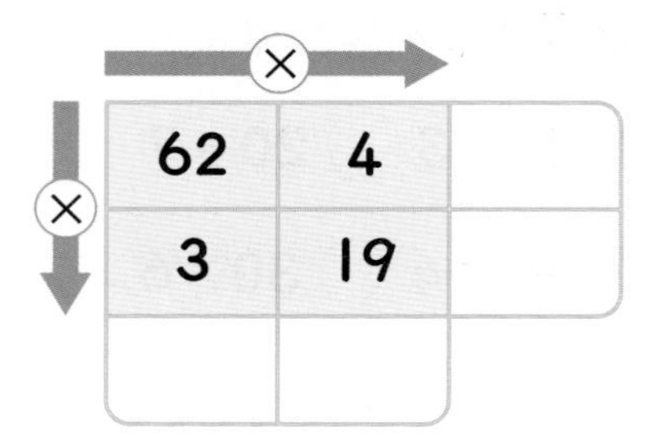

18 계산 결과가 가장 큰 것부터 차례대로 기호를 써 보세요.

㉠ 60×3 ㉡ 31×5
㉢ 24×4 ㉣ 83×2

( )

19 꽃병마다 장미가 14송이씩 꽂혀 있습니다. 꽃병 7개에 꽂혀 있는 장미는 모두 몇 송이인가요?

( )

20 □ 안에 들어갈 수 있는 자연수를 모두 구해 보세요.

25×3>18×□

( )

단원 5

길이와 시간

이번에 배울 내용

1 1 cm보다 작은 단위 알아보기
2 1 m보다 큰 단위 알아보기
3 길이와 거리 어림하기
4 길이의 합 알아보기
5 길이의 차 알아보기
6 1분보다 작은 단위 알아보기
7 시간의 합 알아보기
8 시간의 차 알아보기

이전에 배운 내용

- 1 m 알아보기
- 길이의 합과 차 알아보기
- 몇 시 몇 분 알아보기

다음에 배울 내용

- 들이의 단위
- 들이의 합과 차
- 무게의 단위
- 무게의 합과 차

step 1 원리 꼼꼼

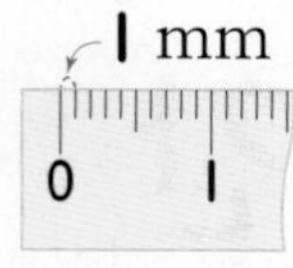

1. I cm보다 작은 단위 알아보기

I mm 알아보기

I mm

- I cm에는 작은 눈금 I0칸이 똑같이 나누어져 있습니다.
  이 작은 눈금 한 칸의 길이를 I mm라 쓰고 I 밀리미터라고 읽습니다.

I cm=I0 mm

- 4 cm보다 2 mm 더 긴 것을 4 cm 2 mm라 쓰고 4 센티미터 2 밀리미터라고 읽습니다.
  4 cm 2 mm는 42 mm입니다.

4 cm 2 mm=42 mm

원리 확인 1 동화책의 두께를 알아보세요.

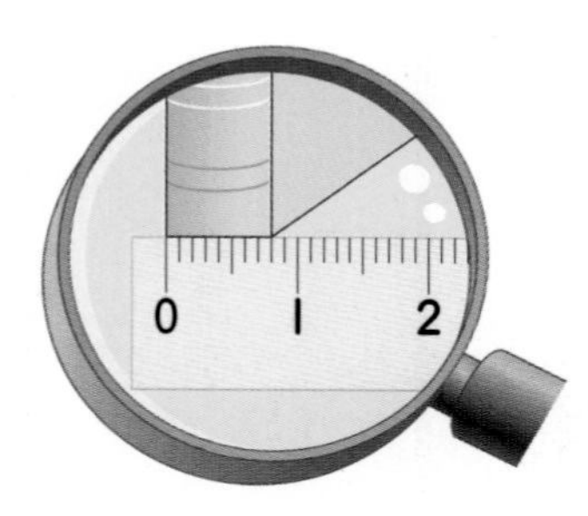

(1) I cm에는 작은 눈금 I0칸이 똑같게 나누어져 있습니다.
이 작은 눈금 한 칸의 길이는 □ mm입니다.

(2) 동화책의 두께는 작은 눈금 □칸의 길이와 같습니다.

(3) 동화책의 두께는 □ mm입니다.

원리 확인 2 크레파스의 길이를 알아보세요.

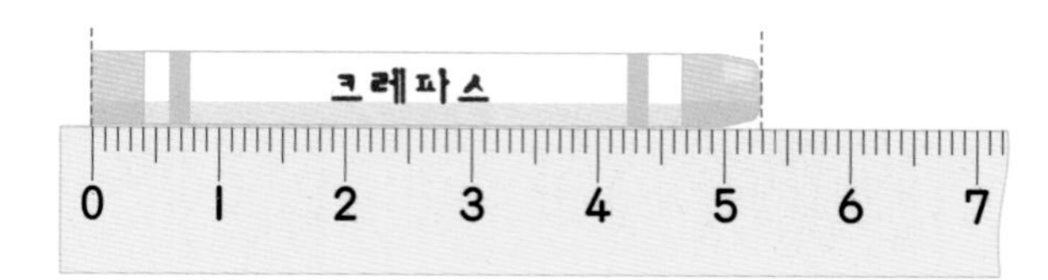

(1) 크레파스의 길이는 5 cm보다 □ mm 더 깁니다.

(2) 크레파스의 길이는 □ cm □ mm입니다.

step 2 원리 탄탄

기본 문제를 통해 개념과 원리를 다져요.

1 길이를 읽어 보세요.

(1) **7** mm

(　　　　　　　)

(2) **8** cm **3** mm

(　　　　　　　)

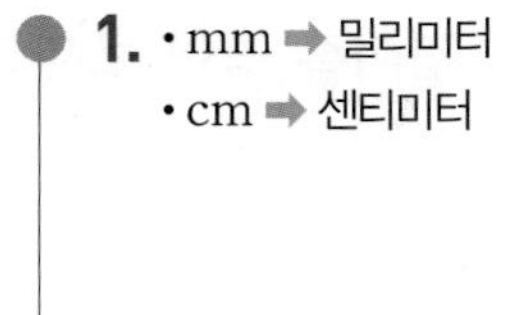

> **1.** • mm ➡ 밀리미터
> • cm ➡ 센티미터

2 길이를 써 보세요.

9 밀리미터 ➡ ______

3 길이를 읽어 보세요.

(1)

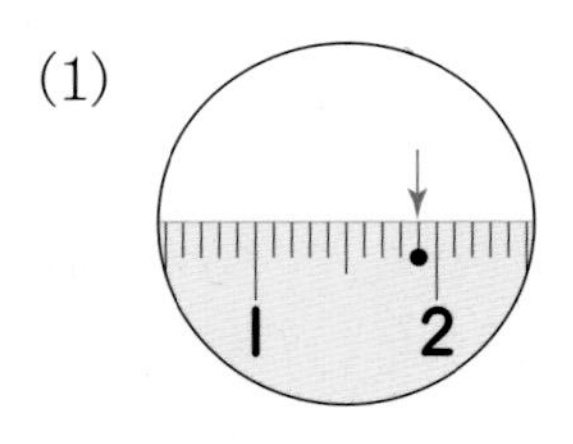

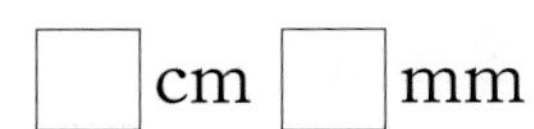

□ cm □ mm

(2)

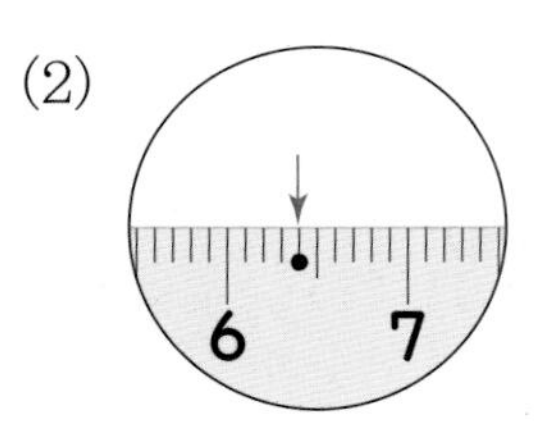

□ cm □ mm

> **3.** 자의 눈금을 읽을 때에는 cm 단위의 눈금을 먼저 읽고 mm 단위의 눈금을 나중에 읽습니다.

4 □ 안에 알맞은 수를 써넣으세요.

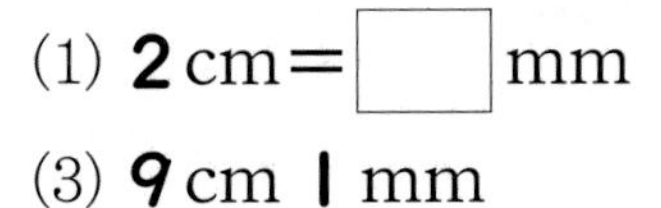

(1) **2** cm = □ mm

(2) **60** mm = □ cm

(3) **9** cm **1** mm
= □ cm + **1** mm
= □ mm + **1** mm
= □ mm

(4) **37** mm
= □ mm + **7** mm
= □ cm + **7** mm
= □ cm □ mm

> **4.** **1** cm = **10** mm임을 이용합니다.

길이를 읽어 보세요. [1~4]

1 4 mm (　　　　　　)

2 12 mm (　　　　　　)

3 1 cm 5 mm (　　　　　　)

4 10 cm 7 mm (　　　　　　)

길이를 써 보세요. [5~8]

5 7 밀리미터 (　　　　　　)

6 16 밀리미터 (　　　　　　)

7 3 센티미터 5 밀리미터 (　　　　　　)

8 24 센티미터 3 밀리미터 (　　　　　　)

□ 안에 알맞은 수를 써넣으세요. [9~14]

9 1 cm 6 mm
= □ mm+6 mm
= □ mm

10 43 mm
= □ mm+3 mm
= □ cm 3 mm

11 2 cm 7 mm
= □ mm+7 mm
= □ mm

12 54 mm
= □ mm+4 mm
= □ cm 4 mm

13 14 cm 3 mm
= □ mm+ □ mm
= □ mm

14 167 mm
= □ mm+ □ mm
= □ cm □ mm

□ 안에 알맞은 수를 써넣으세요. [15~30]

15 2 cm=□ mm

16 4 cm 5 mm=□ mm

17 5 cm 3 mm=□ mm

18 8 cm 9 mm=□ mm

19 6 cm 4 mm=□ mm

20 7 cm 8 mm=□ mm

21 10 cm 6 mm=□ mm

22 13 cm 9 mm=□ mm

23 40 mm=□ cm

24 26 mm=□ cm □ mm

25 71 mm=□ cm □ mm

26 83 mm=□ cm □ mm

27 57 mm=□ cm □ mm

28 99 mm=□ cm □ mm

29 102 mm=□ cm □ mm

30 125 mm=□ cm □ mm

2. 1 m보다 큰 단위 알아보기

1 km 알아보기

- 1000 m를 1 km라 쓰고 1 킬로미터라고 읽습니다.

1000 m=1 km

1 km

- 3 km보다 400 m 더 긴 것을 3 km 400 m라 쓰고 3 킬로미터 400 미터라고 읽습니다.

3 km 400 m=3400 m

원리 확인 1 집에서 서점까지의 거리를 알아보세요.

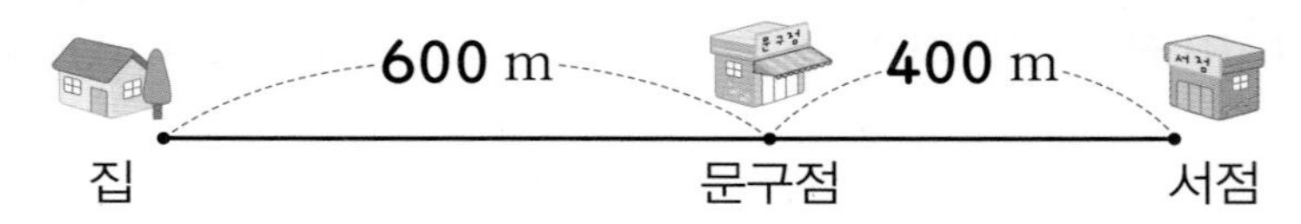

(1) 집에서 문구점까지의 거리는 □ m입니다.

(2) 문구점에서 서점까지의 거리는 □ m입니다.

(3) 집에서 문구점을 지나 서점까지의 거리는 □ m입니다.

(4) 집에서 문구점을 지나 서점까지의 거리는 □ km입니다.

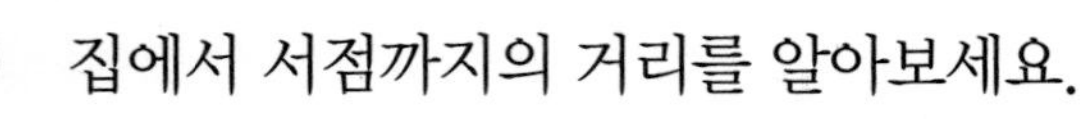

원리 확인 2 학교에서 은행까지의 거리를 알아보세요.

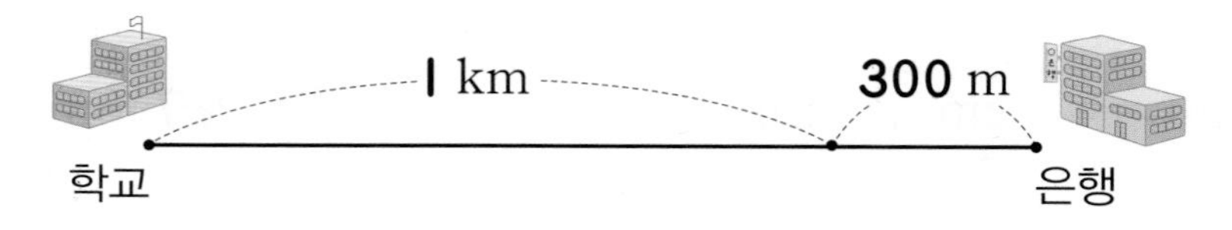

(1) 학교에서 은행까지의 거리는 1 km보다 □ m 더 깁니다.

(2) 학교에서 은행까지의 거리는 □ km □ m입니다.

원리 탄탄

기본 문제를 통해 개념과 원리를 다져요.

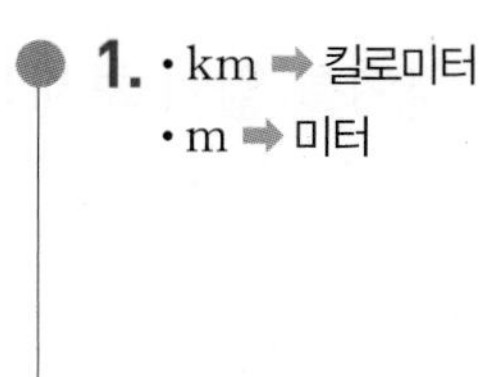

1 길이를 읽어 보세요.

(1) 2 km

(　　　　　　　　)

(2) 5 km 600 m

(　　　　　　　　)

> **1.** • km ➡ 킬로미터
> • m ➡ 미터

2 길이를 써 보세요.

8 킬로미터 ➡

3 □ 안에 알맞은 수를 써넣고 전체 길이를 읽어 보세요.

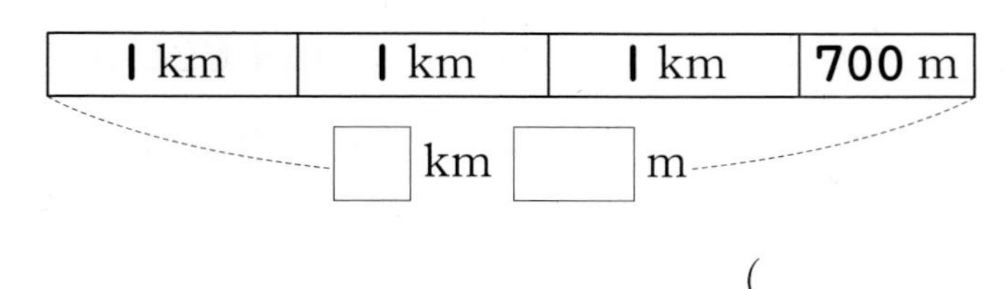

(　　　　　　　　)

4 □ 안에 알맞은 수를 써넣으세요.

(1) 3 km=□ m

(2) 7000 m=□ km

(3) 2 km 600 m
=□ km+600 m
=□ m+600 m
=□ m

(4) 5800 m
=□ m+800 m
=□ km+800 m
=□ km □ m

> **4.** 1 km=1000 m임을 이용합니다.

5 단원

원리 척척

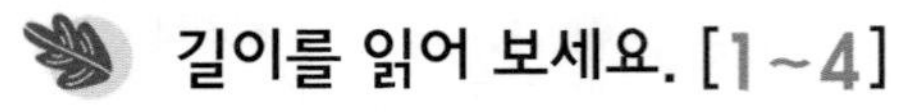

길이를 읽어 보세요. [1~4]

1 3 km (　　　　　　)

2 12 km (　　　　　　)

3 2 km 500 m (　　　　　　)

4 24 km 700 m (　　　　　　)

길이를 써 보세요. [5~8]

5 5 킬로미터 (　　　　　　)

6 16 킬로미터 (　　　　　　)

7 6 킬로미터 20 미터 (　　　　　　)

8 23 킬로미터 500 미터 (　　　　　　)

□ 안에 알맞은 수를 써넣으세요. [9~14]

9 5 km 300 m
= □ km+300 m
= □ m+300 m
= □ m

10 6800 m
= □ m+800 m
= □ km+800 m
= □ km □ m

11 9 km 750 m
= □ km+ □ m
= □ m+ □ m
= □ m

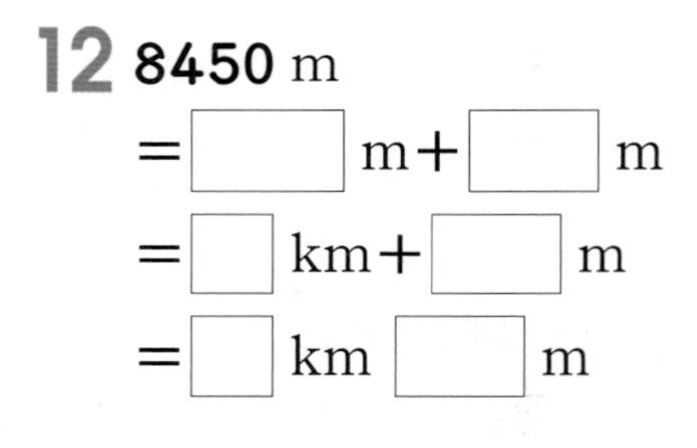

12 8450 m
= □ m+ □ m
= □ km+ □ m
= □ km □ m

13 12 km 400 m
= □ km+ □ m
= □ m+ □ m
= □ m

14 9050 m
= □ m+ □ m
= □ km+ □ m
= □ km □ m

□ 안에 알맞은 수를 써넣으세요. [15~30]

15 5 km=□ m

16 3 km 150 m=□ m

17 4 km 230 m=□ m

18 8 km 600 m=□ m

19 6 km 70 m=□ m

20 5 km 550 m=□ m

21 8 km 60 m=□ m

22 7 km 30 m=□ m

23 7000 m=□ km

24 6500 m=□ km □ m

25 4540 m=□ km □ m

26 1020 m=□ km □ m

27 8200 m=□ km □ m

28 9360 m=□ km □ m

29 6080 m=□ km □ m

30 9055 m=□ km □ m

step 1 원리 꼼꼼

3. 길이와 거리 어림하기

길이를 어림하고 재어 보기

길이를 알고 있는 물건을 이용하여 길이를 어림할 수 있습니다.

지우개 약 4 cm

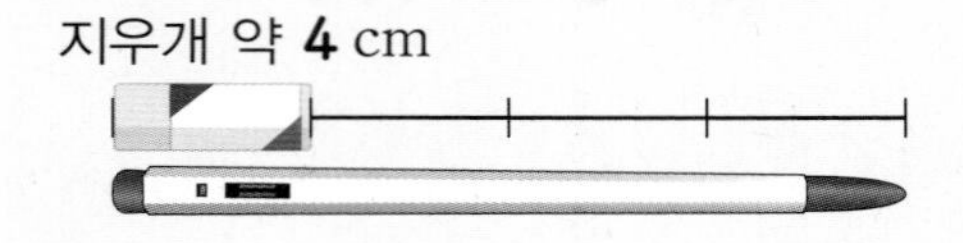

연필의 길이: 약 4 cm인 지우개로 4번 ➡ 약 16 cm

$4 \times 4 = 16$

> **길이 어림하기**
> 어림한 길이를 말할 때에는 '약'으로 표현합니다.
> 자로 잰 길이: 2 cm 8 mm
> 어림한 길이: 약 3 cm

거리를 어림하고 재어 보기

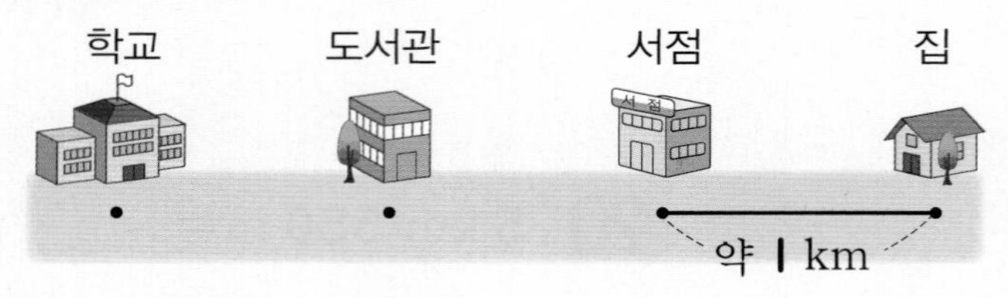

- 집에서 서점까지의 거리: 약 1 km
- 집에서 학교까지의 거리: 약 1 km씩 3번 간 거리 ➡ 약 3 km

> **거리 어림하기**
> 기준이 되는 거리를 정하고 어림하려는 거리가 기준 거리의 몇 배쯤인지 알아봅니다.

원리 확인 1 클립을 이용하여 가위의 길이를 어림해 보세요.

클립 약 3 cm

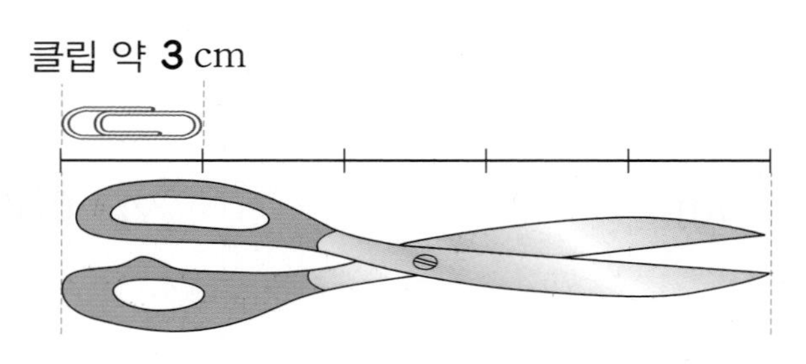

가위의 길이는 클립으로 [ ]번이므로 약 [ ] cm입니다.

원리 확인 2 집에서 도서관까지의 거리는 약 1 km입니다. 집에서 약국까지의 거리는 약 몇 km인지 어림해 보세요.

(　　　　　　)

1 물건의 길이를 어림하고 자로 재어 보세요.

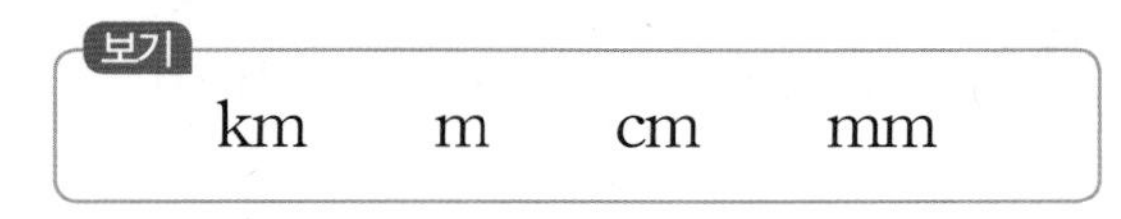

어림한 길이	잰 길이
약 □ cm	□ cm □ mm

2 보기 에서 알맞은 단위를 골라 □ 안에 써넣으세요.

보기
km　m　cm　mm

(1) 한 뼘의 길이는 약 13 □ 입니다.

(2) 수학책의 두께는 약 9 □ 입니다.

(3) 서울에서 대구까지의 거리는 약 300 □ 입니다.

그림을 보고 두 장소 사이의 거리는 얼마인지 어림하려고 합니다. 물음에 답해 보세요. [3~4]

3 시장에서 약 1 km 500 m 떨어진 곳은 어디인지 써 보세요.

(　　　　　　　　)

4 시장에서 학교까지의 거리는 약 몇 km인지 어림해 보세요.

(　　　　　　　　)

1. 자를 사용하여 측정하지 않고 어림한 길이를 말할 때에는 약 몇 cm 또는 약 몇 mm라고 씁니다.

3. 1 km = 1000 m

5 단원

길이를 각각 몇 cm인지 어림하고, 자로 재어 몇 cm 몇 mm로 나타내 보세요. [1~5]

1

어림한 길이: 약 ☐ cm

잰 길이: ☐ cm ☐ mm

2

어림한 길이: 약 ☐ cm

잰 길이: ☐ cm ☐ mm

3

어림한 길이: 약 ☐ cm

잰 길이: ☐ cm ☐ mm

4

어림한 길이: 약 ☐ cm

잰 길이: ☐ cm ☐ mm

5

어림한 길이: 약 ☐ cm

잰 길이: ☐ cm ☐ mm

보기 에서 알맞은 단위를 골라 □ 안에 써넣으세요. [6 ~ 10]

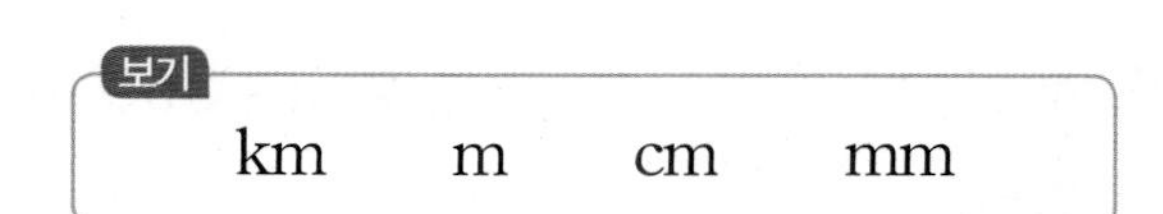

6

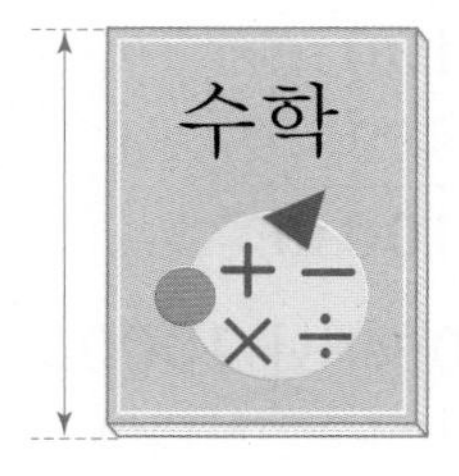

➡ 문제집 긴 쪽의 길이는 약 **30** □ 입니다.

7

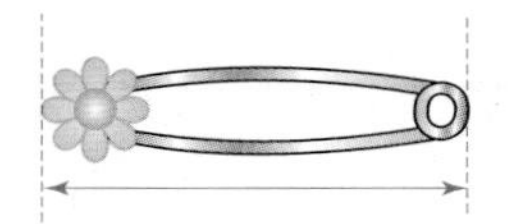

➡ 머리핀 긴 쪽의 길이는 약 **30** □ 입니다.

8

➡ 신발의 길이는 약 **240** □ 입니다.

9

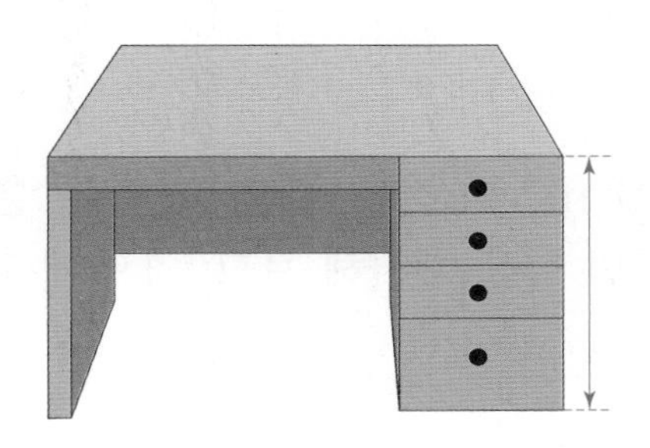

➡ 책상의 높이는 약 **1** □ 입니다.

10

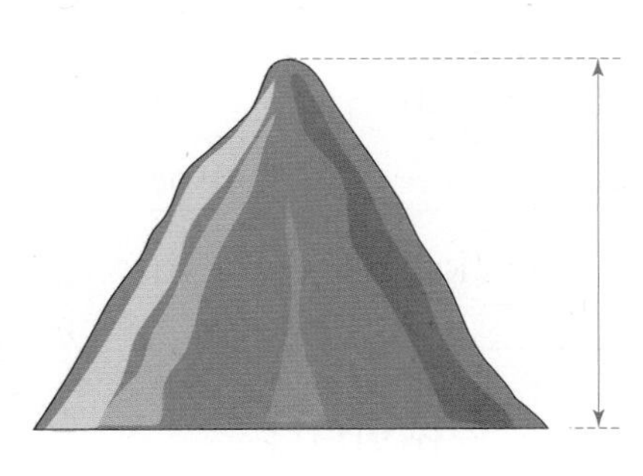

➡ 한라산의 높이는 약 **2** □ 입니다.

원리 꼼꼼

4. 길이의 합 알아보기

길이의 합

• 3 cm 2 mm+4 cm 9 mm의 계산

	3 cm	2 mm
+	4 cm	9 mm
	7 cm	11 mm
	+1 cm ←	−10 mm
	8 cm	1 mm

mm 단위끼리의 합이 10이거나 10보다 크면 10 mm를 1 cm로 받아올림합니다.

3 cm 2 mm+4 cm 9 mm=8 cm 1 mm

• 2 km 300 m+5 km 800 m의 계산

	2 km	300 m
+	5 km	800 m
	7 km	1100 m
	+1 km ←	−1000 m
	8 km	100 m

m 단위끼리의 합이 1000이거나 1000보다 크면 1000 m를 1 km로 받아올림합니다.

2 km 300 m+5 km 800 m=8 km 100 m

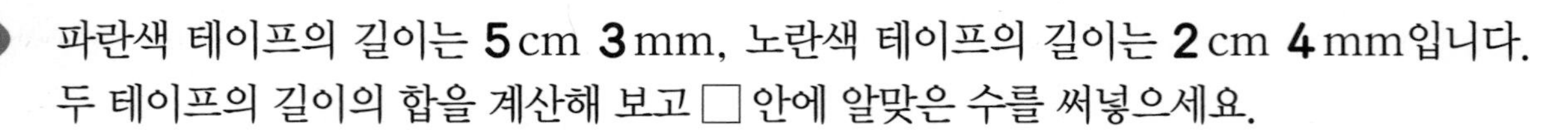

원리 확인 1 파란색 테이프의 길이는 5 cm 3 mm, 노란색 테이프의 길이는 2 cm 4 mm입니다. 두 테이프의 길이의 합을 계산해 보고 □ 안에 알맞은 수를 써넣으세요.

5 cm 3 mm+2 cm 4 mm
=□ cm □ mm

	5 cm	3 mm
+	2 cm	4 mm
	□ cm	□ mm

➡ 두 테이프의 길이의 합은 □ cm □ mm입니다.

원리 확인 2 전망대까지 올라갈 때의 거리는 3 km 800 m, 내려올 때의 거리는 2 km 900 m였습니다. 올라갈 때와 내려올 때의 거리의 합을 계산해 보고 □ 안에 알맞은 수를 써넣으세요.

3 km 800 m+2 km 900 m
=□ km □ m

	3 km	800 m
+	2 km	900 m
	5 km	□ m
	+1 km ←	−1000 m
	□ km	□ m

➡ 올라갈 때와 내려올 때의 거리의 합은 □ km □ m입니다.

1 □ 안에 알맞은 수를 써넣으세요.

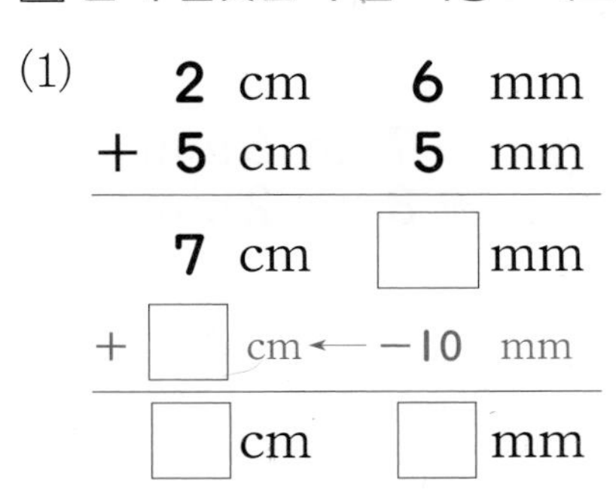

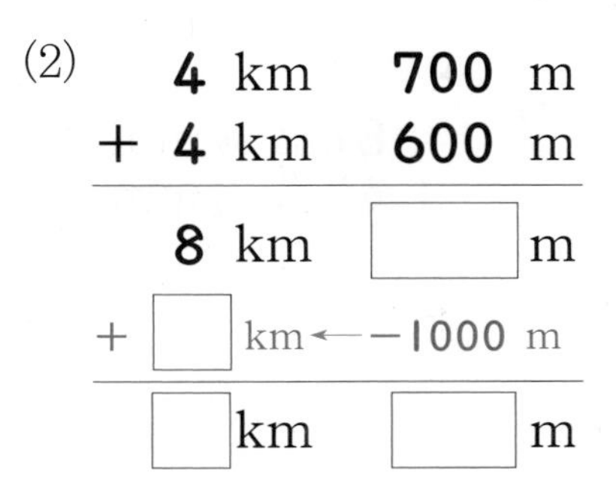

1. (1) mm 단위끼리의 합이 10이거나 10보다 크면 10 mm를 1 cm로 받아올림합니다.
(2) m 단위끼리의 합이 1000이거나 1000보다 크면 1000 m를 1 km로 받아올림합니다.

2 계산해 보세요.

(1) 4 cm 2 mm+1 cm 7 mm

(2) 7 km 300 m+2 km 500 m

2. (1) cm는 cm 단위끼리, mm는 mm 단위끼리 더합니다.
(2) km는 km 단위끼리, m는 m 단위끼리 더합니다.

3 계산해 보세요.

(1)
  1 cm 9 mm
+ 6 cm 9 mm

(2)
  3 km 800 m
+ 8 km 200 m

3. 받아올림에 주의하여 계산합니다.

4 그림을 보고 합을 구하는 식을 쓰고 답을 구해 보세요.

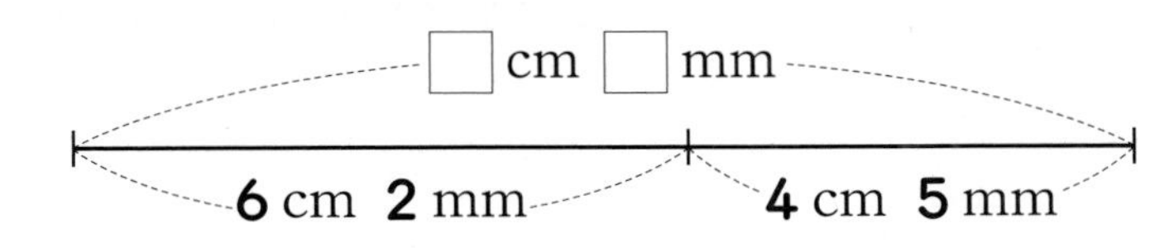

계산해 보세요. [1 ~ 15]

1
```
  7 cm 4 mm
+ 3 cm 4 mm
```

2
```
  8 cm 4 mm
+ 4 cm 3 mm
```

3
```
  7 cm 6 mm
+ 8 cm 2 mm
```

4
```
  4 cm 5 mm
+ 6 cm 4 mm
```

5
```
  6 cm 8 mm
+ 1 cm 9 mm
```

6
```
  3 cm 2 mm
+ 7 cm 8 mm
```

7
```
  2 cm 9 mm
+ 3 cm 3 mm
```

8
```
  25 cm 4 mm
+  3 cm 8 mm
```

9
```
  31 cm 7 mm
+  4 cm 8 mm
```

10 2 cm 5 mm+1 cm 1 mm

11 6 cm 2 mm+3 cm 5 mm

12 14 cm 3 mm+2 cm 4 mm

13 3 cm 9 mm+4 cm 6 mm

14 11 cm 4 mm+5 cm 8 mm

15 4 cm 6 mm+23 cm 7 mm

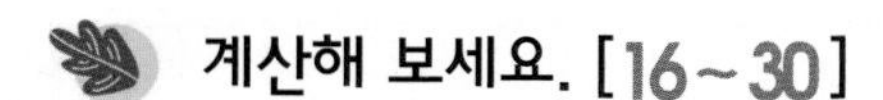

계산해 보세요. [16~30]

16
$$\begin{array}{r} 4\text{km}\ 720\text{m} \\ +\ 1\text{km}\ 100\text{m} \\ \hline \end{array}$$

17
$$\begin{array}{r} 5\text{km}\ 300\text{m} \\ +\ 3\text{km}\ 250\text{m} \\ \hline \end{array}$$

18
$$\begin{array}{r} 4\text{km}\ 325\text{m} \\ +\ 2\text{km}\ 410\text{m} \\ \hline \end{array}$$

19
$$\begin{array}{r} 3\text{km}\ 450\text{m} \\ +\ 4\text{km}\ 281\text{m} \\ \hline \end{array}$$

20
$$\begin{array}{r} 4\text{km}\ 200\text{m} \\ +\ 8\text{km}\ 900\text{m} \\ \hline \end{array}$$

21
$$\begin{array}{r} 7\text{km}\ 400\text{m} \\ +\ 1\text{km}\ 710\text{m} \\ \hline \end{array}$$

22
$$\begin{array}{r} 4\text{km}\ 750\text{m} \\ +\ 2\text{km}\ 700\text{m} \\ \hline \end{array}$$

23
$$\begin{array}{r} 5\text{km}\ 560\text{m} \\ +\ 3\text{km}\ 530\text{m} \\ \hline \end{array}$$

24
$$\begin{array}{r} 8\text{km}\ 826\text{m} \\ +\ 3\text{km}\ 454\text{m} \\ \hline \end{array}$$

25 2 km 200 m+3 km 600 m

26 6 km 420 m+1 km 350 m

27 5 km 490 m+4 km 260 m

28 2 km 800 m+5 km 488 m

29 3 km 740 m+2 km 510 m

30 10 km 271 m+3 km 826 m

5
단원

원리 꼼꼼

5. 길이의 차 알아보기

길이의 차

• 6 cm 2 mm−2 cm 6 mm의 계산

$$\begin{array}{r} \overset{5}{\cancel{6}}\text{cm}\ \overset{10}{2}\text{mm} \\ -2\text{cm}\ 6\text{mm} \\ \hline 3\text{cm}\ 6\text{mm} \end{array}$$

mm 단위끼리 뺄 수 없을 때에는 1 cm를 10 mm로 받아내림합니다.

6 cm 2 mm−2 cm 6 mm=3 cm 6 mm

• 8 km 400 m−3 km 500 m의 계산

$$\begin{array}{r} \overset{7}{\cancel{8}}\text{km}\ \overset{1000}{400}\text{m} \\ -3\text{km}\ 500\text{m} \\ \hline 4\text{km}\ 900\text{m} \end{array}$$

m 단위끼리 뺄 수 없을 때에는 1 km를 1000 m로 받아내림합니다.

8 km 400 m−3 km 500 m=4 km 900 m

1 파란색 테이프의 길이는 5 cm 3 mm, 노란색 테이프의 길이는 2 cm 4 mm입니다. 두 테이프의 길이의 차를 알아보세요.

(1) 두 테이프의 길이의 차를 계산해 보세요.

5 cm 3 mm−2 cm 4 mm
=□cm □mm

$$\begin{array}{r} \overset{\square}{\cancel{5}}\ \text{cm}\ \ \overset{\square}{3}\ \text{mm} \\ -\ 2\ \text{cm}\ \ 4\ \text{mm} \\ \hline \square\ \text{cm}\ \ \square\ \text{mm} \end{array}$$

(2) 두 테이프의 길이의 차는 □cm □mm입니다.

2 전망대까지 올라갈 때의 거리는 3 km 800 m, 내려올 때의 거리는 2 km 900 m였습니다. 올라갈 때와 내려올 때의 거리의 차를 알아보세요.

(1) 올라갈 때와 내려올 때의 거리의 차를 계산해 보세요.

3 km 800 m−2 km 900 m
=□m

$$\begin{array}{r} \overset{\square}{\cancel{3}}\ \text{km}\ \ \overset{\square}{800}\ \text{m} \\ -\ 2\ \text{km}\ \ 900\ \text{m} \\ \hline \square\ \text{m} \end{array}$$

(2) 올라갈 때와 내려올 때의 거리의 차는 □m입니다.

기본 문제를 통해 개념과 원리를 다져요.

1 □ 안에 알맞은 수를 써넣으세요.

(1)

	□		□	
	7	cm	2	mm
−	4	cm	8	mm
	□	cm	□	mm

(2)

	□		□	
	6	km	400	m
−	3	km	700	m
	□	km	□	m

1. (1) mm 단위끼리 뺄 수 없을 때에는 1 cm를 10 mm로 받아내림합니다.
(2) m 단위끼리 뺄 수 없을 때에는 1 km를 1000 m로 받아내림합니다.

2 계산해 보세요.

(1) 9 cm 6 mm − 3 cm 1 mm

(2) 8 km 700 m − 2 km 500 m

2. (1) cm는 cm 단위끼리, mm는 mm 단위끼리 뺍니다.
(2) km는 km 단위끼리, m는 m 단위끼리 뺍니다.

5 단원

3 계산해 보세요.

(1)
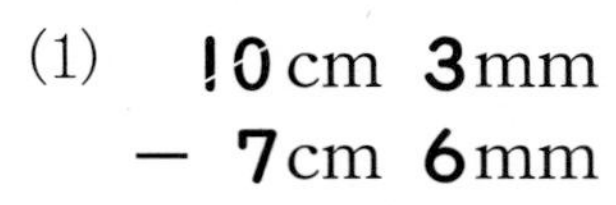

	10 cm	3 mm
−	7 cm	6 mm

(2)
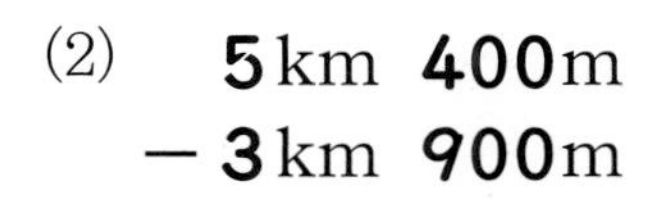

	5 km	400 m
−	3 km	900 m

3. 받아내림에 주의하여 계산합니다.

4 그림을 보고 차를 구하는 식을 쓰고 답을 구해 보세요.

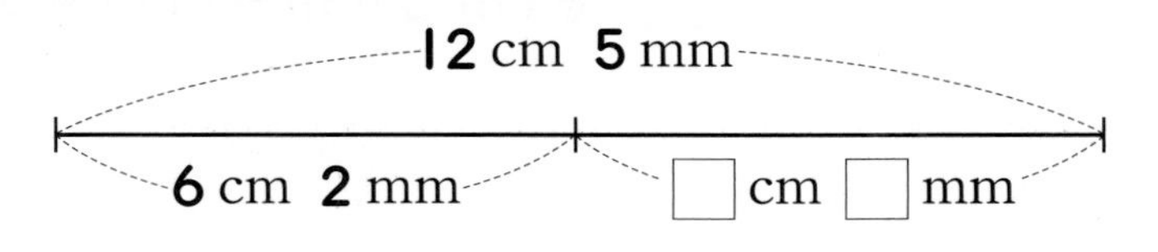

식 ______________________

답 ______________________

계산해 보세요. [1 ~ 15]

1
$$\begin{array}{r} 9\text{ cm } 6\text{ mm} \\ -\ 4\text{ cm } 3\text{ mm} \\ \hline \end{array}$$

2
$$\begin{array}{r} 18\text{ cm } 6\text{ mm} \\ -\ 4\text{ cm } 6\text{ mm} \\ \hline \end{array}$$

3
$$\begin{array}{r} 20\text{ cm } 7\text{ mm} \\ -\ 4\text{ cm } 3\text{ mm} \\ \hline \end{array}$$

4
$$\begin{array}{r} 18\text{ cm } 5\text{ mm} \\ -\ 12\text{ cm } 1\text{ mm} \\ \hline \end{array}$$

5
$$\begin{array}{r} 8\text{ cm } 2\text{ mm} \\ -\ 1\text{ cm } 5\text{ mm} \\ \hline \end{array}$$

6
$$\begin{array}{r} 10\text{ cm } 4\text{ mm} \\ -\ 5\text{ cm } 5\text{ mm} \\ \hline \end{array}$$

7
$$\begin{array}{r} 25\text{ cm } 3\text{ mm} \\ -\ 4\text{ cm } 7\text{ mm} \\ \hline \end{array}$$

8
$$\begin{array}{r} 30\text{ cm } 4\text{ mm} \\ -\ 2\text{ cm } 5\text{ mm} \\ \hline \end{array}$$

9
$$\begin{array}{r} 44\text{ cm } 5\text{ mm} \\ -\ 3\text{ cm } 9\text{ mm} \\ \hline \end{array}$$

10 8 cm 5 mm − 4 cm 2 mm

11 5 cm 9 mm − 4 cm 3 mm

12 16 cm 6 mm − 3 cm 5 mm

13 6 cm 5 mm − 1 cm 9 mm

14 13 cm 2 mm − 2 cm 3 mm

15 21 cm 3 mm − 5 cm 7 mm

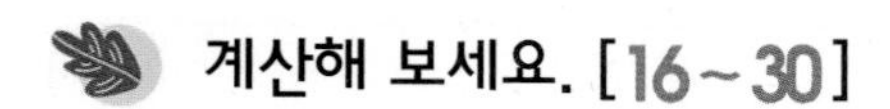
계산해 보세요. [16~30]

16
$$\begin{array}{rrr} & 5\text{ km} & 400\text{ m} \\ - & 2\text{ km} & 300\text{ m} \\ \hline \end{array}$$

17
$$\begin{array}{rrr} & 4\text{ km} & 750\text{ m} \\ - & 1\text{ km} & 200\text{ m} \\ \hline \end{array}$$

18
$$\begin{array}{rrr} & 6\text{ km} & 350\text{ m} \\ - & 2\text{ km} & 100\text{ m} \\ \hline \end{array}$$

19
$$\begin{array}{rrr} & 15\text{ km} & 473\text{ m} \\ - & 5\text{ km} & 215\text{ m} \\ \hline \end{array}$$

20
$$\begin{array}{rrr} & 9\text{ km} & 300\text{ m} \\ - & 6\text{ km} & 900\text{ m} \\ \hline \end{array}$$

21
$$\begin{array}{rrr} & 8\text{ km} & 480\text{ m} \\ - & 1\text{ km} & 900\text{ m} \\ \hline \end{array}$$

22
$$\begin{array}{rrr} & 12\text{ km} & 120\text{ m} \\ - & 3\text{ km} & 400\text{ m} \\ \hline \end{array}$$

23
$$\begin{array}{rrr} & 20\text{ km} & 400\text{ m} \\ - & 2\text{ km} & 500\text{ m} \\ \hline \end{array}$$

24
$$\begin{array}{rrr} & 37\text{ km} & 250\text{ m} \\ - & 4\text{ km} & 300\text{ m} \\ \hline \end{array}$$

25 7 km 900 m−3 km 200 m

26 9 km 620 m−7 km 500 m

27 4 km 825 m−3 km 570 m

28 6 km 100 m−3 km 700 m

29 8 km 550 m−1 km 700 m

30 12 km 320 m−5 km 950 m

5 단원

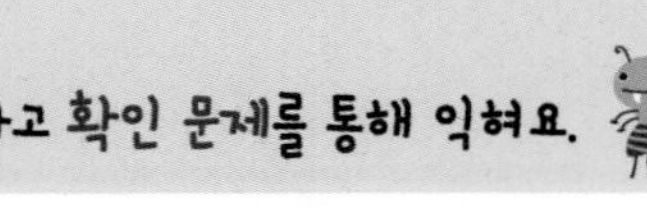

6. 1분보다 작은 단위 알아보기

초 알아보기

• 초바늘이 작은 눈금 한 칸을 지나는 데 걸리는 시간을 1초라고 합니다.

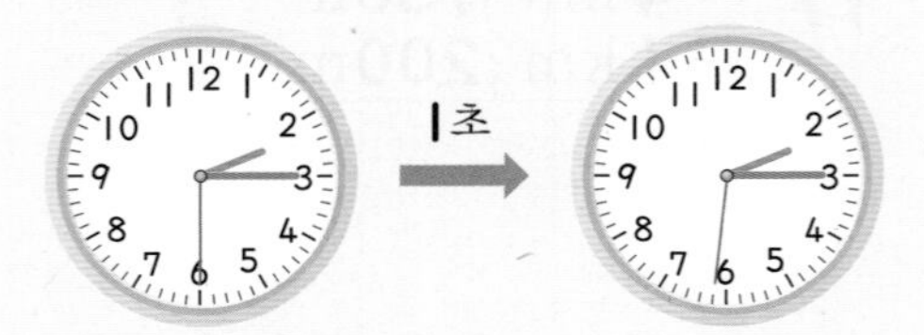

• 초바늘이 시계를 한 바퀴 도는 데 걸리는 시간은 60초입니다.

1분=60초

원리 확인 1 초바늘이 시계를 한 바퀴 도는 데 걸리는 시간을 알아보세요.

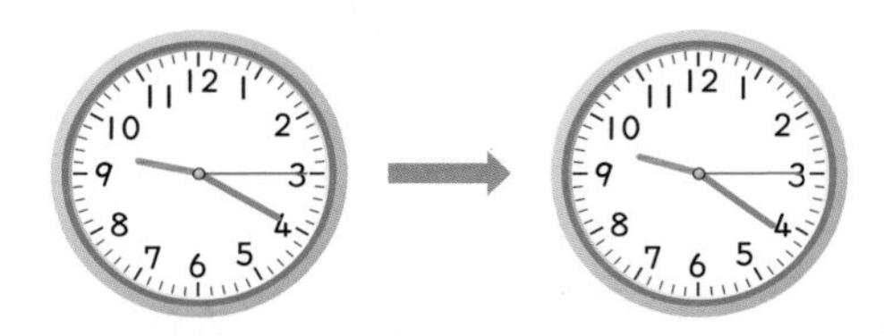

(1) 초바늘이 시계를 한 바퀴 도는 동안 긴바늘은 작은 눈금 ☐칸을 지납니다.

(2) 긴바늘이 작은 눈금 한 칸을 지나는 데 걸리는 시간은 ☐분입니다.

(3) 초바늘이 시계를 한 바퀴 도는 데 걸리는 시간은 ☐분=☐초입니다.

원리 확인 2 유라와 민아가 일어난 시각을 알아보세요.

유라

민아

(1) 유라가 일어난 시각은 ☐시 ☐분 ☐초입니다.

(2) 민아가 일어난 시각은 ☐시 ☐분 ☐초입니다.

원리 탄탄

1 시각을 읽어 보세요.

(1)  

( )

(2) 

 ( )

(3) 

( )

(4) 

( )

1. 시각을 읽을 때에는 시, 분, 초의 차례로 읽습니다.

2 시계에 초바늘을 그려 보세요.

(1) 

2시 55분 20초

(2) 

7시 30분 52초

3 □ 안에 알맞은 수를 써넣으세요.

(1) **1분 10초**= □ 초+**10**초= □ 초

(2) **80**초= □ 초+**20**초= □ 분 **20**초

(3) **3**분 **40**초= □ 초+**40**초= □ 초

(4) **290**초= □ 초+**50**초= □ 분 □ 초

3. 1분=60초임을 이용합니다.

5 단원

□ 안에 '시각' 또는 '시간'을 써넣으세요. [1~3]

1 수학 공부를 시작한 □은 **4**시이고, 수학 공부를 끝낸 □은 **5**시입니다.
따라서 수학 공부를 한 □은 **1**시간입니다.

2 영화가 시작된 □은 **2**시 **30**분이고, 영화가 끝난 □은 **4**시 **10**분입니다.
따라서 영화를 상영한 □은 **1**시간 **40**분입니다.

3 영수가 학교에 도착한 □은 오전 **8**시 **50**분이고, 수업이 끝나고 학교를 떠난 □은 오후 **1**시 **30**분입니다. 따라서 학교에 있던 □은 **4**시간 **40**분입니다.

글을 읽고 시각과 시간을 모두 찾아 써 보세요. [4~5]

4

> **KTX**고속열차가 **9**시에 출발하여 **2**시간 **10**분 동안 달려서 **11**시 **10**분에 목적지에 도착하였습니다.

시각 (　　　　　　　　　　)
시간 (　　　　　　　　　　)

5

> 야구 경기가 **6**시 **30**분에 시작되어 **3**시간 **25**분 동안 경기를 하고 **9**시 **55**분에 끝났습니다.

시각 (　　　　　　　　　　)
시간 (　　　　　　　　　　)

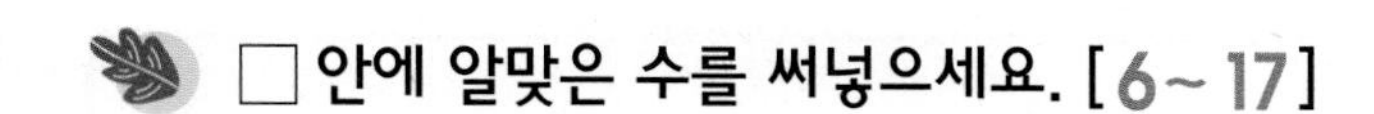

□ 안에 알맞은 수를 써넣으세요. [6~17]

6

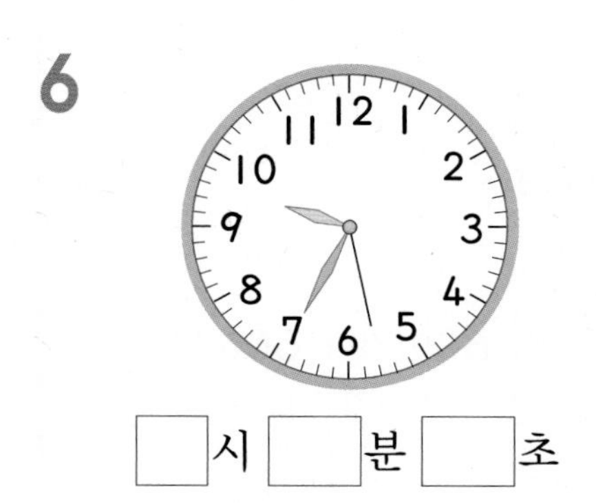

□시 □분 □초

7

□시 □분 □초

8 90초=60초+□초=□분+30초=□분 □초

9 150초=60초+60초+□초=□분+□초=□분 □초

10 1분 50초=□분+50초=□초+50초=□초

11 5분 20초=□분+20초=□초+20초=□초

12 2분 30초=□초

13 250초=□분 □초

14 5분 45초=□초

15 163초=□분 □초

16 3분 7초=□초

17 400초=□분 □초

5 단원

7. 시간의 합 알아보기

시간의 합

• 7시 35분 40초+1시간 40분 30초의 계산

	시	분	초
	7시	35분	40초
+	1시간	40분	30초
	8시	75분	70초
		+1 분 ←	−60초
	8시	76분	10초
	+1 시간 ←	−60분	
	9시	16분	10초

7시 35분 40초+1시간 40분 30초
=9시 16분 10초

➡ 초 단위, 분 단위끼리의 합이 60이거나 60보다 크면 60초를 1분으로, 60분을 1시간으로 받아올림합니다.

원리 확인 1 수영이는 할머니 댁에 가는 데 고속버스로 2시간 30분, 시내버스로 1시간 55분이 걸렸습니다. 고속버스와 시내버스를 타고 간 시간을 알아보세요.

(1) 고속버스와 시내버스를 타고 간 시간의 합을 계산해 보세요.

2시간 30분+1시간 55분
=□시간 □분

	시간	분
	2 시간	30 분
+	1 시간	55 분
	□시간	□분
	+1 시간 ←	−60 분
	□시간	□분

(2) 고속버스와 시내버스를 타고 간 시간은 모두 □시간 □분입니다.

원리 확인 2 □ 안에 알맞은 수를 써넣으세요.

(1)

	분	초
	4 분	30 초
+	2 분	40 초
	□분	□초
	+1 분 ←	−60 초
	□분	□초

(2)

	시	분	초
	3 시	45 분	28 초
+	4 시간	30 분	54 초
	□시	□분	□초
		+1 분 ←	−60 초
	+1 시간 ←	−60 분	
	□시	□분	□초

1 그림을 보고 □ 안에 알맞은 수를 써넣으세요.

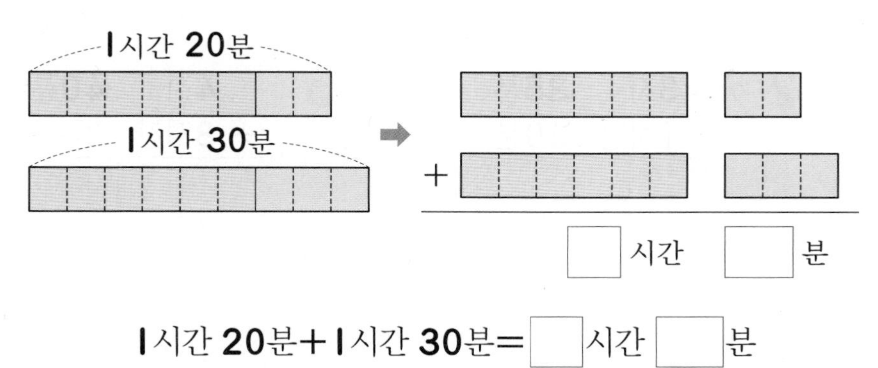

1시간 20분+1시간 30분=□시간 □분

> **1.** 시간은 시간 단위끼리, 분은 분 단위끼리 더합니다.

2 □ 안에 알맞은 수를 써넣으세요.

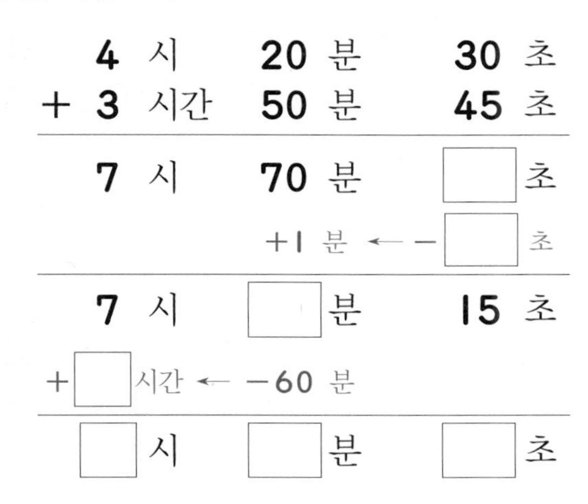

> **2.** 초 단위, 분 단위끼리의 합이 60이거나 60보다 크면 60초를 1분으로, 60분을 1시간으로 받아올림합니다.

3 다음을 계산해 보세요.

(1)

	7시간	25분
+		40분

(2)

	4시	50분
+	1시간	15분

(3)

	6시간	35분	45초
+		45분	20초

(4)

	8시간	18분	35초
+	2시간	55분	50초

> **3.** 받아올림에 주의하여 계산합니다.

step 3 원리 척척

 계산해 보세요. [1 ~ 16]

1

	2시	10분
+		20분

2

	3시	35분
+	1시간	40분

3

	4시	40분
+	3시간	30분

4

	5시	25분
+		50분

5

	5시	50분
+	2시간	44분

6

	6시	37분
+	5시간	55분

7

	2시	12분	39초
+	5시간	18분	16초

8

	5시	43분	25초
+	1시간	35분	12초

9

	8시	25분	40초
+	2시간	15분	48초

10

	4시	39분	52초
+	4시간	30분	16초

11 1시 20분+20분

12 2시 10분+1시간 30분

13 9시 25분+2시간 10분

14 4시 35분+40분

15 5시 30분 20초+2시간 40분 30초

16 3시 42분 25초+4시간 55분 45초

계산해 보세요. [17~32]

17
	1시간	30분
+		20분

18
	3시간	30분
+	1시간	15분

19
	5시간	12분
+	2시간	45분

20
	5시간	40분
+	2시간	20분

21
	4시간	27분
+	3시간	50분

22
	6시간	56분
+	4시간	29분

23
	5시간	21분	18초
+	6시간	16분	35초

24
	4시간	45분	20초
+		53분	18초

25
	7시간	38분	43초
+	2시간	10분	30초

26
	3시간	19분	42초
+	5시간	51분	33초

27 2시간 20분+10분

28 1시간 15분+2시간 5분

29 5시간 14분+3시간 28분

30 2시간 32분+1시간 30분

31 3시간 45분 15초+4시간 25분 35초

32 4시간 53분 33초+7시간 31분 54초

8. 시간의 차 알아보기

시간의 차

• 8시 10분−6시 30분의 계산

	7	60
	~~8~~시	10분
−	6시	30분
	1시간	40분

8시 10분−6시 30분=1시간 40분

• 9시 15분 20초−1시간 30분 40초

		60	
	8	14	60
	~~9~~시	~~15~~분	20초
−	1시간	30분	40초
	7시	44분	40초

9시 15분 20초−1시간 30분 40초
=7시 44분 40초

초 단위, 분 단위끼리 뺄 수 없을 때에는 1분을 60초로, 1시간을 60분으로 받아내림합니다.

원리 확인  인형극이 오후 5시 50분에 시작되었습니다. 인형극이 끝난 후 시계를 보니 오후 7시 10분이었습니다. 인형극을 본 시간을 알아보세요.

인형극이 시작한 시각

인형극이 끝난 시각

(1) 인형극이 끝난 시각을 그림에 ↑로 나타내 보세요.

10분	10분	10분	10분	10분	10분	10분	10분	10분	10분	10분	10분	10분	10분

5시 6시 7시

↑ 시작 시각

(2) 인형극을 본 시간을 구해 보세요.

7시 10분−5시 50분
=□시간 □분

	□	□
	~~7~~ 시	10 분
−	5 시	50 분
	□시간	□분

원리 확인  □ 안에 알맞은 수를 써넣으세요.

(1) 6시 30분−2시 20분=□시간 □분

(2) 8시 55분 40초−5시간 20분 25초=□시 □분 □초

기본 문제를 통해 개념과 원리를 다져요.

1 그림을 보고 □ 안에 알맞은 수를 써넣으세요.

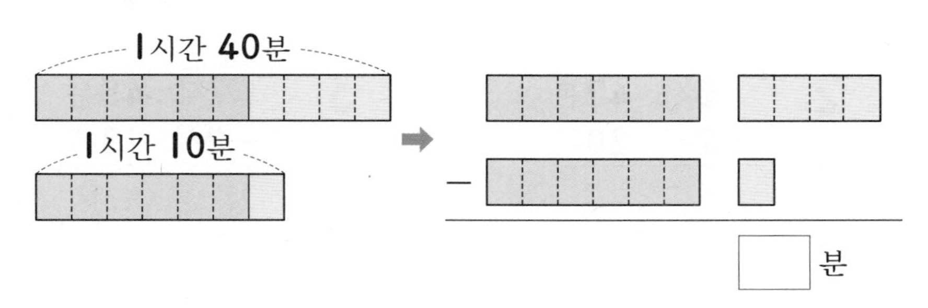

1시간 40분−1시간 10분=□분

> 1. 시간은 시간 단위끼리, 분은 분 단위끼리 뺍니다.

2 □ 안에 알맞은 수를 써넣으세요.

(1)

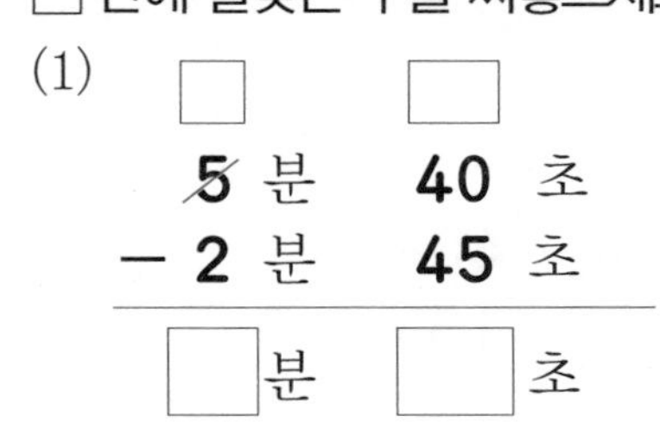

	□	□	
	5 분	40 초	
−	2 분	45 초	
	□분	□초	

(2)

	□	60 □	□
	6 시	25 분	50 초
−	3 시	50 분	55 초
	□시간	□분	□초

> 2. 초 단위, 분 단위끼리 뺄 수 없을 때에는 1분을 60초로, 1시간을 60분으로 받아내림합니다.

3 시간의 뺄셈에서 잘못된 부분을 찾아 바르게 계산해 보세요.

	4시	33분	35초
−	1시간	50분	48초
	3시	43분	47초

➡ □

4 계산해 보세요.

(1)

	2시	50분
−		30분

(2)

	10분	5초
−	8분	10초

(3)

	8시	10분	30초
−	4시	15분	30초

(4)

	9시간	20분	32초
−	5시간	50분	40초

> 4. 받아내림에 주의하여 계산합니다.

5 단원

원리 척척

 계산해 보세요. [1 ~ 16]

1
  4시 50분
− 1시 30분

2
  5시 47분
− 2시 20분

3
  7시 45분
− 2시 18분

4
  6시 15분
− 2시 30분

5
  6시 30분
− 3시 36분

6
  7시
− 2시 45분

7
  5시 57분 41초
− 3시 19분 15초

8
  4시 10분 40초
− 3시 50분 15초

9
  10시 34분 13초
− 7시 8분 40초

10
  12시 14분
− 5시 50분 18초

11 2시 50분−1시 30분

12 5시 47분−3시 10분

13 4시 24분−2시 16분

14 3시 33분−1시 50분

15 7시 40분 51초−1시 55분 30초

16 8시−4시 24분 30초

 계산해 보세요. [17~32]

17
```
   5시    30분
−         10분
```

18
```
   4시     50분
− 1시간   40분
```

19
```
   5시     54분
− 2시간   15분
```

20
```
   6시간  15분
−         50분
```

21
```
   6시간  37분
− 2시간  50분
```

22
```
   7시간  40분
− 5시간  56분
```

23
```
   7시     33분  40초
− 2시간   15분   5초
```

24
```
   3시     23분  30초
− 1시간   50분
```

25
```
   5시간  23분  10초
− 4시간  10분  50초
```

26
```
   11시간  20분
−  3시간  50분  49초
```

27 2시 40분−15분

28 6시 35분−4시간 20분

29 5시 51분−2시간 45분

30 3시 10분−40분

31 6시간 18분 20초−2시간 30분 15초

32 9시간−3시간 25분 30초

5 단원

step 4 유형 콕콕

01 □ 안에 알맞은 수를 써넣고 읽어 보세요.

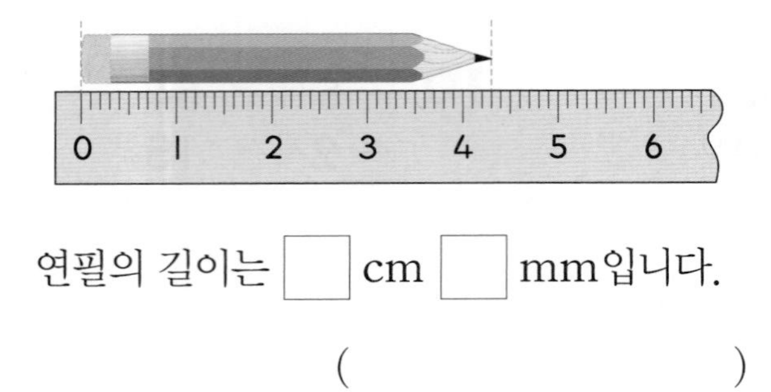

연필의 길이는 □ cm □ mm입니다.

(   )

02 □ 안에 알맞은 수를 써넣고 읽어 보세요.

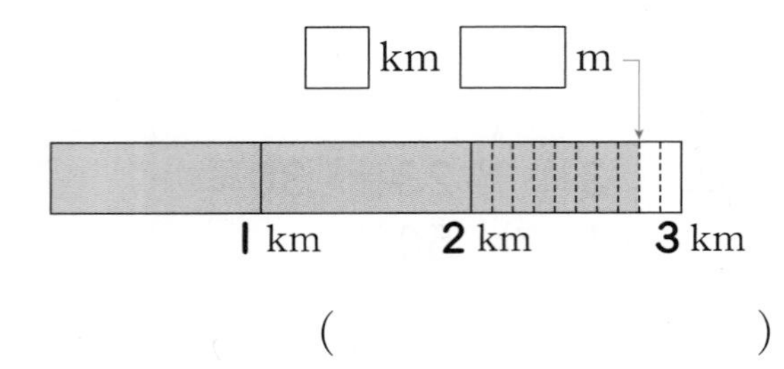

(   )

03 같은 것끼리 선으로 이어 보세요.

60 mm •	• 1 cm
10 mm •	• 5 cm
50 mm •	• 6 cm

04 □ 안에 알맞은 수를 써넣으세요.

(1) 2 cm 9 mm= □ mm

(2) 78 mm= □ cm □ mm

(3) 4 km 530 m= □ m

(4) 6105 m= □ km □ m

05 계산해 보세요.

$$\begin{array}{r} 5\text{ km } 270\text{ m} \\ +\ 6\text{ km } 830\text{ m} \\ \hline \end{array}$$

06 예린이네 집에서 학교까지의 거리는 약 500 m입니다. 예린이네 집에서 공원까지의 거리는 약 몇 km 몇 m인가요?

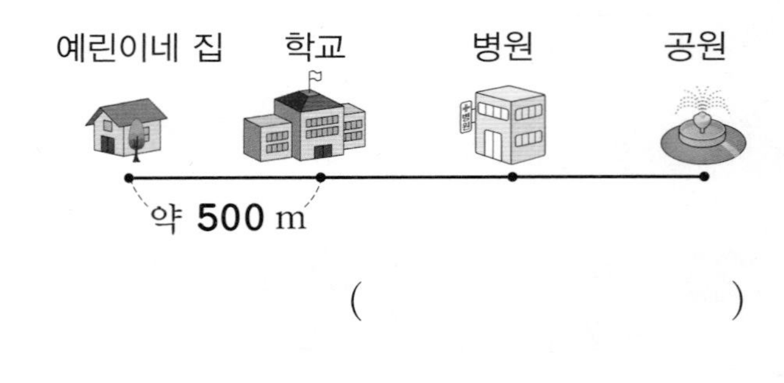

(   )

07 두 길이의 합과 차를 구해 보세요.

9 cm 3 mm, 5 cm 8 mm

합 (   )

차 (   )

08 그림을 보고 차를 구하는 식을 쓰고 답을 구해 보세요.

6 km 110 m

2 km 800 m   □ km □ m

식 ____________________

답 ____________________

09 규형이는 오후 2시 20분에 그림 그리기를 시작하여 1시간 55분 동안 그리고 오후 4시 15분에 끝마쳤습니다. 시각과 시간에 해당하는 것을 써 보세요.

시각 (　　　　　　　　　　)
시간 (　　　　　　　　　　)

10 다음 중 시각을 넣어 만든 문장을 모두 고르세요. (　　　　)

① 한솔이는 어제 7시간 동안 잤습니다.
② 신영이는 1시간 동안 피아노를 쳤습니다.
③ 동민이는 45분 동안 배드민턴을 쳤습니다.
④ 한별이는 3시 40분에 책을 읽기 시작했습니다.
⑤ 효근이는 오후 8시에 컴퓨터를 켰습니다.

11 시각을 써 보세요.

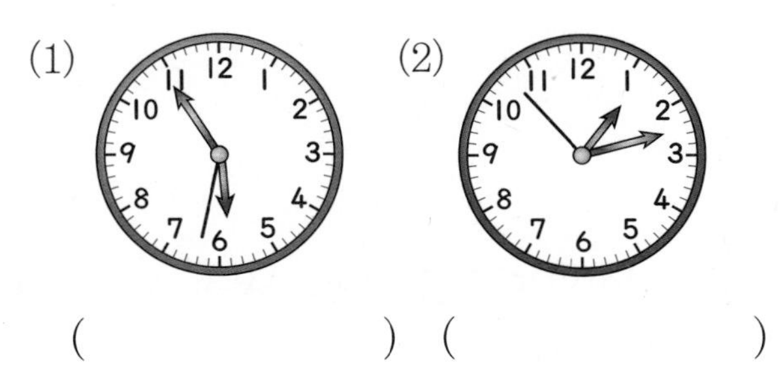

(　　　　　　) (　　　　　　)

12 □ 안에 알맞은 수를 써넣으세요.

(1) 4분 10초=□초

(2) 550초=□분 □초

13 □ 안에 알맞은 수를 써넣으세요.

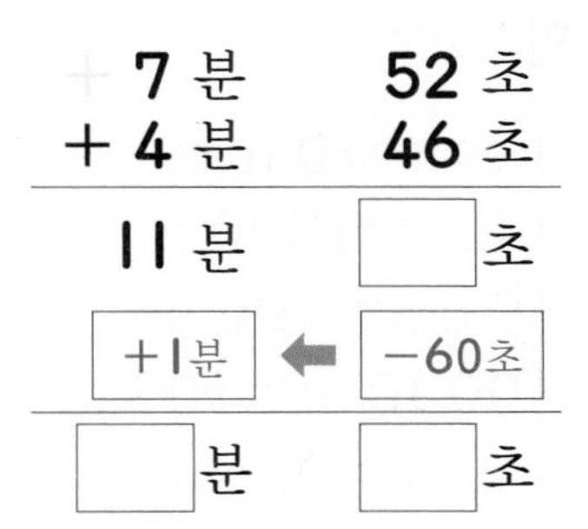

14 계산해 보세요.

(1) 6시 40분 + 4시간 25분

(2) 5시간 30분 27초 + 3시간 45분 55초

(3) 5시 29분 − 2시간 30분

(4) 8시간 23분 41초 − 3시간 30분 49초

15 상연이는 7시 30분에 집에서 출발하여 1시간 30분 후에 도서관에 도착할 예정입니다. 상연이가 도서관에 도착할 시각은 몇 시인가요?

(　　　　　　　　　　)

16 웅이는 숙제를 7시 45분에 시작하여 9시 20분에 끝냈습니다. 숙제를 몇 시간 몇 분 동안 하였나요?

(　　　　　　　　　　)

5. 길이와 시간

점수

01 다음 중 단위의 관계가 잘못된 것은 어느 것인가요? (　　　)

① 1 cm=10 mm
② 1 km=1000 m
③ 10 cm=100 mm
④ 10000 m=10 km
⑤ 1 mm=10 cm

02 관계있는 것끼리 선으로 이어 보세요.

40 mm •	• 8 cm
80 mm •	• 5 cm
50 mm •	• 4 cm

□ 안에 알맞은 수를 써넣으세요. [03~04]

03 12 cm 6 mm
=□ mm+6 mm
=□ mm

04 258 mm
=□ mm+8 mm
=□ cm+8 mm
=□ cm □ mm

□ 안에 알맞은 수를 써넣으세요. [05~06]

05 5 km 300 m
=□ km+300 m
=□ m+300 m
=□ m

06 3620 m
=□ m+620 m
=□ km+620 m
=□ km □ m

07 계산해 보세요.

(1)
　　12 cm 5 mm
+　3 cm 7 mm

(2)
　　4 km 240 m
+　5 km 410 m

08 길이의 단위를 잘못 사용한 사람의 이름을 써 보세요.

예린: 서울에서 부산까지의 거리는 약 400 km야.
지윤: 내 발의 길이는 약 210 cm야.

(　　　　　　　)

09 다음 두 막대 길이의 차는 몇 cm 몇 mm인가요?

16 cm 5 mm

19 cm 3 mm

(　　　　　　　　　)

10 □ 안에 알맞은 수를 써넣으세요.

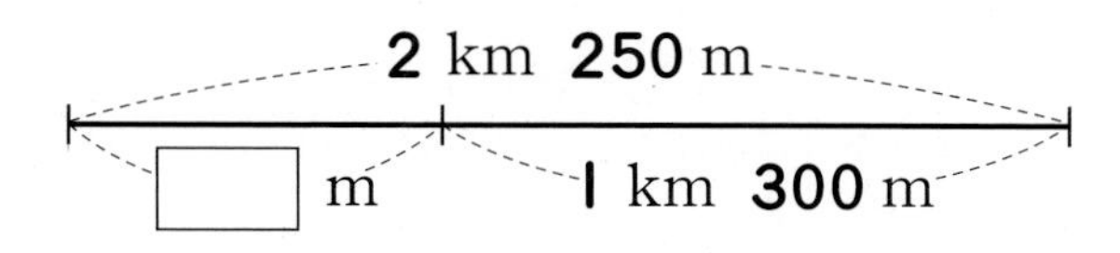

11 시각을 읽어 보세요.

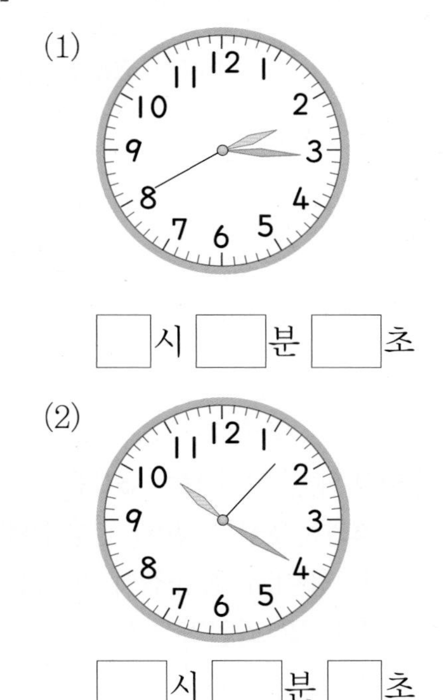

(1) □시 □분 □초

(2) □시 □분 □초

12 □ 안에 알맞은 수를 써넣으세요.

(1) 1분 30초=□초

(2) 200초=□분 □초

□ 안에 알맞은 수를 써넣으세요. [13~14]

13

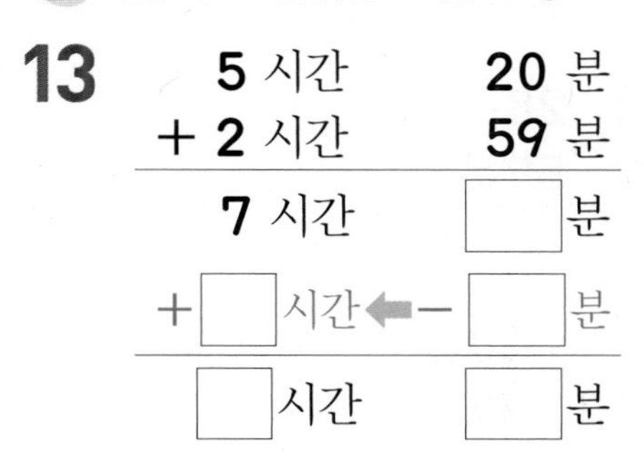

14

	□		□	
	6	시	25	분
−	4	시	39	분
	□	시간	□	분

5 단원

계산해 보세요. [15~17]

15 (1)

$$\begin{array}{r} 4\text{시} \quad 28\text{분} \\ +\ 5\text{시간} \quad 15\text{분} \\ \hline \end{array}$$

(2)

$$\begin{array}{r} 5\text{시간} \quad 56\text{분} \quad 13\text{초} \\ +\ 2\text{시간} \quad 35\text{분} \quad 20\text{초} \\ \hline \end{array}$$

16 (1)

$$\begin{array}{r} 7\text{시} \quad 28\text{분} \\ -\ 5\text{시} \quad 59\text{분} \\ \hline \end{array}$$

(2)

$$\begin{array}{r} 8\text{시간} \quad 40\text{분} \\ -\ 2\text{시간} \quad 57\text{분} \\ \hline \end{array}$$

17 (1)

$$\begin{array}{r} 8\text{시} \quad 20\text{분} \quad 12\text{초} \\ -\ 3\text{시} \quad 5\text{분} \quad 50\text{초} \\ \hline \end{array}$$

(2)

$$\begin{array}{r} 11\text{시} \quad 10\text{분} \quad 40\text{초} \\ -\ 8\text{시간} \quad 30\text{분} \quad 15\text{초} \\ \hline \end{array}$$

18 글을 읽고 시각과 시간을 모두 찾아 써 보세요.

> 버스가 10시 20분에 출발하여 2시간 30분 동안 달려서 12시 50분에 목적지에 도착하였습니다.

시각 (　　　　　　　　　　)
시간 (　　　　　　　　　　)

19 □ 안에 알맞은 수를 써넣으세요.

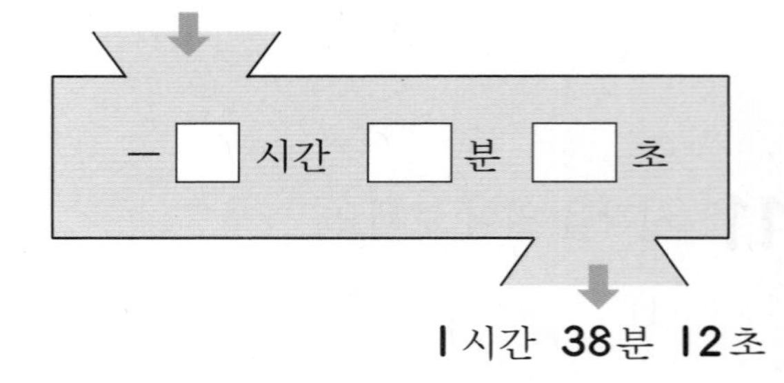

20 마라톤 대회에서 웅이가 9시 30분에 출발하여 2시간 45분 20초 만에 결승점에 도착하였습니다. 웅이가 결승점에 도착한 시각은 몇 시 몇 분 몇 초인가요?

(　　　　　　　　　　)

단원 6 분수와 소수

이번에 배울 내용

1 똑같이 나누기
2 전체에 대한 부분의 크기 알아보기
3 분수 알아보기
4 몇 개인지 알아보기
5 분수의 크기 비교하기
6 소수 알아보기 (1)
7 소수 알아보기 (2)
8 소수의 크기 비교하기

이전에 배운 내용

- 칠교판으로 모양을 만들기

다음에 배울 내용

- 진분수, 가분수 알아보기
- 대분수 알아보기
- 분수의 크기 비교하기

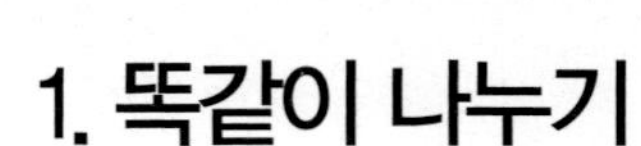

원리 꼼꼼

1. 똑같이 나누기

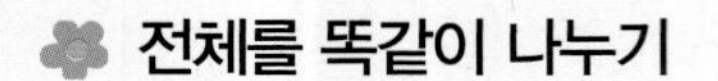

전체를 똑같이 나누기

• 똑같이 둘로 나누기

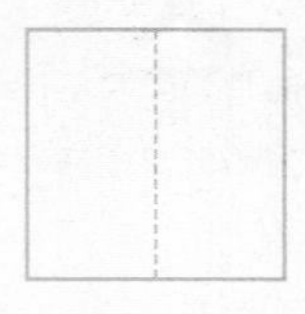 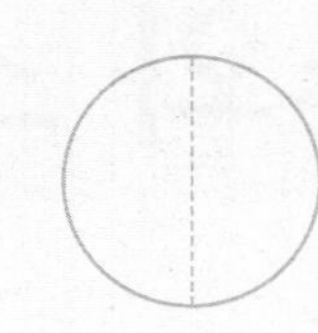 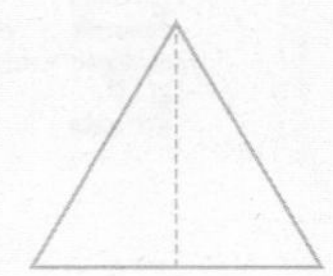

• 똑같이 넷으로 나누기

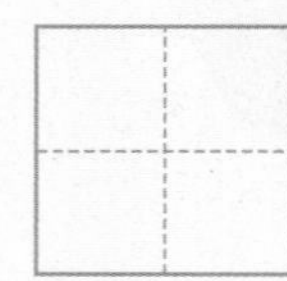 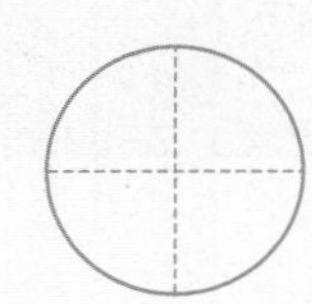 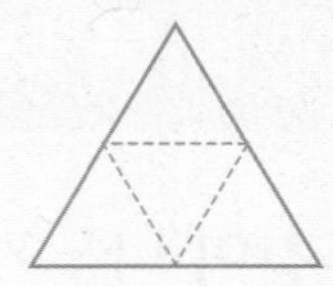

똑같이 나누어진 도형 찾기

똑같이 나누어진 도형은 모양과 크기가 같으므로 서로 포개었을 때 완전히 겹쳐지는 도형을 찾아봅니다.

똑같이 둘로 나눈 것에는 ○표, 아닌 것에는 ×표 하세요.

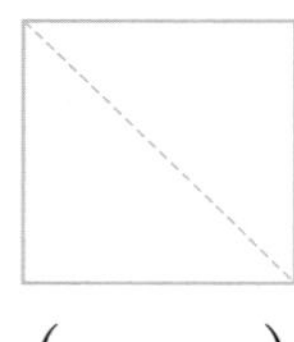 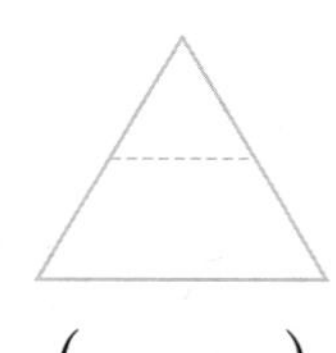 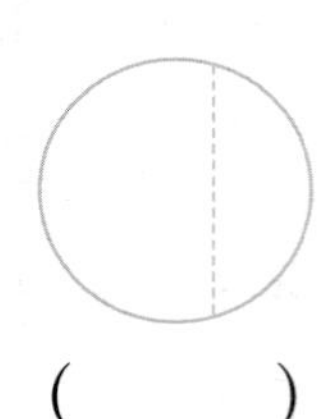

(　　) (　　) (　　)

똑같이 넷으로 나눈 것에는 ○표, 아닌 것에는 ×표 하세요.

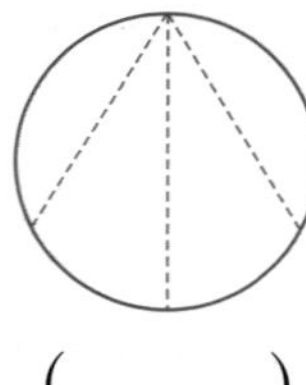 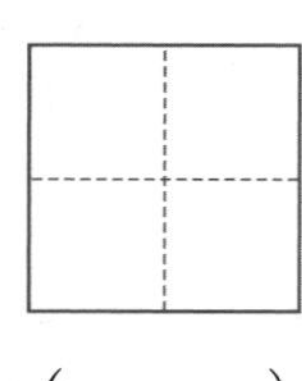 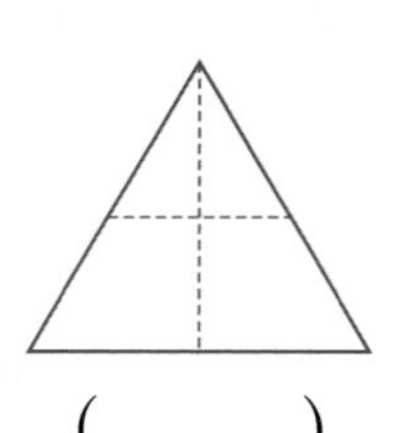

(　　) (　　) (　　)

1 똑같이 셋으로 나누어진 도형을 찾아 ○표 하세요.

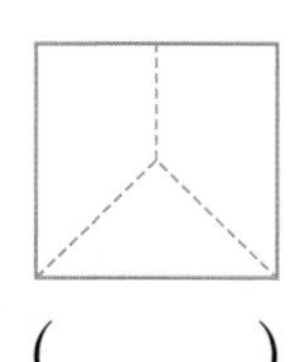 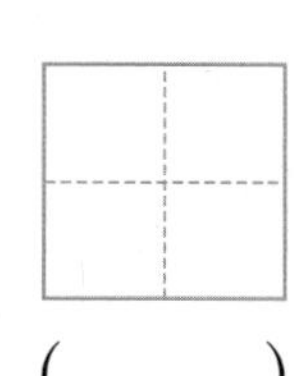 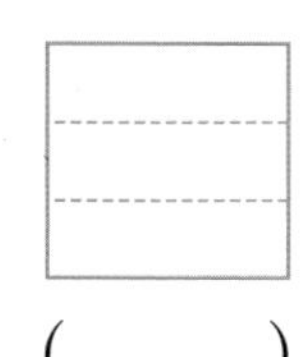 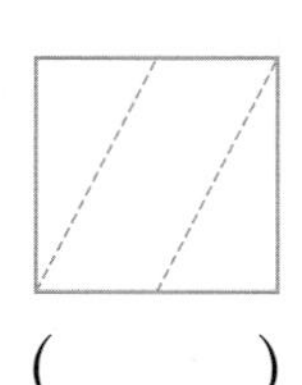

( ) ( ) ( ) ( )

1. 셋으로 나누어진 부분들의 모양과 크기가 같은 것을 찾습니다.

도형을 보고 물음에 답해 보세요. [2~3]

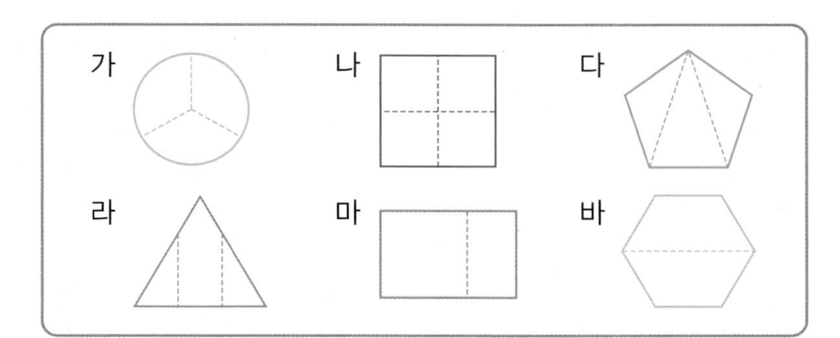

2 똑같이 둘로 나누어진 도형을 찾아 기호를 써 보세요.

( )

3 똑같이 셋으로 나누어진 도형을 찾아 기호를 써 보세요.

( )

4 점을 이용하여 똑같이 넷으로 나누어 보세요.

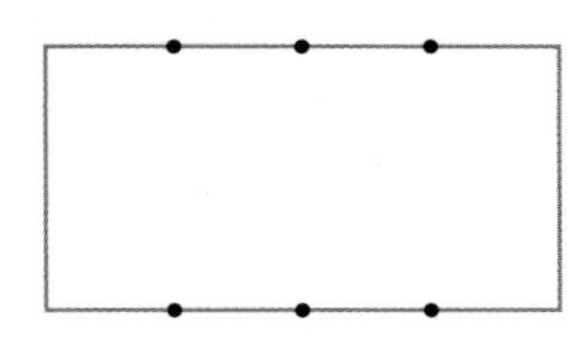

4. 주어진 점을 이용하여 모양과 크기가 같도록 똑같이 넷으로 나눕니다.

원리 척척

1 똑같이 둘로 나누어진 도형을 모두 찾아 ○표 하세요.

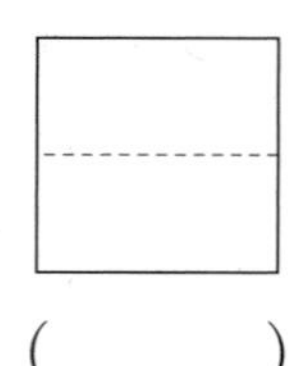 ( ) 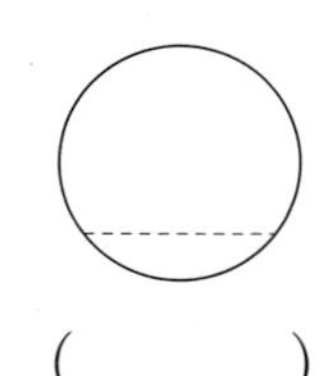 ( ) 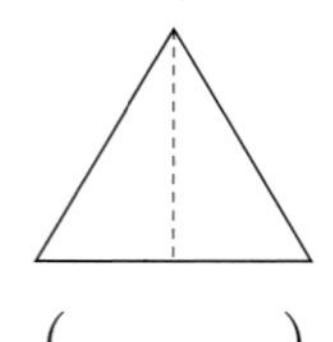 ( ) 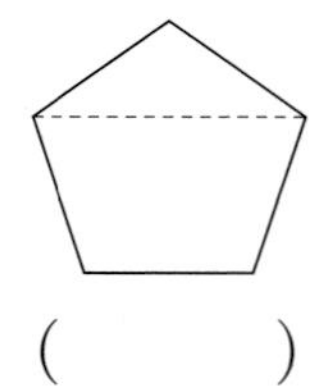 ( )

2 똑같이 셋으로 나누어진 도형을 모두 찾아 ○표 하세요.

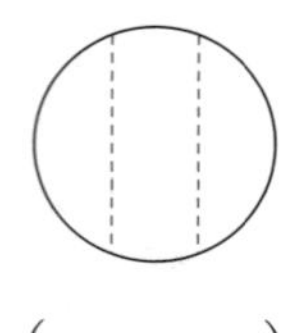  ( ) 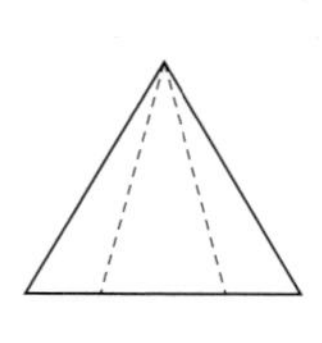 ( ) 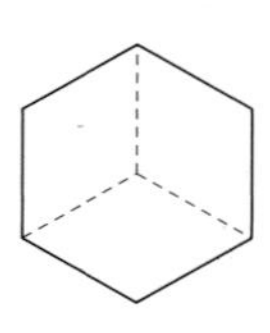 ( ) 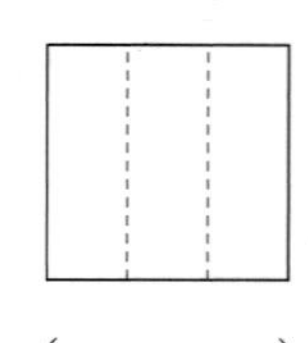 ( )

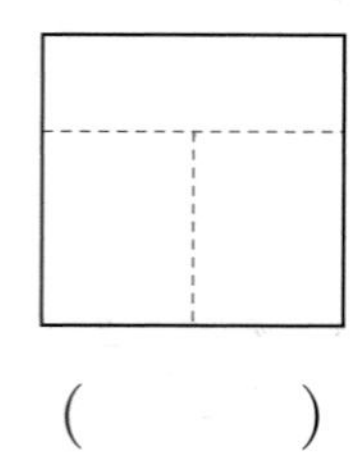 ( ) 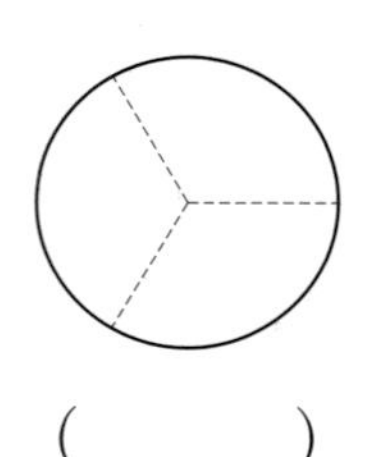 ( ) 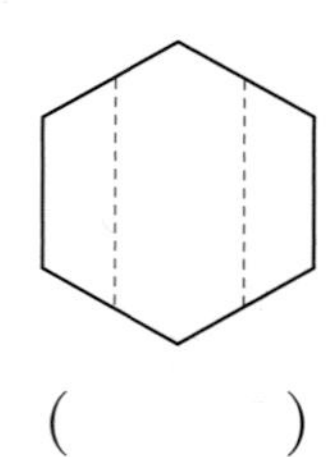 ( ) 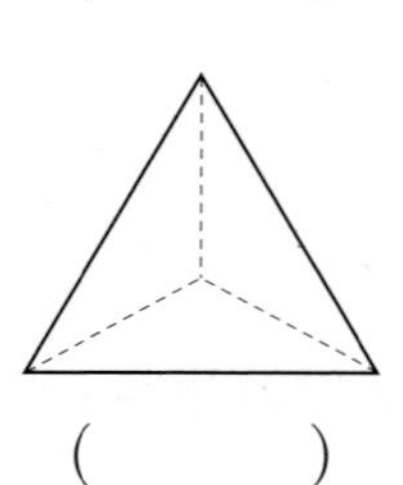 ( )

3 똑같이 넷으로 나누어진 도형을 모두 찾아 ○표 하세요.

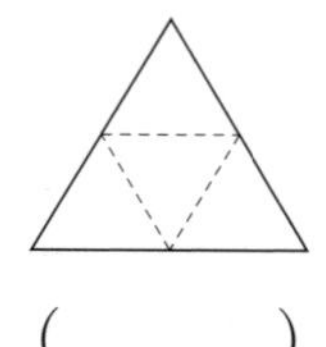 ( ) 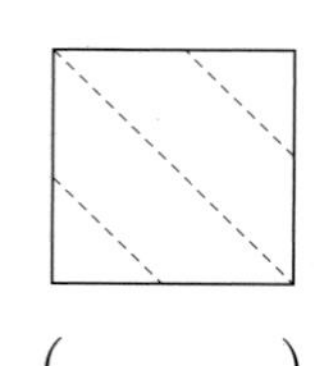 ( ) 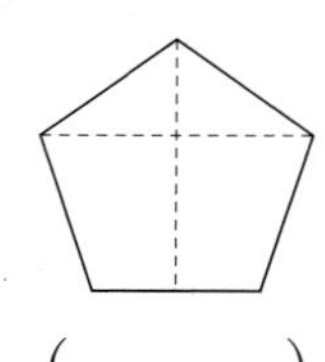 ( ) 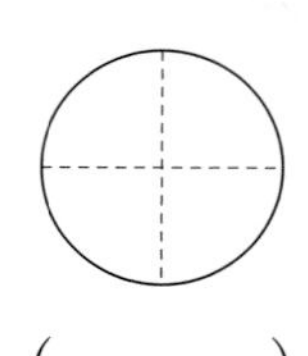 ( )

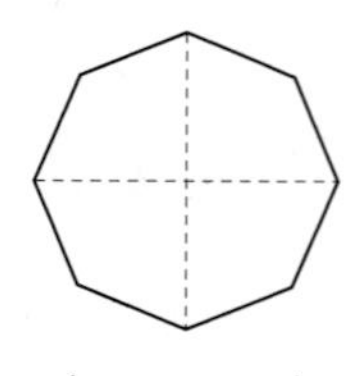 ( ) 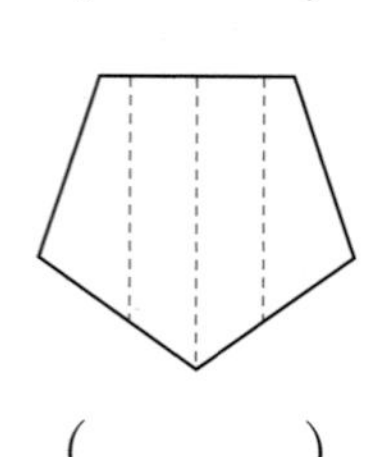 ( ) 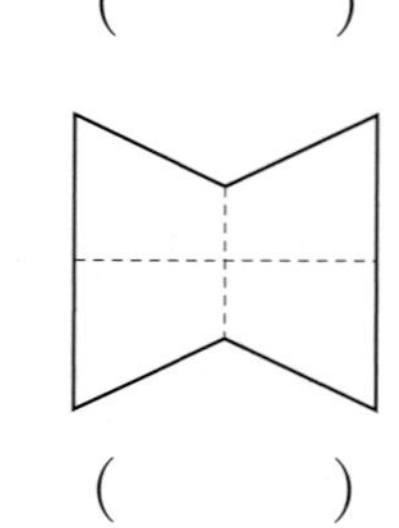 ( ) 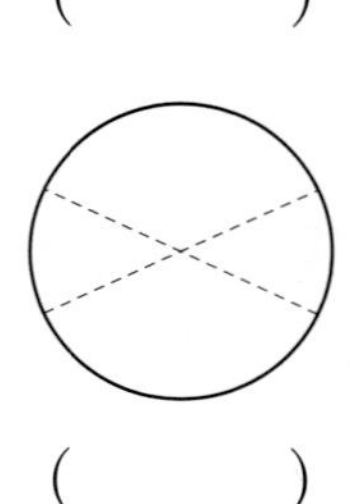 ( )

4 점을 이용하여 똑같이 둘로 나누어 보세요.

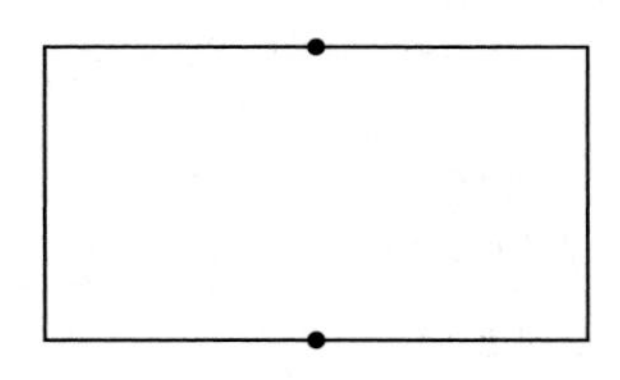
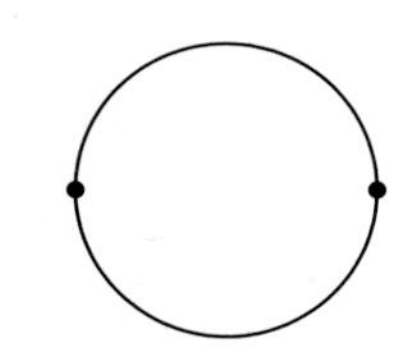
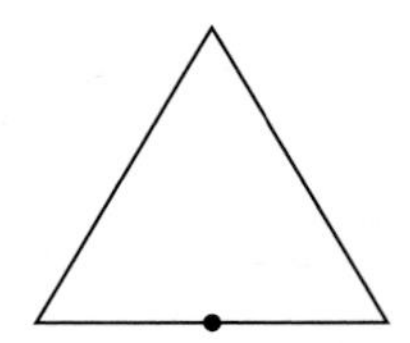
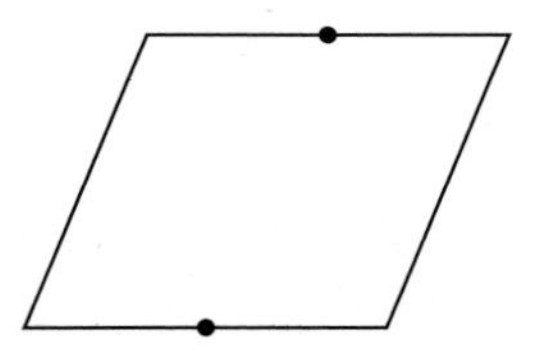

5 점을 이용하여 똑같이 셋으로 나누어 보세요.

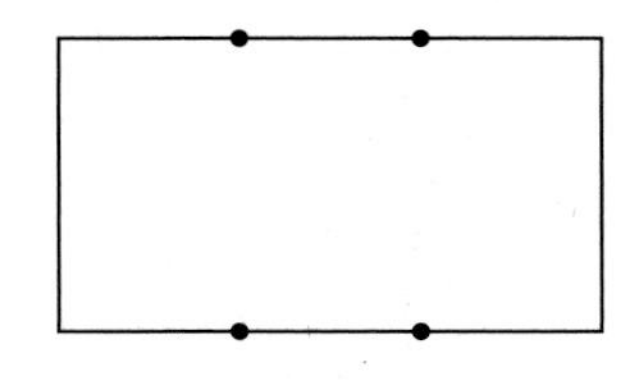
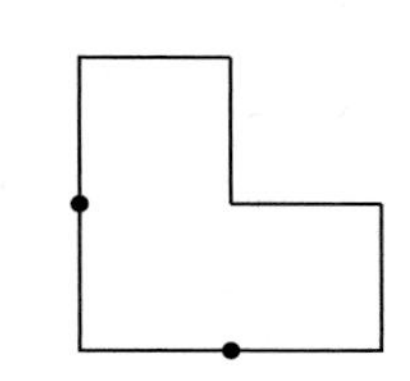
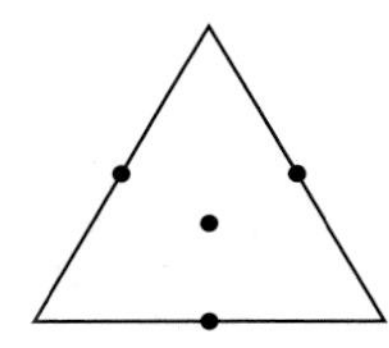
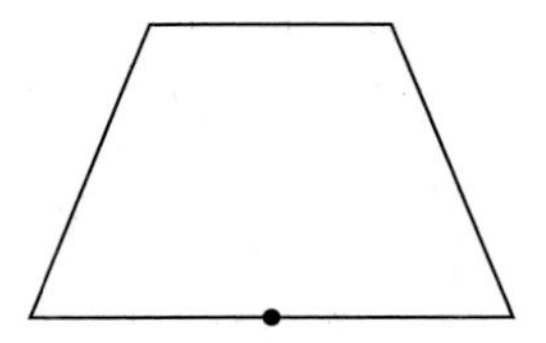

6 점을 이용하여 똑같이 넷으로 나누어 보세요.

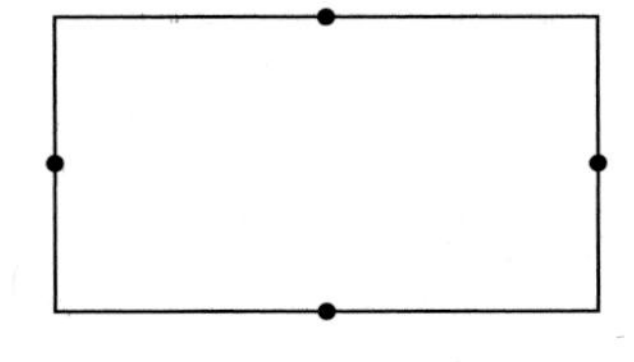
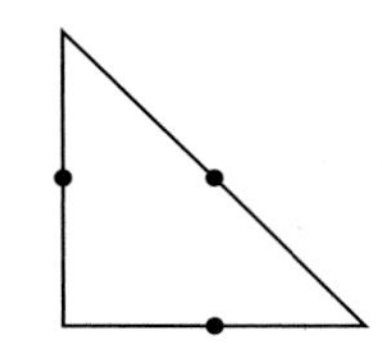
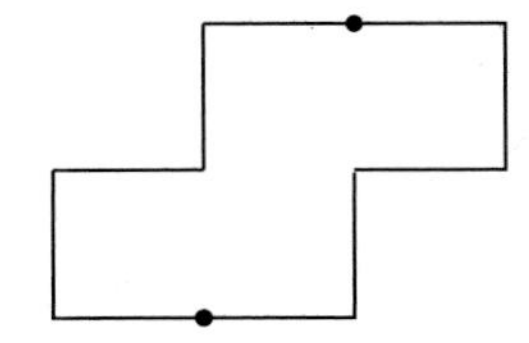
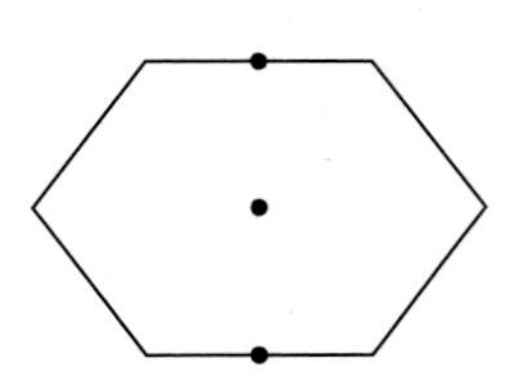

7 점을 이용하여 똑같이 다섯으로 나누어 보세요.

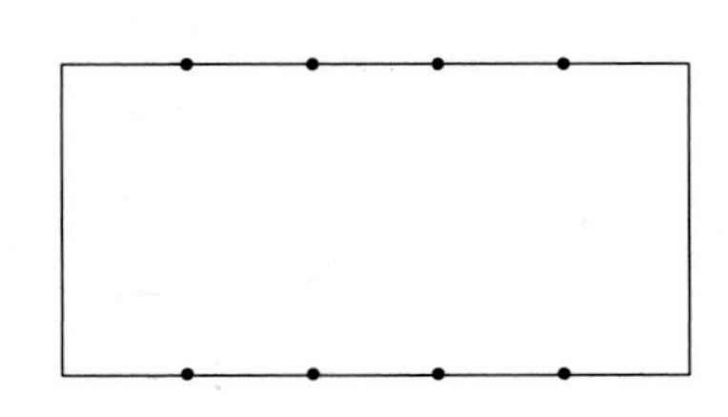
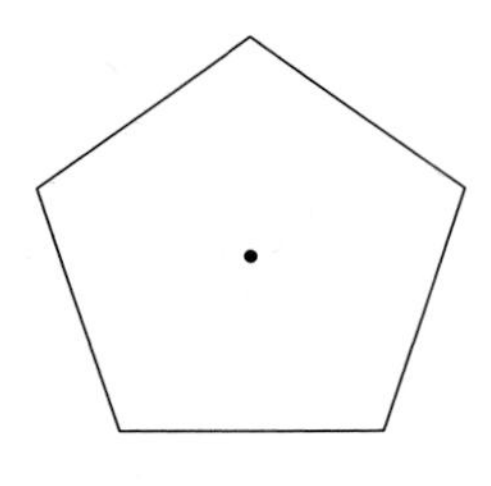
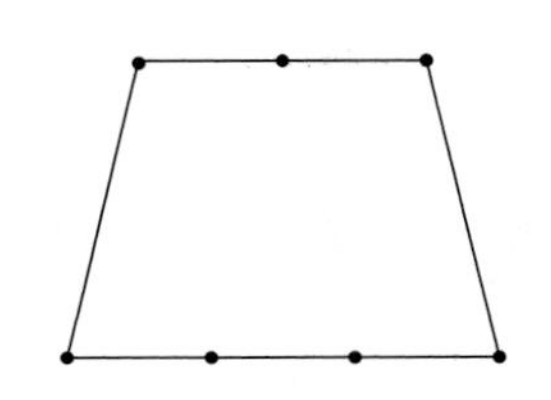
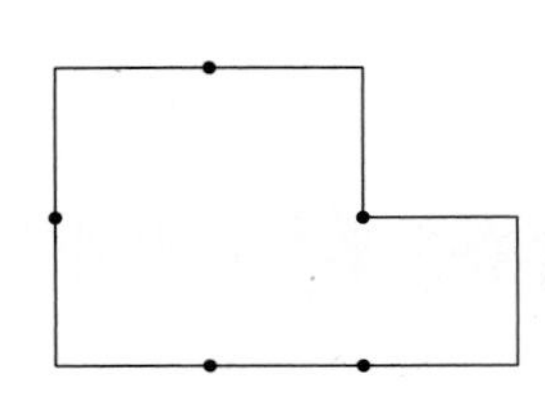

step 1 원리 꼼꼼

2. 전체에 대한 부분의 크기 알아보기

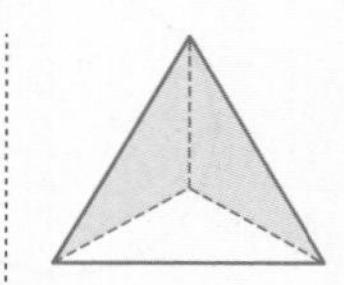

전체의 얼마인지 알아보기

- 전체를 똑같이 나눈 개수: **3**
- 색칠한 부분의 개수: **1**

➡ 부분 은 전체 를 똑같이 **3**으로 나눈 것 중의 **1**입니다.

- 전체를 똑같이 나눈 개수: **3**
- 색칠한 부분의 개수: **2**

➡ 부분 은 전체 를 똑같이 **3**으로 나눈 것 중의 **2**입니다.

원리 확인 **1** 그림을 보고 □ 안에 알맞은 수를 써넣으세요.

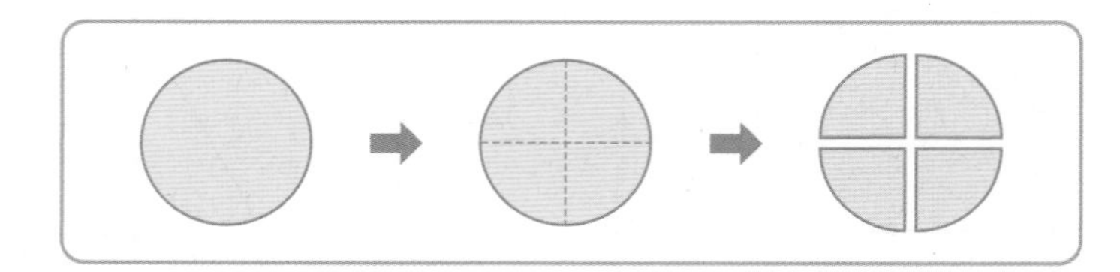

(1) 부분 은 전체 를 똑같이 **4**로 나눈 것 중의 □입니다.

(2) 부분 은 전체 를 똑같이 **4**로 나눈 것 중의 □입니다.

(3) 부분 은 전체 를 똑같이 **4**로 나눈 것 중의 □입니다.

원리 확인 **2** 전체를 똑같이 **4**로 나눈 것 중의 **3**만큼 색칠해 보세요.

원리 탄탄

기본 문제를 통해 개념과 원리를 다져요.

도형을 보고 물음에 답해 보세요. [1~2]

1 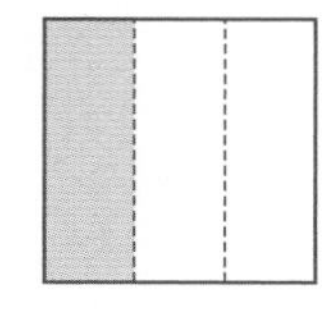

색칠한 부분은 전체를 똑같이 **3**으로 나눈 것 중의 □입니다.

2 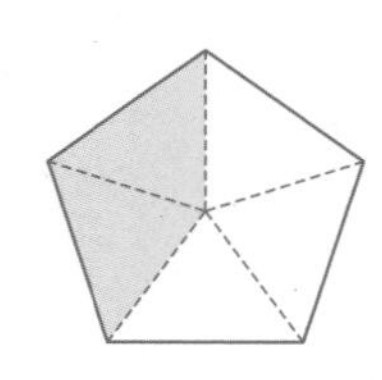

색칠한 부분은 전체를 똑같이 **5**로 나눈 것 중의 □입니다.

3 □ 안에 알맞은 수를 써넣으세요.

부분 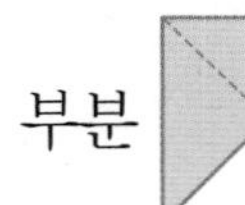 은 전체 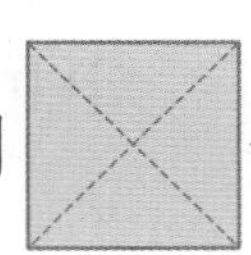 를 똑같이 □로 나눈 것 중의 □입니다.

4 색칠한 부분이 전체를 똑같이 **4**로 나눈 것 중의 **3**인 것에는 ○표, 아닌 것에는 ×표 하세요.

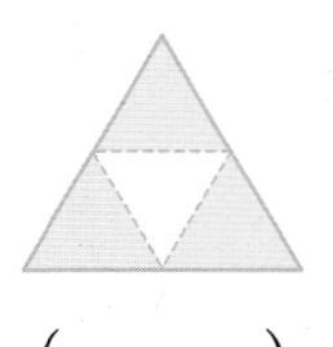 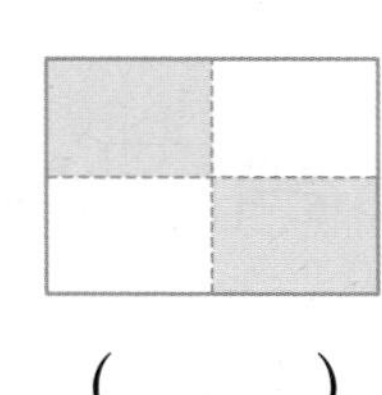 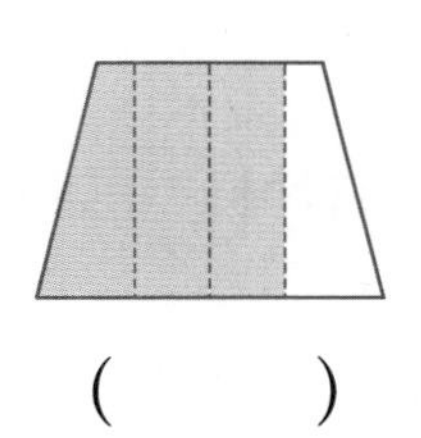

(　　)　(　　)　(　　)

3. 전체를 몇으로 나누었는지, 부분은 얼마인지 살펴봅니다.

4. 먼저 전체를 똑같이 **4**로 나누었는지 살펴봅니다.

6 단원

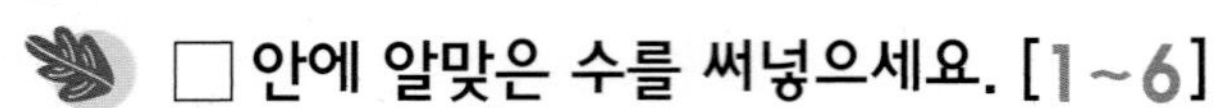

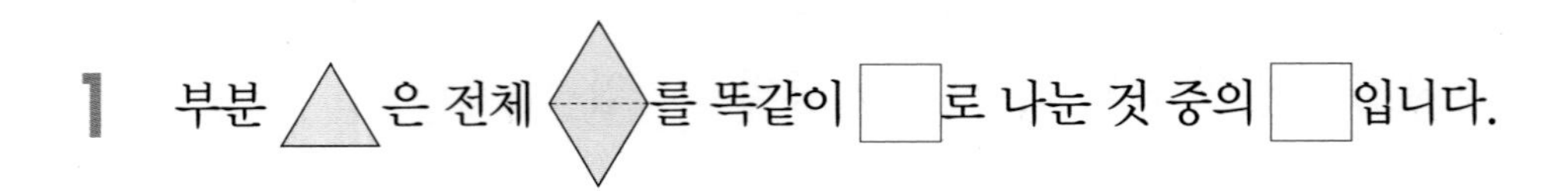

1 부분 은 전체 를 똑같이 □로 나눈 것 중의 □입니다.

2 부분 은 전체 를 똑같이 □로 나눈 것 중의 □입니다.

3 부분 은 전체 를 똑같이 □로 나눈 것 중의 □입니다.

4 부분 은 전체 를 똑같이 □으로 나눈 것 중의 □입니다.

5 부분 은 전체 를 똑같이 □로 나눈 것 중의 □입니다.

6 부분 은 전체 를 똑같이 □로 나눈 것 중의 □입니다.

7 전체를 똑같이 **3**으로 나눈 것 중 **2**만큼 색칠해 보세요.

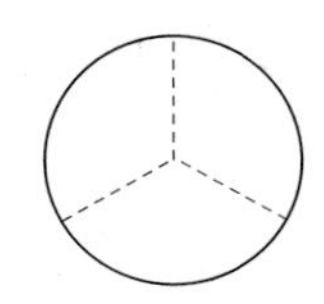 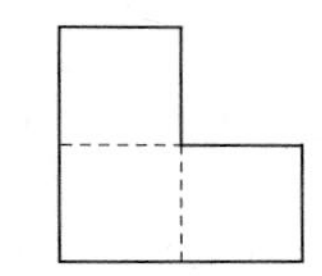 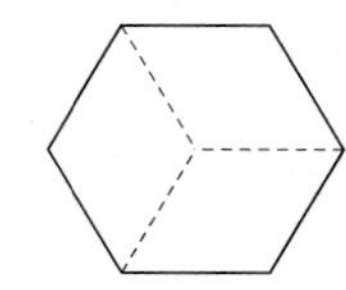 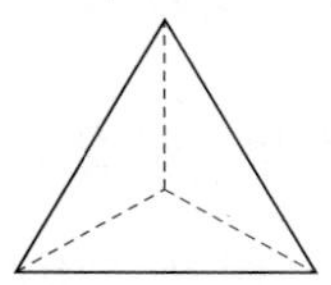

8 전체를 똑같이 **4**로 나눈 것 중 **1**만큼 색칠해 보세요.

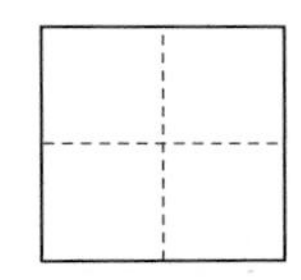 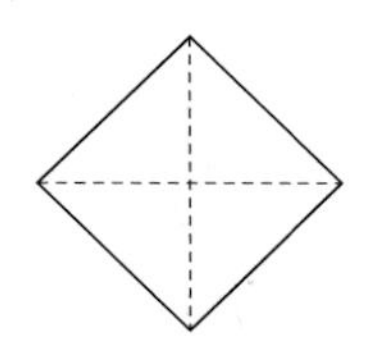 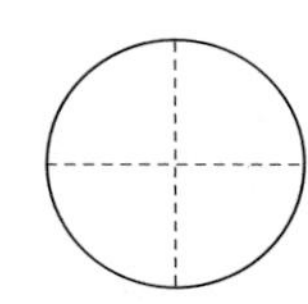 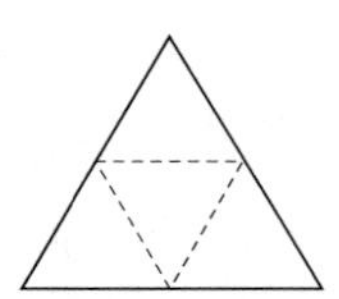

9 전체를 똑같이 **5**로 나눈 것 중 **4**만큼 색칠해 보세요.

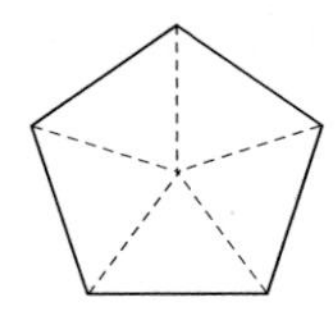 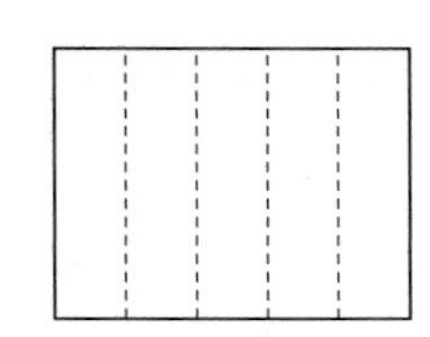 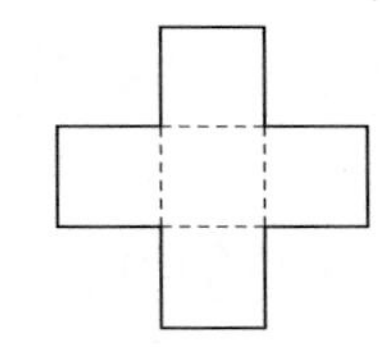 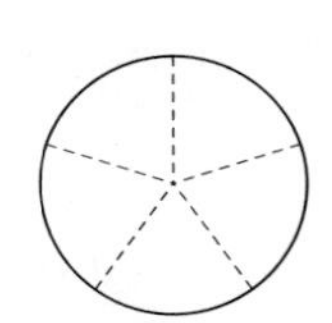

10 전체를 똑같이 **8**로 나눈 것 중 **3**만큼 색칠해 보세요.

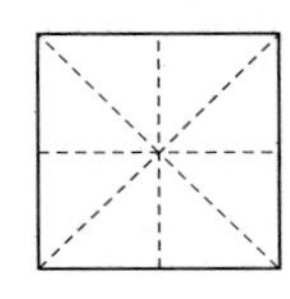 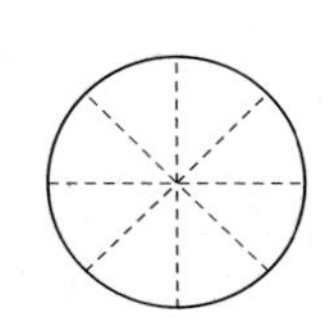 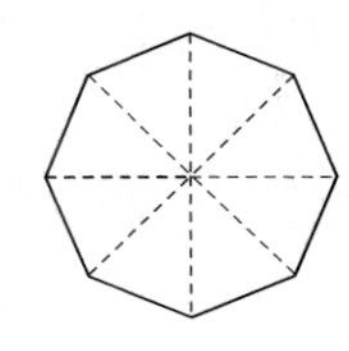 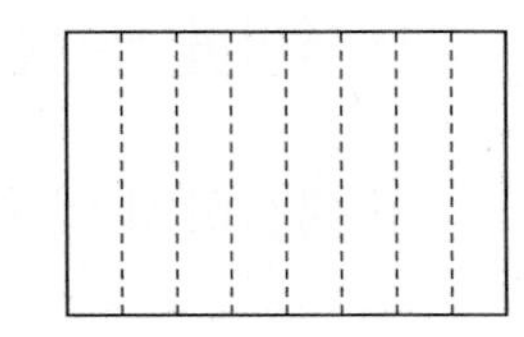

분수 쓰고 읽기

- 전체를 똑같이 2로 나눈 것 중의 1을 $\frac{1}{2}$이라 쓰고 2분의 1이라고 읽습니다.
- $\frac{1}{2}$, $\frac{2}{3}$와 같은 수를 분수라고 합니다.

$\frac{1}{2}$ → 1: 색칠한 부분의 수, 2: 전체를 똑같이 나눈 수

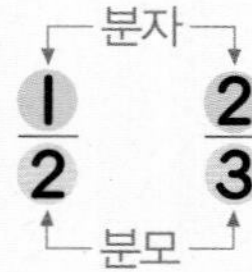

분수로 나타내기

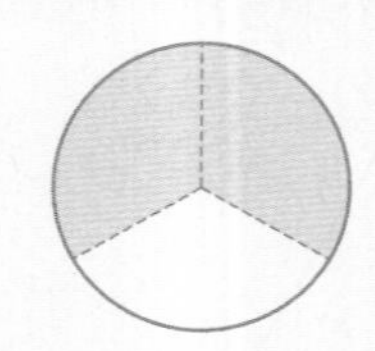

색칠한 부분: $\frac{2}{3}$ (전체를 똑같이 3으로 나눈 것 중의 2), 색칠하지 않은 부분: $\frac{1}{3}$ (전체를 똑같이 3으로 나눈 것 중의 1)

원리 확인 1 그림을 보고 □ 안에 알맞은 수를 써넣으세요.

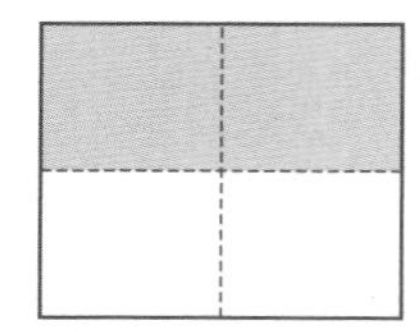

색칠한 부분은 전체를 똑같이 4로 나눈 것 중의 □이므로 $\frac{\square}{\square}$라 쓰고,

□분의 □라고 읽습니다.

원리 확인 2 색칠한 부분과 색칠하지 않은 부분을 분수로 나타내려고 합니다. 그림을 보고 □ 안에 알맞은 수를 써넣으세요.

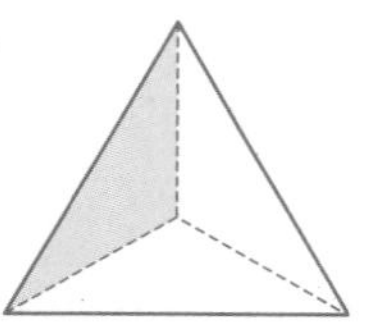

(1) 색칠한 부분은 전체를 똑같이 3으로 나눈 것 중의 □이므로 전체의 □입니다.

(2) 색칠하지 않은 부분은 전체를 똑같이 3으로 나눈 것 중의 □이므로 전체의 □입니다.

원리 탄탄

기본 문제를 통해 개념과 원리를 다져요.

1 분수를 읽어 보세요.

(1) $\frac{1}{4}$ ➡ (　　　　　　　　)

(2) $\frac{2}{5}$ ➡ (　　　　　　　　)

1. $\frac{▲}{■}$ ➡ ■분의 ▲

2 분수로 써 보세요.

(1) 9분의 1 ➡ (　　　　　　　　)

(2) 7분의 4 ➡ (　　　　　　　　)

2. ■분의 ▲ ➡ $\frac{▲}{■}$

3 부분은 전체의 얼마인지 □ 안에 알맞은 수를 써넣으세요.

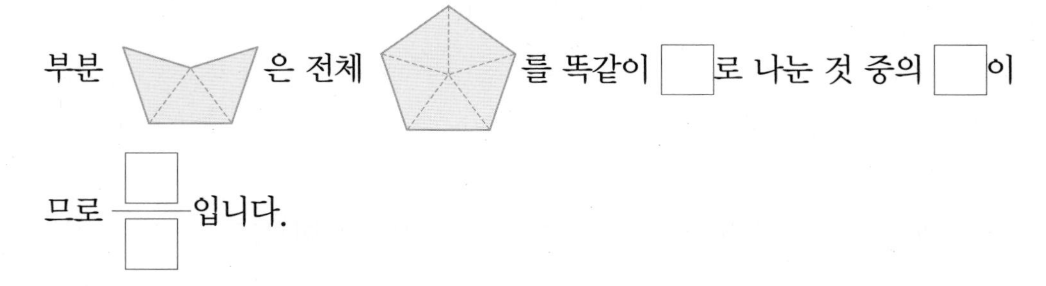

부분 (그림) 은 전체 (그림) 를 똑같이 □로 나눈 것 중의 □이므로 $\frac{□}{□}$입니다.

4 색칠한 부분과 색칠하지 않은 부분을 각각 분수로 나타내 보세요.

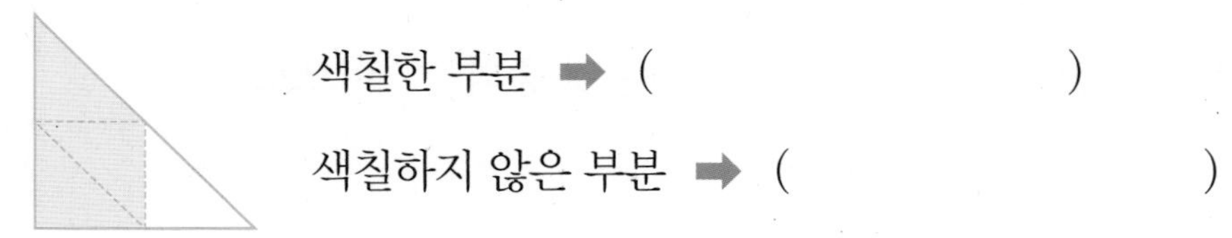

색칠한 부분 ➡ (　　　　　　　　)

색칠하지 않은 부분 ➡ (　　　　　　　　)

4. 색칠한 부분과 색칠하지 않은 부분을 더하면 전체가 됩니다.

step 3 원리 척척

빈칸에 알맞게 써넣으세요. [1~5]

1

색칠한 부분은 전체를 똑같이 □로 나눈 것 중의 □이므로

$\frac{\square}{\square}$이라 쓰고, □이라고 읽습니다.

2

색칠한 부분은 전체를 똑같이 □으로 나눈 것 중의 □이므로

$\frac{\square}{\square}$라 쓰고, □라고 읽습니다.

3

색칠한 부분은 전체를 똑같이 □로 나눈 것 중의 □이므로

$\frac{\square}{\square}$이라 쓰고, □이라고 읽습니다.

4

색칠한 부분은 전체를 똑같이 □로 나눈 것 중의 □이므로

$\frac{\square}{\square}$라 쓰고, □라고 읽습니다.

5

색칠한 부분은 전체를 똑같이 □으로 나눈 것 중의 □이므로

$\frac{\square}{\square}$라 쓰고, □라고 읽습니다.

색칠하지 않은 부분은 전체의 얼마인지 분수로 나타내 보세요. [6 ~ 14]

6

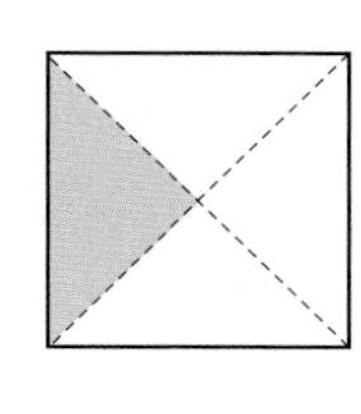

(　　　　　　　　)

7

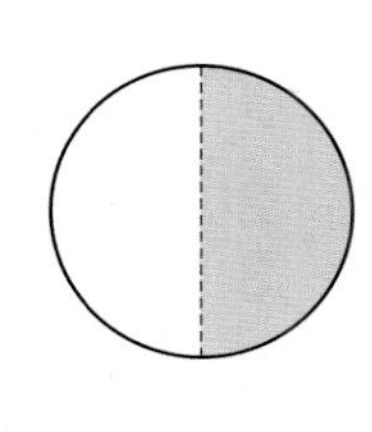

(　　　　　　　　)

8

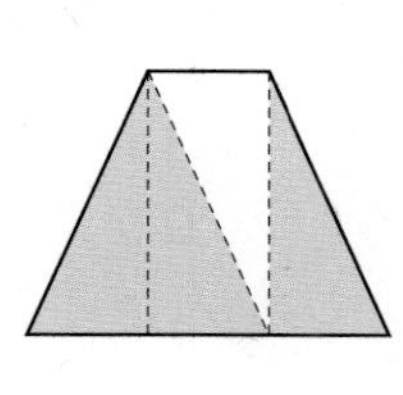

(　　　　　　　　)

9

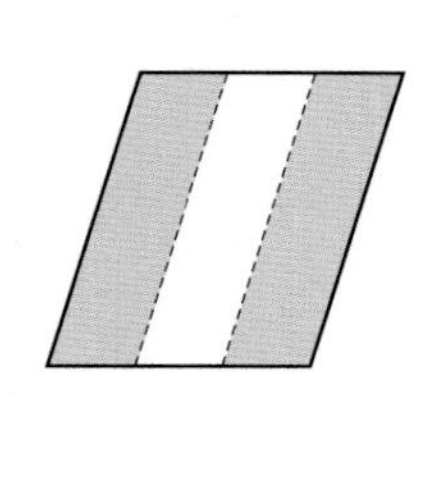

(　　　　　　　　)

10

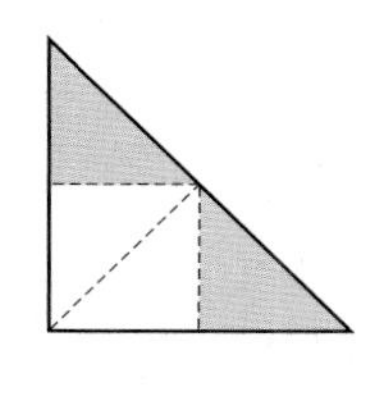

(　　　　　　　　)

11

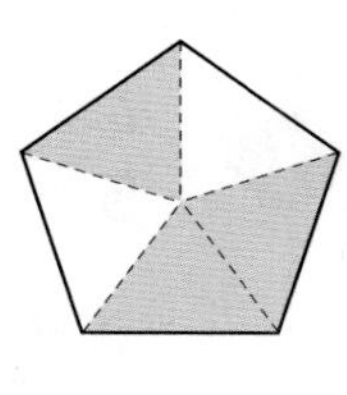

(　　　　　　　　)

12

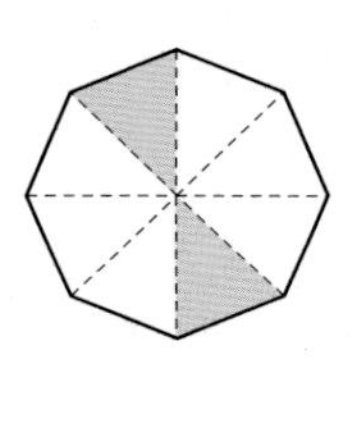

(　　　　　　　　)

13

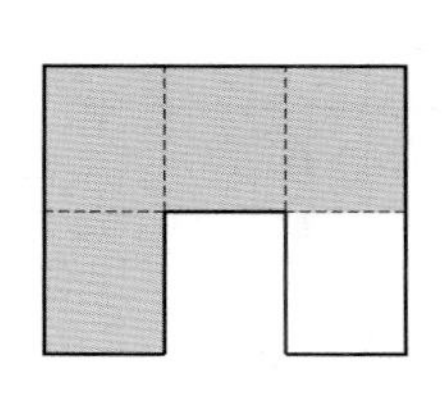

(　　　　　　　　)

14

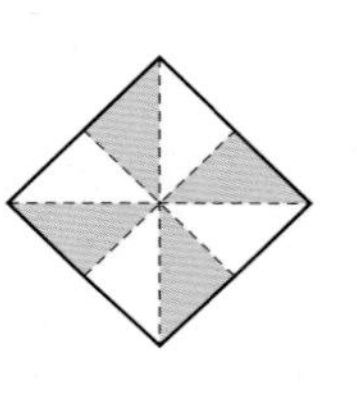

(　　　　　　　　)

주어진 분수만큼 색칠해 보세요. [15 ~ 20]

15 $\frac{1}{3}$

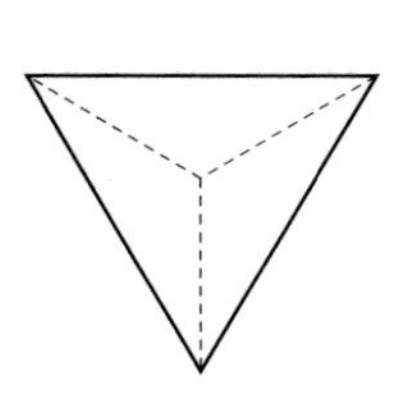

16 $\frac{3}{4}$

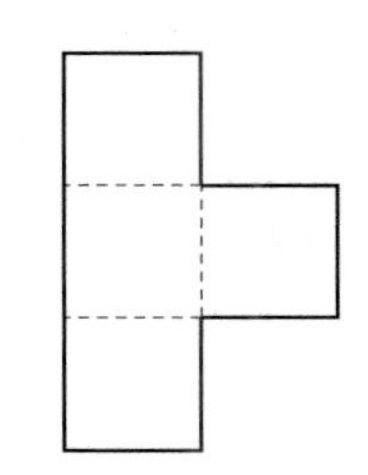

17 $\frac{2}{5}$

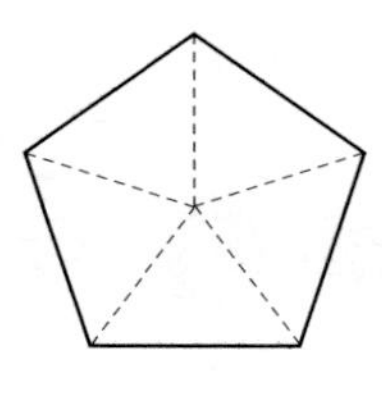

18

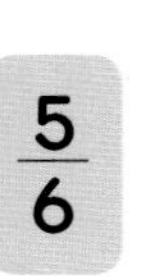

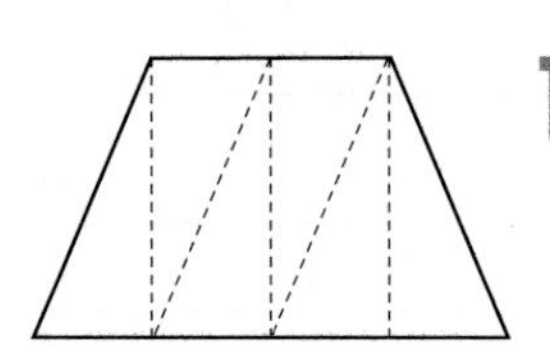

19 $\frac{4}{7}$

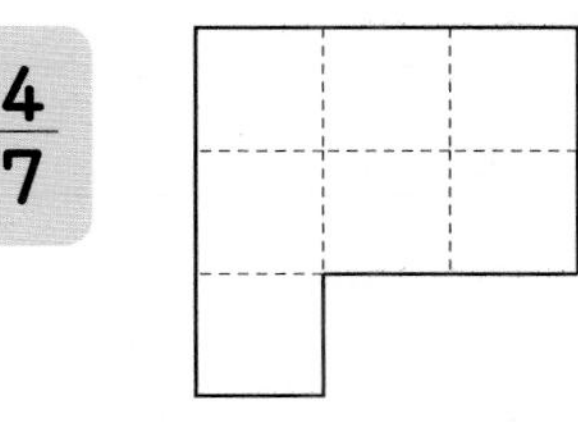

20

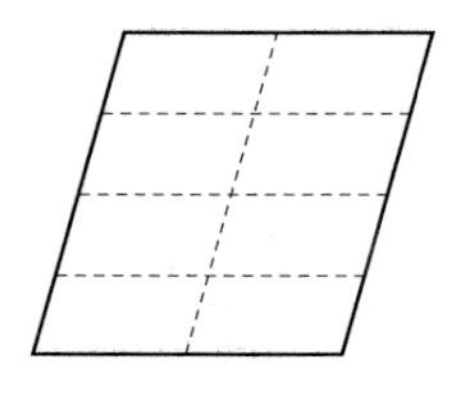

4. 몇 개인지 알아보기

$\frac{1}{▲}$이 몇 개인지 알아보기

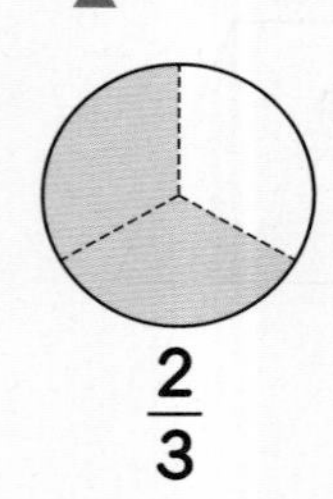

$\frac{2}{3}$

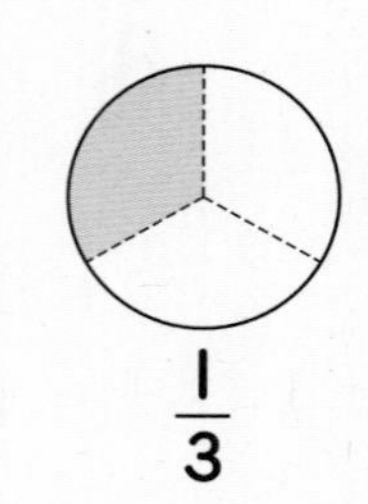

$\frac{1}{3}$

- $\frac{2}{3}$는 $\frac{1}{3}$이 2개 모인 것과 같습니다.
- $\frac{2}{3}$는 $\frac{1}{3}$이 2개입니다.

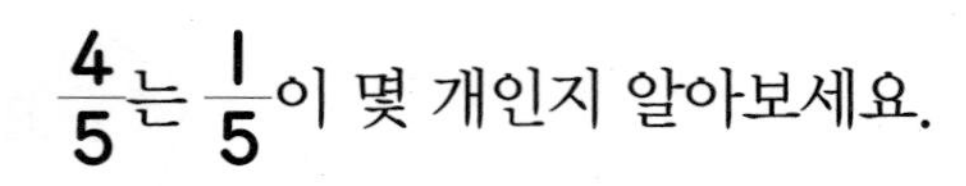

원리 확인 1 $\frac{4}{5}$는 $\frac{1}{5}$이 몇 개인지 알아보세요.

(1) $\frac{4}{5}$와 $\frac{1}{5}$만큼 각각 색칠해 보세요.

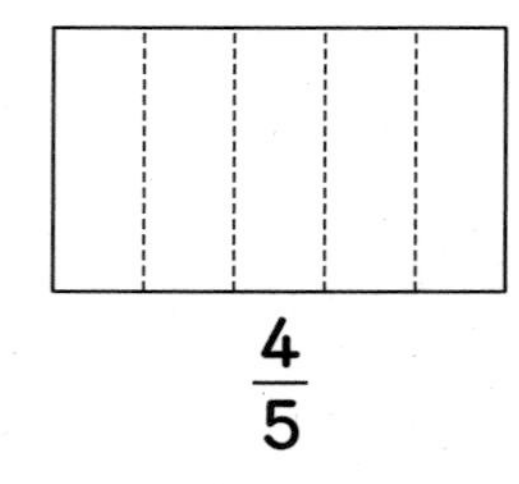

$\frac{4}{5}$

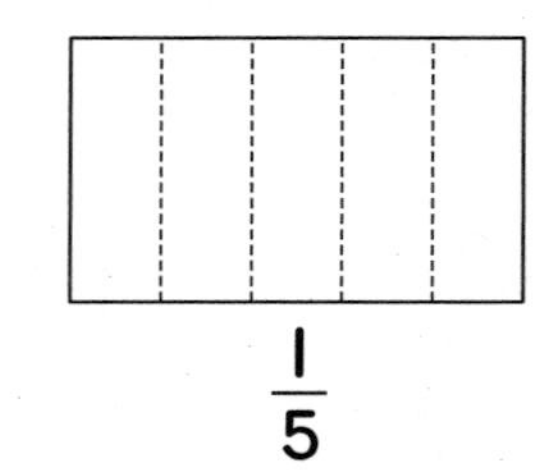

$\frac{1}{5}$

(2) $\frac{4}{5}$는 $\frac{1}{5}$이 □개입니다.

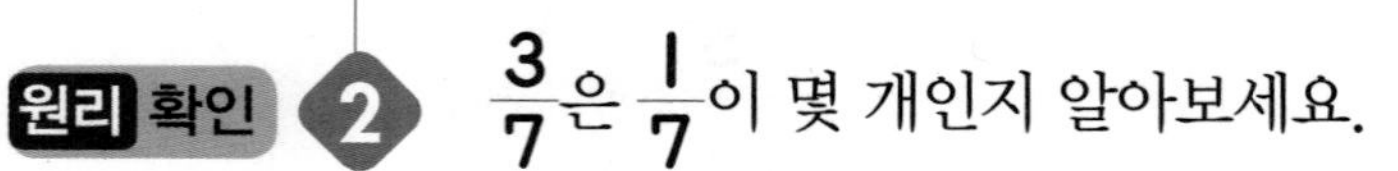

원리 확인 2 $\frac{3}{7}$은 $\frac{1}{7}$이 몇 개인지 알아보세요.

(1) $\frac{3}{7}$과 $\frac{1}{7}$만큼 각각 색칠해 보세요.

$\frac{3}{7}$ ➡ 0 [| | | | | |] 1

$\frac{1}{7}$ ➡ 0 [| | | | | |] 1

(2) $\frac{3}{7}$은 $\frac{1}{7}$이 □개입니다.

1 그림을 보고 □ 안에 알맞은 수를 써넣으세요.

(1) 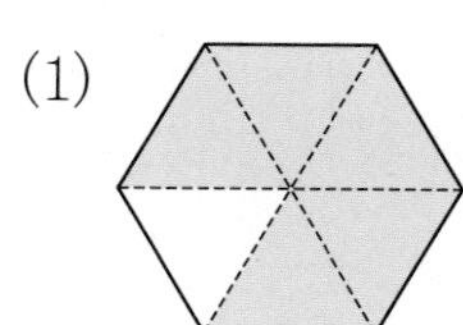

$\frac{5}{6}$는 $\frac{1}{6}$이 □개입니다.

(2) 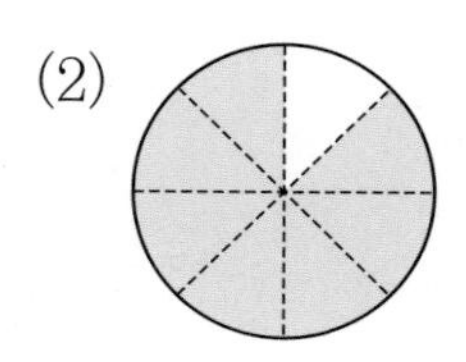

$\frac{7}{8}$은 $\frac{1}{8}$이 □개입니다.

2 □ 안에 알맞은 수를 써넣으세요.

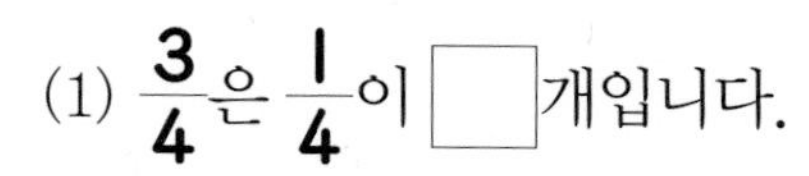

(1) $\frac{3}{4}$은 $\frac{1}{4}$이 □개입니다.

(2) $\frac{8}{9}$은 $\frac{1}{9}$이 □개입니다.

3 □ 안에 알맞은 분수를 써넣으세요.

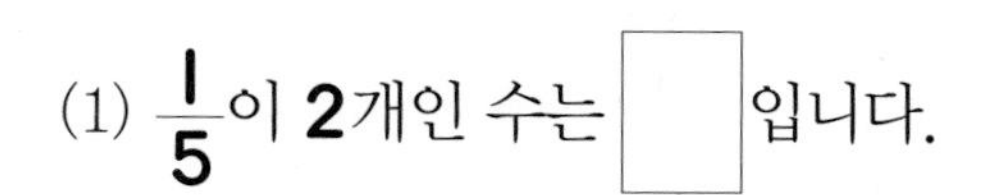

(1) $\frac{1}{5}$이 2개인 수는 □입니다.

(2) $\frac{1}{8}$이 5개인 수는 □입니다.

4 □ 안에 알맞은 분수를 써넣으세요.

(1) $\frac{6}{7}$은 □이 6개입니다.

(2) $\frac{9}{10}$는 □이 9개입니다.

1. (1) 한 칸은 $\frac{1}{6}$을 나타냅니다.
(2) 한 칸은 $\frac{1}{8}$을 나타냅니다.

2. $\frac{▲}{■}$는 $\frac{1}{■}$이 ▲개입니다.

3. $\frac{1}{■}$이 ▲개인 수는 $\frac{▲}{■}$입니다.

원리 척척

 그림에 분수만큼 색칠하고 □ 안에 알맞은 수를 써넣으세요. [1~5]

1

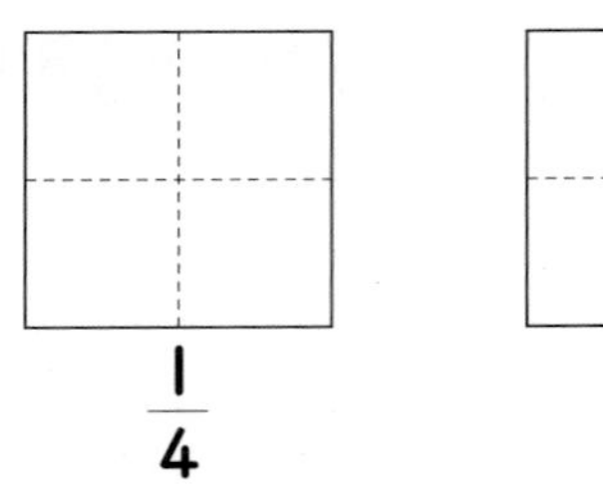

$\frac{1}{4}$ $\frac{2}{4}$

$\frac{2}{4}$는 $\frac{1}{4}$이 □개입니다.

2

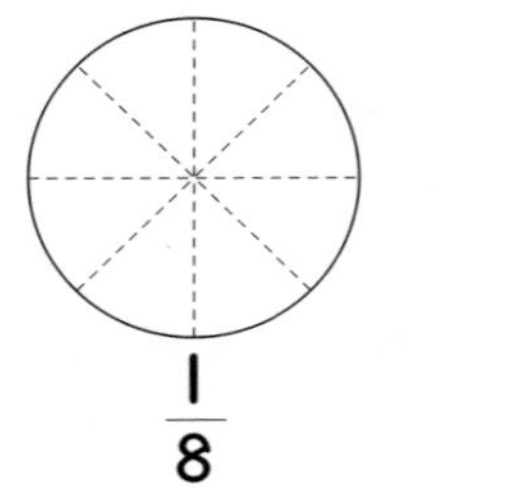 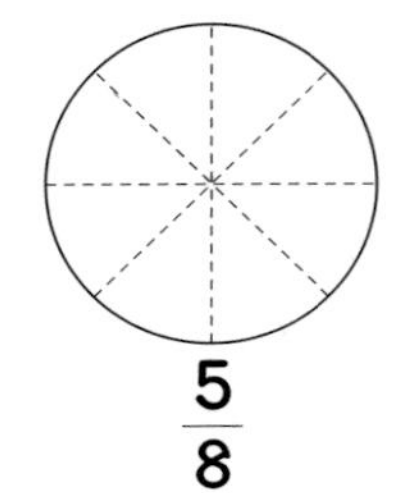

$\frac{1}{8}$ $\frac{5}{8}$

$\frac{5}{8}$는 $\frac{1}{8}$이 □개입니다.

3

$\frac{1}{5}$ □□□□□

$\frac{3}{5}$ □□□□□

$\frac{3}{5}$은 $\frac{1}{5}$이 □개입니다.

4

$\frac{1}{7}$ □□□□□□□

$\frac{4}{7}$ □□□□□□□

$\frac{4}{7}$는 $\frac{1}{7}$이 □개입니다.

5

$\frac{1}{6}$ □□□□□□

$\frac{4}{6}$ □□□□□□

$\frac{4}{6}$는 $\frac{1}{6}$이 □개입니다.

□ 안에 알맞은 수를 써넣으세요. [6~19]

6 $\frac{2}{6}$는 $\frac{1}{6}$이 □개입니다.

7 $\frac{3}{7}$은 $\frac{1}{7}$이 □개입니다.

8 $\frac{4}{5}$는 $\frac{1}{5}$이 □개입니다.

9 $\frac{7}{10}$은 $\frac{1}{10}$이 □개입니다.

10 $\frac{5}{9}$는 $\frac{1}{9}$이 □개입니다.

11 $\frac{6}{8}$은 $\frac{1}{8}$이 □개입니다.

12 $\frac{2}{5}$는 $\frac{□}{□}$이 2개입니다.

13 $\frac{6}{11}$은 $\frac{□}{□}$이 6개입니다.

14 $\frac{3}{4}$은 $\frac{□}{□}$이 3개입니다.

15 $\frac{5}{6}$는 $\frac{□}{□}$이 5개입니다.

16 $\frac{4}{15}$는 $\frac{□}{□}$이 4개입니다.

17 $\frac{9}{12}$는 $\frac{□}{□}$이 9개입니다.

18 $\frac{13}{20}$은 $\frac{□}{□}$이 □개입니다.

19 $\frac{7}{15}$은 $\frac{□}{□}$이 □개입니다.

6 단원

step 1 원리 꼼꼼

5. 분수의 크기 비교하기

동영상강의

분모가 같은 분수의 크기 비교하기

- 분모가 같은 분수는 분자가 클수록 큰 수입니다.

  ➡ $3>2$이므로 $\frac{3}{4}>\frac{2}{4}$입니다.

- 분수 중에서 $\frac{1}{2}$, $\frac{1}{3}$, $\frac{1}{4}$, ...과 같이 분자가 1인 분수를 단위분수라고 합니다.
- 분자가 1인 단위분수는 분모가 작을수록 큰 수입니다.

  ➡ $3>2$이므로 $\frac{1}{3}<\frac{1}{2}$입니다.

원리 확인 1 $\frac{4}{5}$와 $\frac{2}{5}$ 중에서 어느 분수가 더 큰지 알아보세요.

(1) $\frac{4}{5}$와 $\frac{2}{5}$만큼 각각 색칠해 보세요.

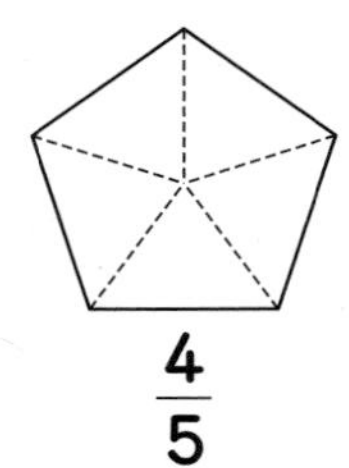

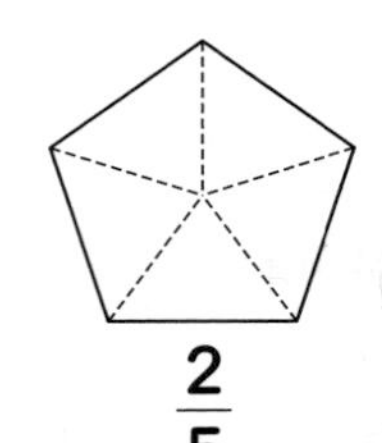

$\frac{4}{5}$ $\frac{2}{5}$

(2) $\frac{4}{5}$와 $\frac{2}{5}$ 중에서 어느 분수가 더 크나요?

( )

원리 확인 2 $\frac{1}{3}$과 $\frac{1}{4}$ 중에서 어느 분수가 더 큰지 알아보세요.

(1) $\frac{1}{3}$과 $\frac{1}{4}$만큼 각각 색칠해 보세요.

$\frac{1}{3}$ 0 1

$\frac{1}{4}$ 0 1

(2) $\frac{1}{3}$과 $\frac{1}{4}$ 중에서 어느 분수가 더 크나요?

( )

원리 탄탄

기본 문제를 통해 개념과 원리를 다져요.

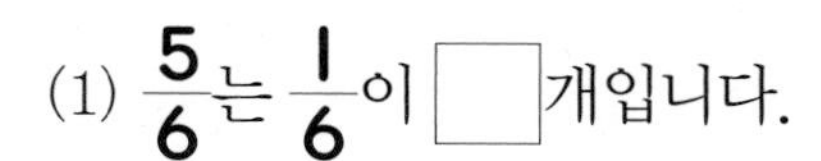

1 $\frac{5}{6}$와 $\frac{3}{6}$ 중에서 어느 분수가 더 큰지 알아보세요.

(1) $\frac{5}{6}$는 $\frac{1}{6}$이 ☐개입니다.

(2) $\frac{3}{6}$은 $\frac{1}{6}$이 ☐개입니다.

(3) $\frac{5}{6}$와 $\frac{3}{6}$ 중에서 어느 분수가 더 크나요?

(　　　　　　　　　　)

1. $\frac{1}{6}$의 개수가 더 많을수록 더 큰 수입니다.

2 그림을 보고 두 분수의 크기를 비교하여 ○ 안에 >, <를 알맞게 써넣으세요.

(1)

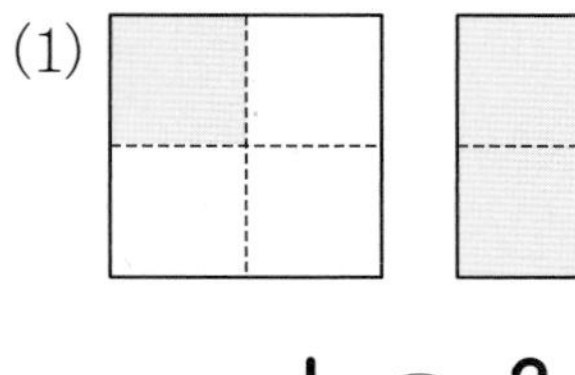
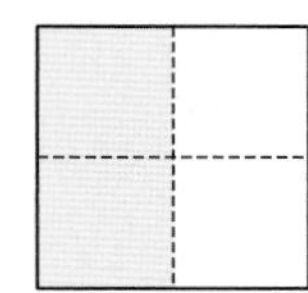

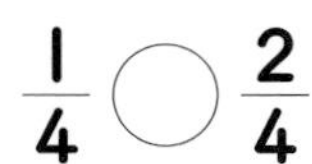

$\frac{1}{4}$ ○ $\frac{2}{4}$

(2)

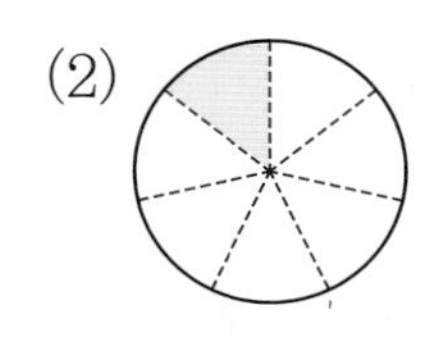

$\frac{1}{7}$ ○ $\frac{1}{5}$

2. 색칠한 부분이 넓을수록 더 큰 수입니다.

3 두 분수의 크기를 비교하여 ○ 안에 >, <를 알맞게 써넣으세요.

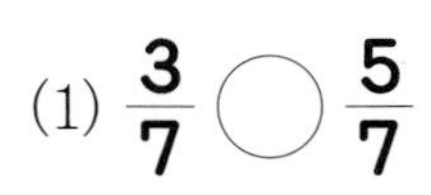

(1) $\frac{3}{7}$ ○ $\frac{5}{7}$

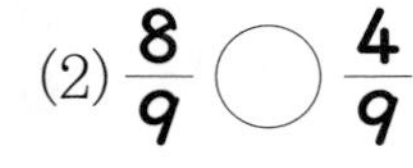

(2) $\frac{8}{9}$ ○ $\frac{4}{9}$

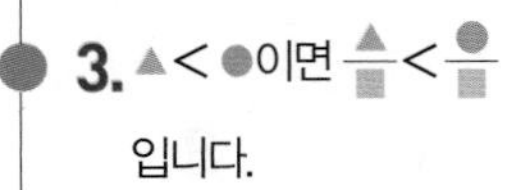

3. ▲<●이면 $\frac{▲}{■}$<$\frac{●}{■}$ 입니다.

4 두 분수의 크기를 비교하여 ○ 안에 >, <를 알맞게 써넣으세요.

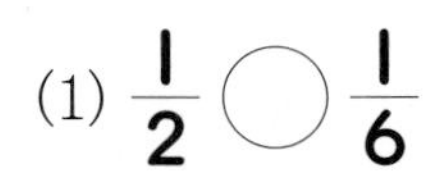

(1) $\frac{1}{2}$ ○ $\frac{1}{6}$

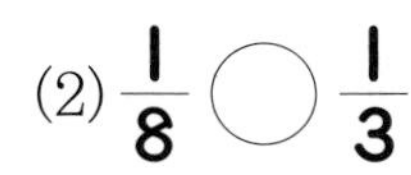

(2) $\frac{1}{8}$ ○ $\frac{1}{3}$

4. ▲>●이면 $\frac{1}{▲}$<$\frac{1}{●}$ 입니다.

step 3 원리 척척

 그림에 분수만큼 색칠하고 ○ 안에 >, <를 알맞게 써넣으세요. [1~3]

1

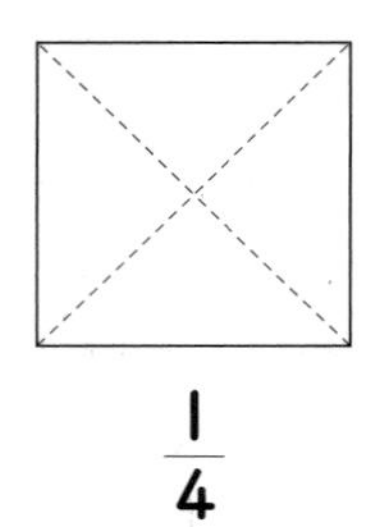

$\frac{1}{4}$ $\frac{2}{4}$

➡ $\frac{1}{4}$ ○ $\frac{2}{4}$

2

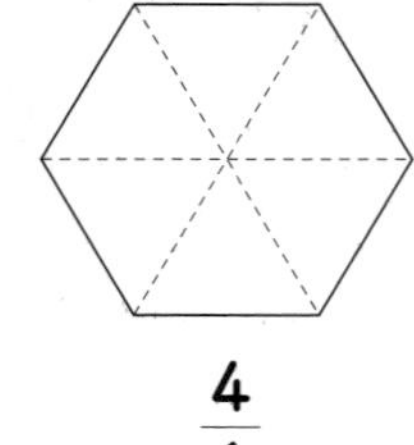

$\frac{4}{6}$ $\frac{2}{6}$

➡ $\frac{4}{6}$ ○ $\frac{2}{6}$

3

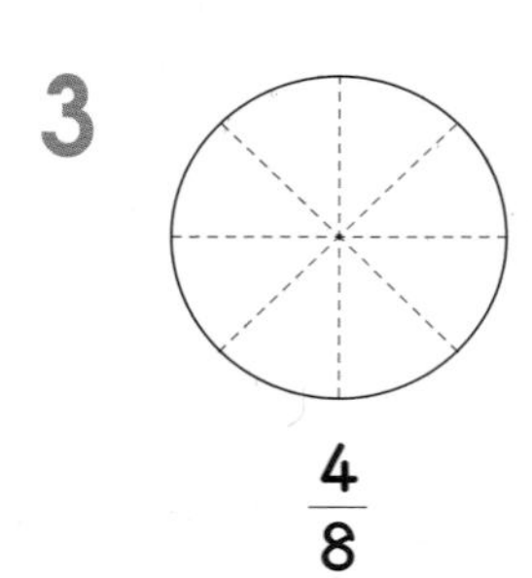

$\frac{4}{8}$ $\frac{7}{8}$

➡ $\frac{4}{8}$ ○ $\frac{7}{8}$

○ 안에 >, <를 알맞게 써넣으세요. [4~9]

4 $\frac{1}{5}$ ○ $\frac{3}{5}$

5 $\frac{3}{6}$ ○ $\frac{2}{6}$

6 $\frac{2}{7}$ ○ $\frac{5}{7}$

7 $\frac{2}{8}$ ○ $\frac{3}{8}$

8 $\frac{7}{9}$ ○ $\frac{4}{9}$

9 $\frac{4}{5}$ ○ $\frac{2}{5}$

그림에 분수만큼 색칠하고 ○ 안에 >, <를 알맞게 써넣으세요. [10~12]

10

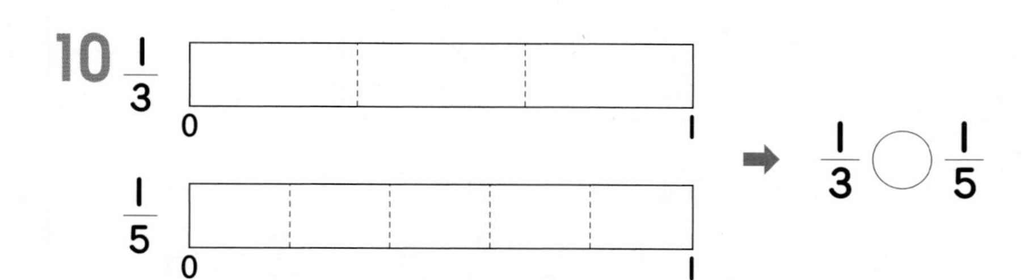

11

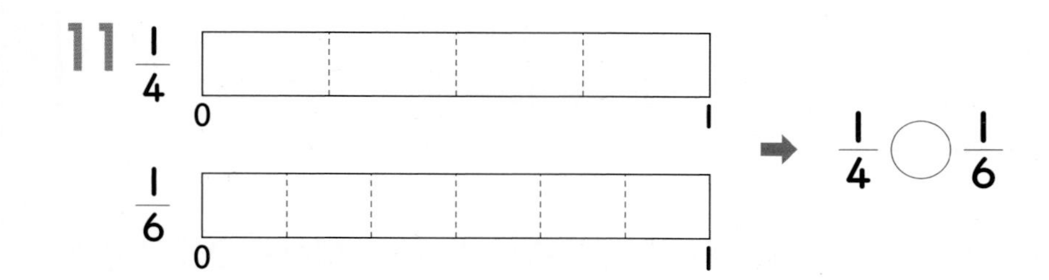

12

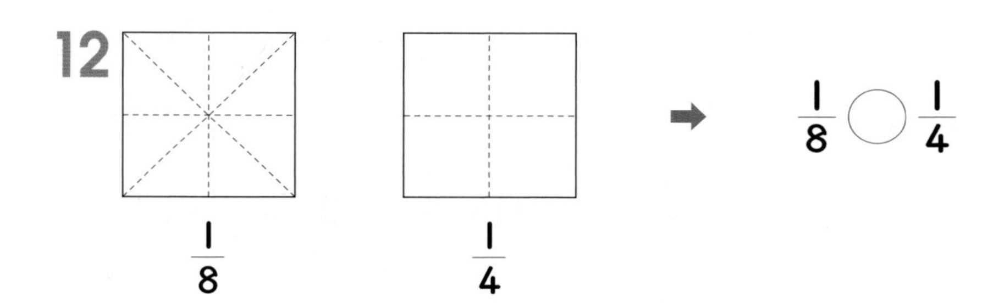

○ 안에 >, <를 알맞게 써넣으세요. [13~18]

13 $\frac{1}{5}$ ○ $\frac{1}{6}$

14 $\frac{1}{9}$ ○ $\frac{1}{4}$

15 $\frac{1}{7}$ ○ $\frac{1}{4}$

16 $\frac{1}{3}$ ○ $\frac{1}{7}$

17 $\frac{1}{8}$ ○ $\frac{1}{5}$

18 $\frac{1}{2}$ ○ $\frac{1}{7}$

6 단원

원리 꼼꼼

6. 소수 알아보기 (1)

소수

동영상강의

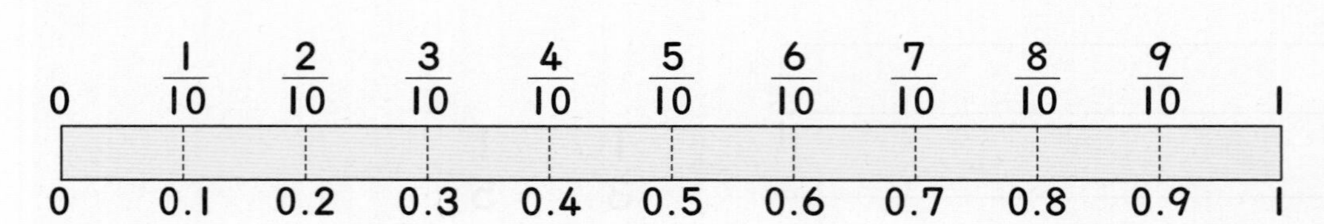

- 전체를 똑같이 10으로 나눈 것 중의 1개, 2개, 3개, ..., 9개는 $\frac{1}{10}$, $\frac{2}{10}$, $\frac{3}{10}$, ..., $\frac{9}{10}$입니다.
- 분수 $\frac{1}{10}$, $\frac{2}{10}$, $\frac{3}{10}$, ..., $\frac{9}{10}$를 0.1, 0.2, 0.3, ..., 0.9라 쓰고 영 점 일, 영 점 이, 영 점 삼, ..., 영 점 구라고 읽습니다.
- 0.1, 0.2, 0.3, ...과 같은 수를 소수라 하고 '.'을 소수점이라고 합니다.

원리 확인 1 전체 길이가 1 m인 테이프를 똑같이 10개로 나누었습니다. 나눈 테이프 2개의 길이를 알아보려고 합니다. 물음에 답해 보세요.

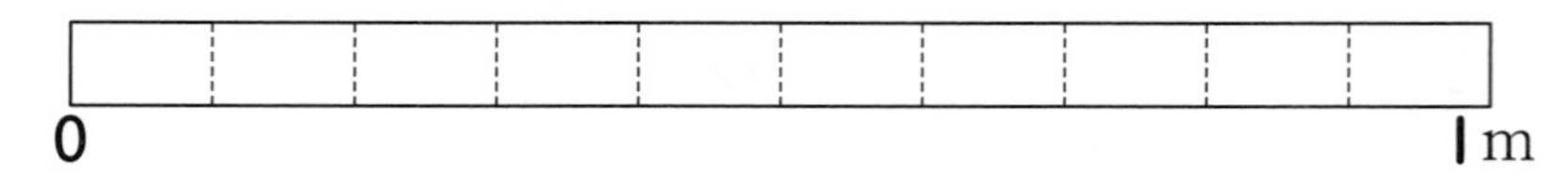

(1) 나눈 테이프 2개를 색칠해 보세요.

(2) 나눈 테이프 2개를 분수로 나타내면 ☐이므로 나눈 테이프 2개의 길이는 ☐m입니다.

(3) 분수 $\frac{2}{10}$를 소수로 나타내면 ☐이고 ☐라고 읽습니다.

(4) 나눈 테이프 2개의 길이를 소수로 나타내면 ☐m입니다.

원리 확인 2 소수만큼 색칠해 보세요.

(1)

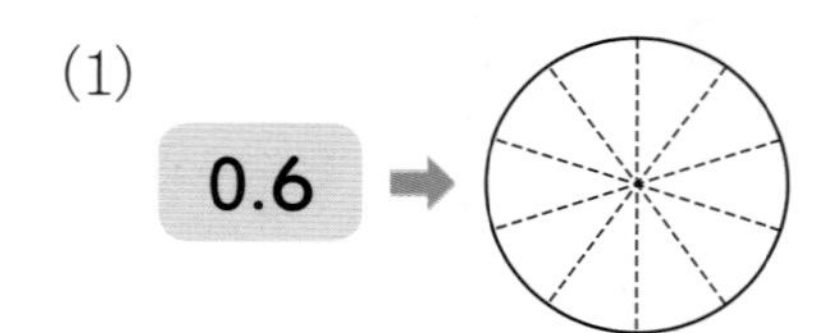

(2)

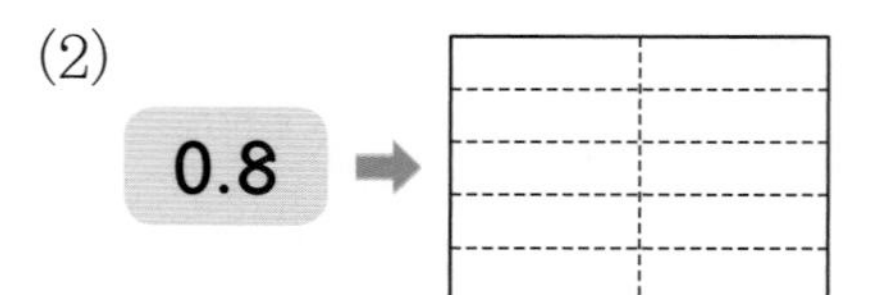

기본 문제를 통해 개념과 원리를 다져요.

1 그림을 보고 □ 안에 알맞은 수를 써넣으세요.

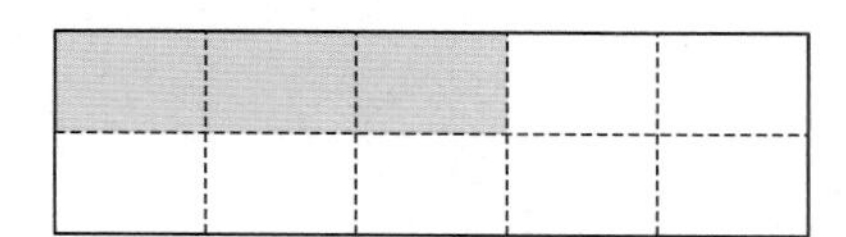

전체를 똑같이 10칸으로 나눈 것 중 색칠한 부분은 □ 칸입니다. 색칠한 부분을 소수로 나타내면 □ 입니다.

2 □ 안에 알맞은 수를 써넣으세요.

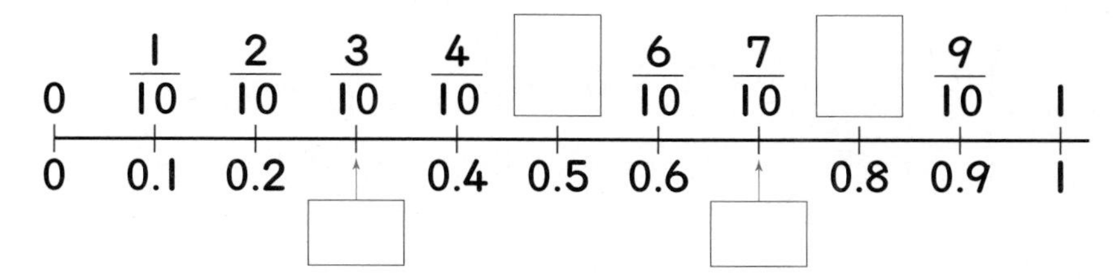

2. 1을 나타내는 수직선을 똑같이 10칸으로 나눈 것 중의 하나는 $\frac{1}{10}$이고 0.1이라고 씁니다.

3 그림을 보고 □ 안에 알맞은 소수를 써넣으세요.

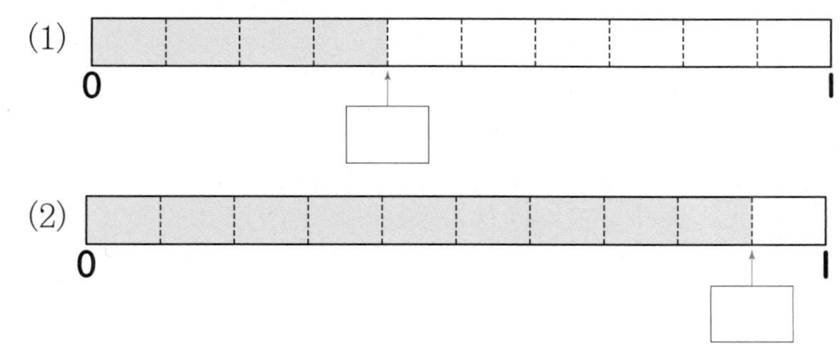

4 □ 안에 알맞은 소수를 써넣고 읽어 보세요.

(1) $\frac{6}{10}$ = □ ➡ (　　　　　　　　)

(2) $\frac{8}{10}$ = □ ➡ (　　　　　　　　)

4. $\frac{▲}{10}$=0.▲이고 영 점 ▲라고 읽습니다.

원리 척척

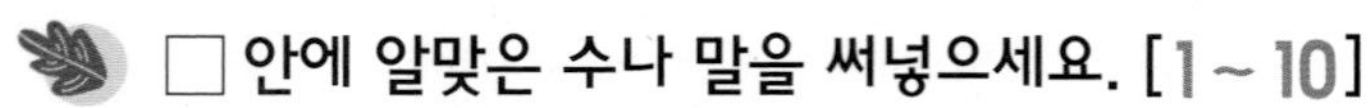

□ 안에 알맞은 수나 말을 써넣으세요. [1 ~ 10]

1 $\frac{2}{10}$를 소수로 나타내면 □이고, □라고 읽습니다.

2 $\frac{3}{10}$을 소수로 나타내면 □이고, □이라고 읽습니다.

3 $\frac{5}{10}$를 소수로 나타내면 □이고, □라고 읽습니다.

4 $\frac{6}{10}$을 소수로 나타내면 □이고, □이라고 읽습니다.

5 $\frac{8}{10}$을 소수로 나타내면 □이고, □이라고 읽습니다.

6 $\frac{6}{10}$은 $\frac{1}{10}$이 □개이고, 0.6은 0.1이 □개입니다.

7 $\frac{4}{10}$는 $\frac{1}{10}$이 □개이고, 0.4는 0.1이 □개입니다.

8 $\frac{8}{10}$은 $\frac{1}{10}$이 □개이고, 0.8은 0.1이 □개입니다.

9 $\frac{9}{10}$는 $\frac{1}{10}$이 □개이고, 0.9는 0.1이 □개입니다.

10 $\frac{7}{10}$은 $\frac{1}{10}$이 □개이고, 0.7은 0.1이 □개입니다.

□ 안에 알맞은 수를 써넣으세요. [11 ~ 18]

11 2 mm는 분수로 나타내면 $\frac{\square}{\square}$ cm이고, 소수로 나타내면 □ cm입니다.

12 3 mm는 분수로 나타내면 $\frac{\square}{\square}$ cm이고, 소수로 나타내면 □ cm입니다.

13 4 mm는 분수로 나타내면 $\frac{\square}{\square}$ cm이고, 소수로 나타내면 □ cm입니다.

14 5 mm는 분수로 나타내면 $\frac{\square}{\square}$ cm이고, 소수로 나타내면 □ cm입니다.

15 6 mm는 분수로 나타내면 $\frac{\square}{\square}$ cm이고, 소수로 나타내면 □ cm입니다.

16 7 mm는 분수로 나타내면 $\frac{\square}{\square}$ cm이고, 소수로 나타내면 □ cm입니다.

17 8 mm는 분수로 나타내면 $\frac{\square}{\square}$ cm이고, 소수로 나타내면 □ cm입니다.

18 9 mm는 분수로 나타내면 $\frac{\square}{\square}$ cm이고, 소수로 나타내면 □ cm입니다.

step 1 원리 꼼꼼

7. 소수 알아보기 (2)

자연수와 소수로 이루어진 소수

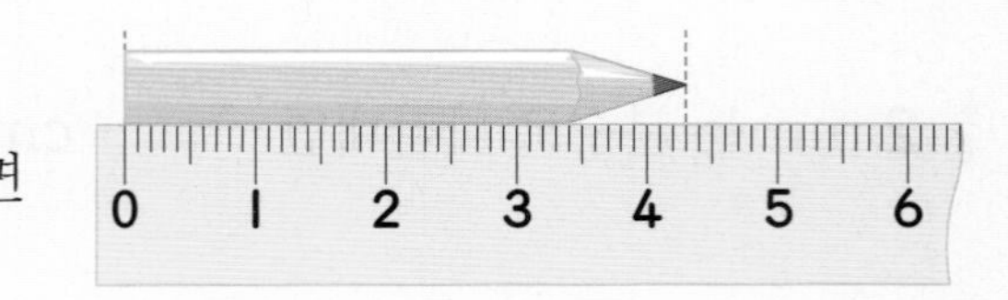

- 연필의 길이는 4 cm보다 3 mm 더 깁니다.
- 3 mm는 분수로 나타내면 $\frac{3}{10}$ cm이고 소수로 나타내면 0.3 cm입니다.
- 4 cm와 3 mm는 4 cm와 0.3 cm이고 4.3 cm로 나타낼 수 있습니다.
  ➡ 연필의 길이를 소수로 나타내면 4.3 cm입니다.

4와 0.3만큼을 4.3이라 쓰고 사 점 삼이라고 읽습니다.

원리 확인 1 막대의 길이를 소수로 나타내면 몇 cm인지 알아보려고 합니다. □ 안에 알맞은 수를 써넣으세요.

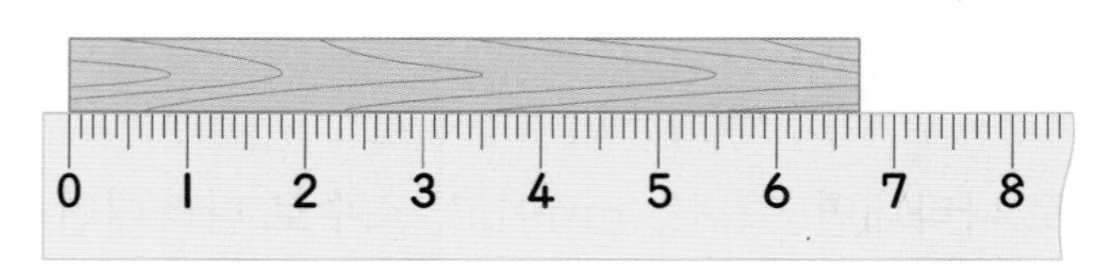

(1) 막대는 6 cm보다 □ mm 더 깁니다.

(2) 7 mm는 분수로 □ cm, 소수로 □ cm입니다.

(3) 6 cm와 7 mm는 6 cm와 □ cm이고 □ cm로 나타낼 수 있습니다.

(4) 막대의 길이를 소수로 나타내면 □ cm입니다.

원리 확인 2 소수만큼 색칠해 보세요.

1.5 ➡

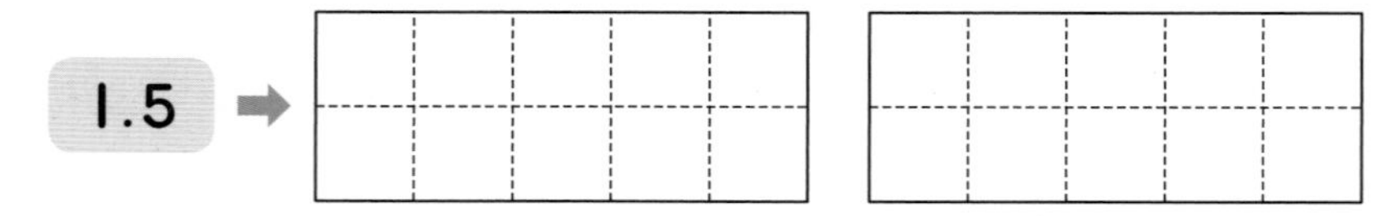

step 2 원리 탄탄

기본 문제를 통해 개념과 원리를 다져요.

1 2와 $\frac{8}{10}$을 소수로 나타내려고 합니다. 물음에 답해 보세요.

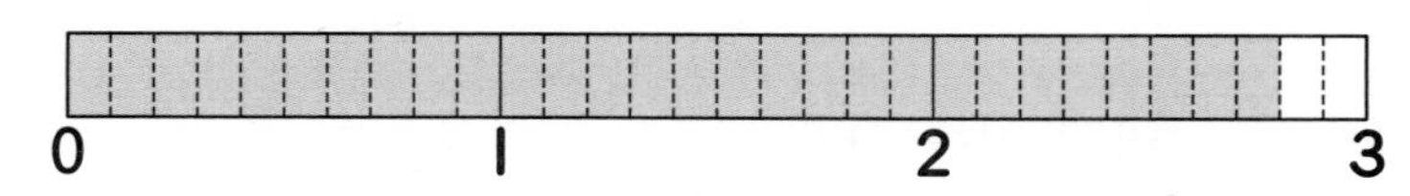

(1) $\frac{8}{10}$을 소수로 나타내면 얼마인가요?

( )

(2) 2와 $\frac{8}{10}$만큼을 소수로 나타내 보세요.

( )

1. 작은 사각형 한 칸의 크기는 0.1이므로 작은 사각형 8칸의 크기는 0.8입니다.

2 그림을 보고 □ 안에 알맞은 소수를 써넣으세요.

(1) 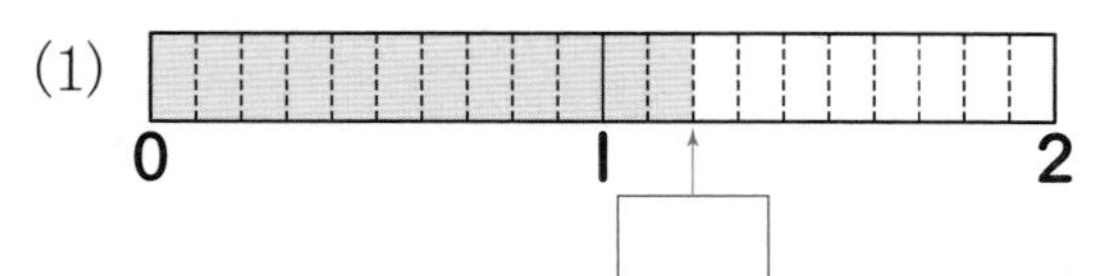

(2) 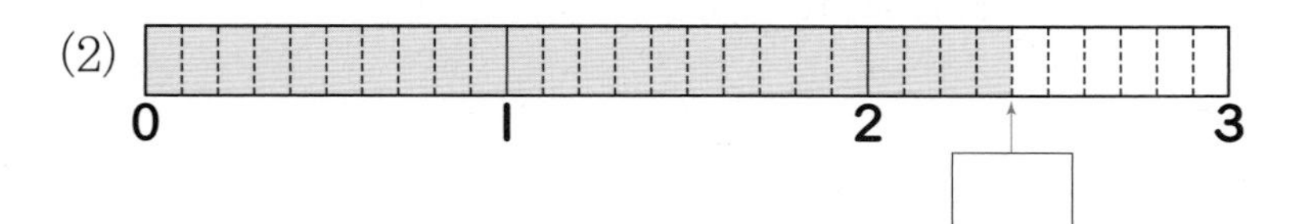

3 소수를 읽어 보세요.

(1) 6.9 ➡ ( )

(2) 7.3 ➡ ( )

4 색칠한 부분을 소수로 나타내고 읽어 보세요.

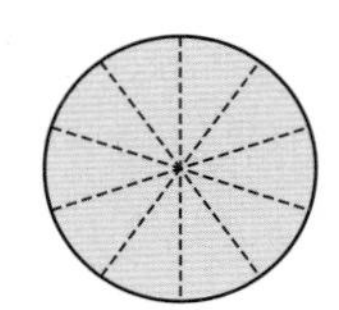 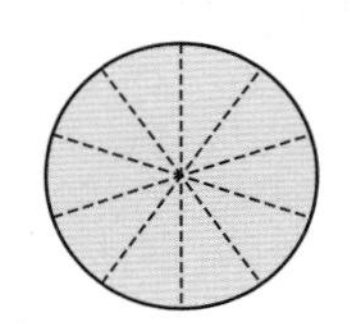 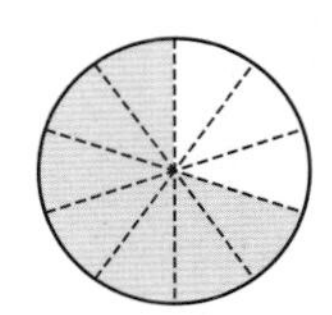

쓰기 ( )

읽기 ( )

6 단원

원리 척척

□ 안에 알맞은 수나 말을 써넣으세요. [1 ~ 10]

1 1과 0.2만큼을 □라 쓰고, □라고 읽습니다.

2 5와 0.7만큼을 □이라 쓰고, □이라고 읽습니다.

3 3과 0.4만큼을 □라 쓰고, □라고 읽습니다.

4 6과 0.1만큼을 □이라 쓰고, □이라고 읽습니다.

5 4와 0.8만큼을 □이라 쓰고, □이라고 읽습니다.

6 0.1이 18개이면 □이고, 2.5는 0.1이 □개입니다.

7 0.1이 34개이면 □이고, 4.2는 0.1이 □개입니다.

8 0.1이 23개이면 □이고, 3.8은 0.1이 □개입니다.

9 0.1이 50개이면 □이고, 4는 0.1이 □개입니다.

10 0.1이 63개이면 □이고, 6.7은 0.1이 □개입니다.

□ 안에 알맞은 수를 써넣으세요. [11~26]

11 1 cm 3 mm=□ cm

12 4 cm 6 mm=□ cm

13 3 cm 9 mm=□ cm

14 2 cm 4 mm=□ cm

15 6 cm 7 mm=□ cm

16 4 cm 8 mm=□ cm

17 3 cm 1 mm=□ cm

18 5 cm 7 mm=□ cm

19 36 mm=□ cm

20 208 mm=□ cm

21 75 mm=□ cm

22 365 mm=□ cm

23 8.4 cm=□ mm

24 9.5 cm=□ mm

25 10.7 cm=□ mm

26 24.3 cm=□ mm

8. 소수의 크기 비교하기

1보다 작은 소수의 크기 비교

0.4 (0부터 1까지의 수 막대)

0.7 (0부터 1까지의 수 막대)

- 0.4는 4칸, 0.7은 7칸이 색칠되어 있으므로 0.7이 색칠한 부분이 더 많습니다.
- 0.4는 0.1이 4개이고 0.7은 0.1이 7개이므로 0.7이 0.4보다 큽니다.

$0.4<0.7$

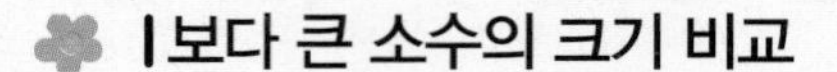

1보다 큰 소수의 크기 비교

1.3 (0부터 2까지의 수 막대)

1.6 (0부터 2까지의 수 막대)

- 1.3은 1과 0.3만큼, 1.6은 1과 0.6만큼 색칠되어 있으므로 1.6이 색칠한 부분이 더 많습니다.
- 1.3은 0.1이 13개이고 1.6은 0.1이 16개이므로 1.6이 1.3보다 큽니다.

$1.3<1.6$

원리 확인  0.3과 0.5 중에서 어느 소수가 더 큰지 알아보려고 합니다. 물음에 답해 보세요.

(1) 수 막대에 0.3과 0.5만큼 각각 색칠해 보세요.

0.3 (0부터 1까지의 수 막대)

0.5 (0부터 1까지의 수 막대)

(2) 0.3과 0.5 중에서 색칠한 부분은 ☐가 더 많습니다.

(3) 0.3과 0.5 중에서 ☐가 더 큽니다.

원리 확인  1.5와 1.8 중에서 어느 소수가 더 큰지 알아보려고 합니다. ☐ 안에 알맞은 수를 써넣으세요.

(1) 1.5는 0.1이 ☐개, 1.8은 0.1이 ☐개입니다.

(2) 1.5와 1.8 중에서 0.1의 개수가 더 많은 것은 ☐입니다.

(3) 1.5와 1.8 중에서 ☐이 더 큽니다.

step 2 원리 탄탄

기본 문제를 통해 개념과 원리를 다져요.

1 주어진 소수만큼 색칠하고 크기를 비교하여 ○ 안에 >, =, <를 알맞게 써넣으세요.

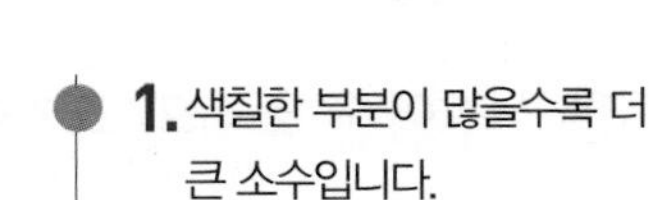

1. 색칠한 부분이 많을수록 더 큰 소수입니다.

(1)

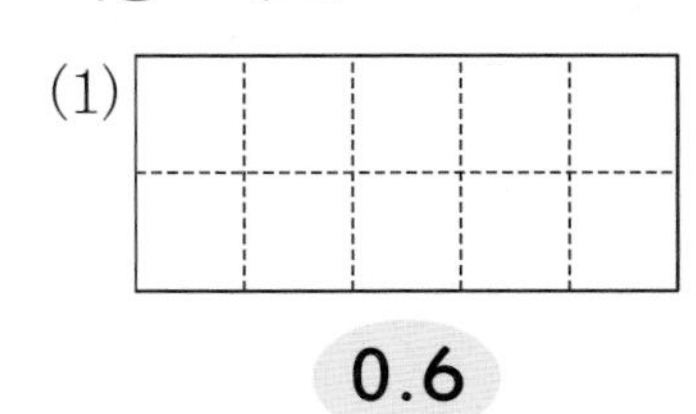

0.6

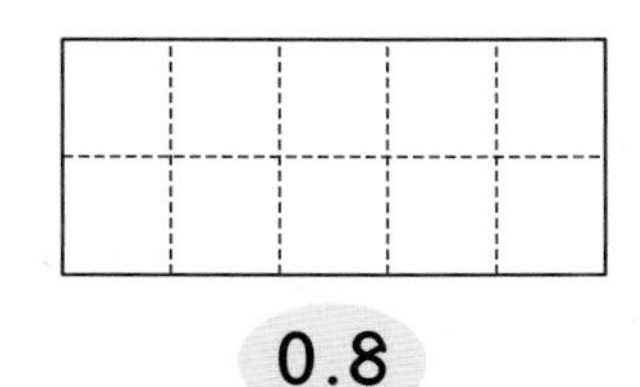

0.8

0.6 ○ 0.8

(2)

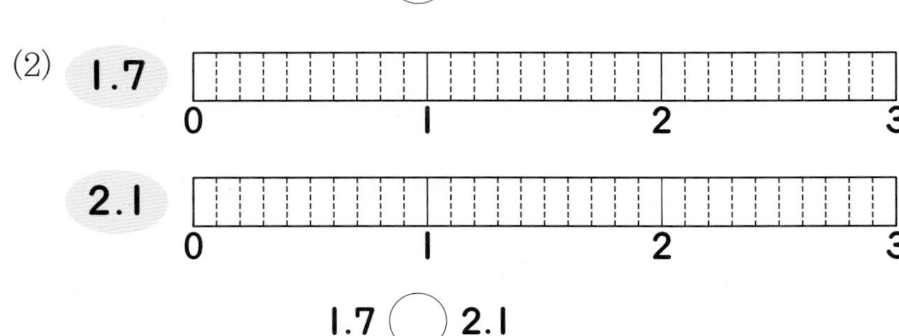

1.7 ○ 2.1

6 단원

2 수직선을 보고 두 소수의 크기를 비교하여 ○ 안에 >, =, <를 알맞게 써넣으세요.

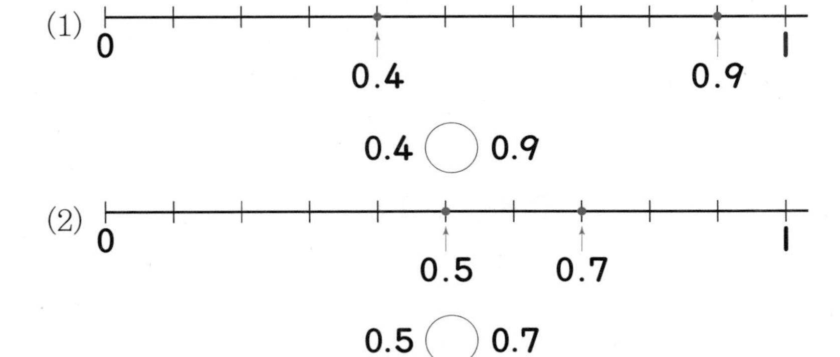

(1) 0.4 ○ 0.9

(2) 0.5 ○ 0.7

3 두 수의 크기를 비교하여 ○ 안에 >, =, <를 알맞게 써넣으세요.

(1) 0.1 ○ 0.7　　(2) 0.4 ○ 0.2

(3) 7.6 ○ 7.2　　(4) 5.3 ○ 4.8

3. 소수의 크기 비교
① 자연수 부분이 클수록 큰 소수입니다.
② 자연수 부분의 크기가 같으면 소수 부분의 크기를 비교합니다.

원리 척척

주어진 소수의 크기만큼 색칠하고 ○ 안에 >, <를 알맞게 써넣으세요. [1~3]

1 0.1 (0 ~ 1)

0.4 (0 ~ 1)

➡ 0.1 ○ 0.4

2 0.5 (0 ~ 1)

0.2 (0 ~ 1)

➡ 0.5 ○ 0.2

3 0.6 (0 ~ 1)

0.8 (0 ~ 1)

➡ 0.6 ○ 0.8

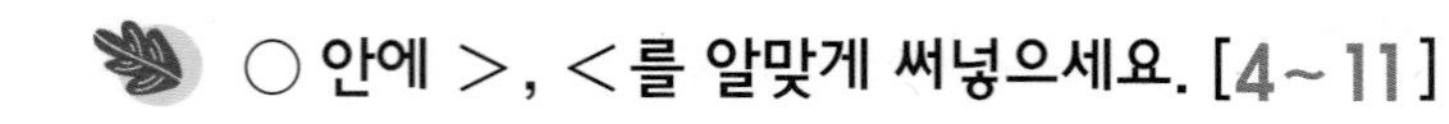

○ 안에 >, <를 알맞게 써넣으세요. [4~11]

4 0.4 ○ 0.8

5 0.8 ○ 0.5

6 0.6 ○ 0.1

7 0.7 ○ 0.9

8 0.5 ○ 0.2

9 0.3 ○ 0.8

10 0.6 ○ 0.4

11 0.7 ○ 0.2

주어진 소수의 크기만큼 색칠하고 ○ 안에 >, <를 알맞게 써넣으세요. [12~14]

12

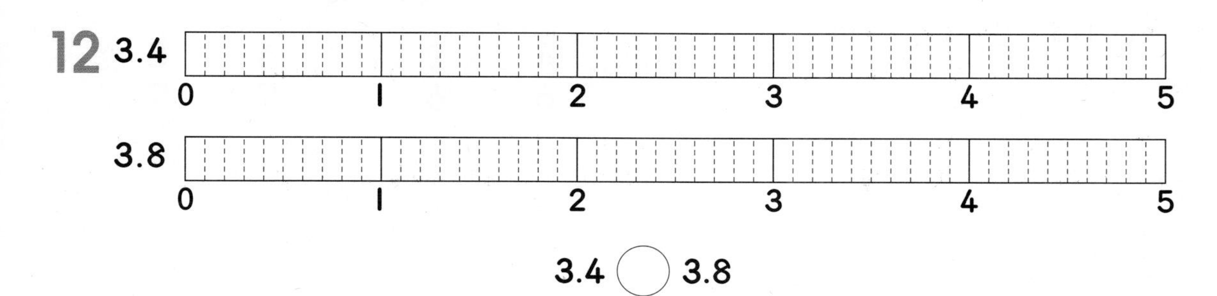

3.4 ○ 3.8

13

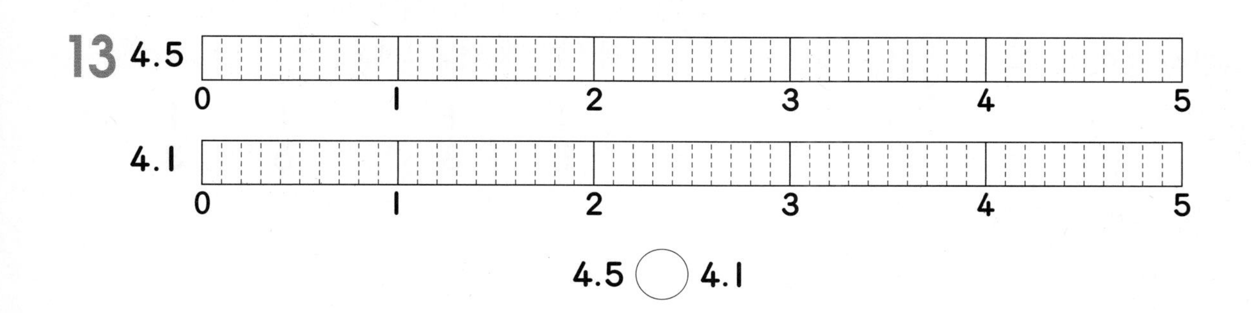

4.5 ○ 4.1

14

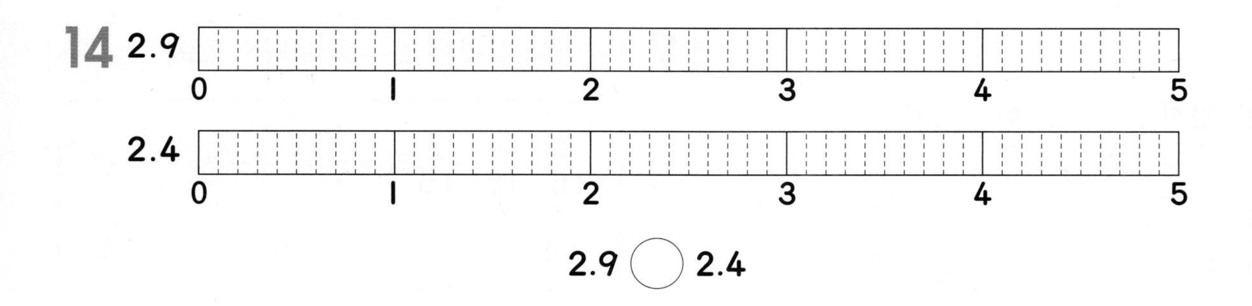

2.9 ○ 2.4

○ 안에 >, <를 알맞게 써넣으세요. [15~22]

15 8.9 ○ 8.5

16 1.3 ○ 2.5

17 9 ○ 9.4

18 4.1 ○ 3

19 1.5 ○ 1.7

20 6.7 ○ 3.3

21 5.5 ○ 4.2

22 5.6 ○ 6.4

유형 콕콕

01 분수로 나타내 보세요.

> 전체를 똑같이 **8**로 나눈 것 중의 **3**입니다.

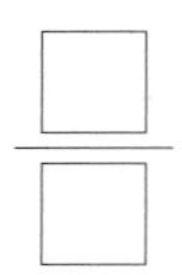

02 전체를 똑같이 **3**으로 나누고 $\frac{2}{3}$만큼 색칠해 보세요.

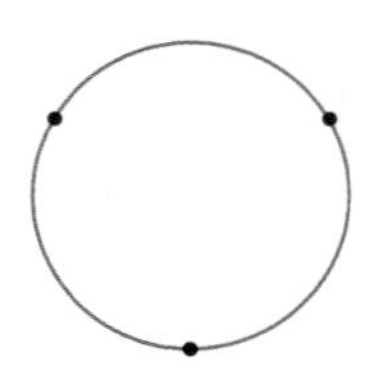

03 관계있는 것끼리 선으로 이어 보세요.

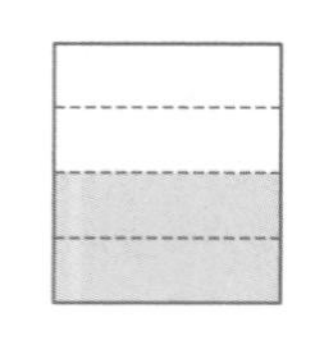 •   • 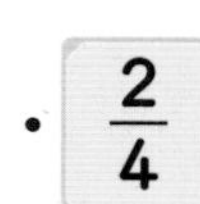 $\frac{2}{4}$

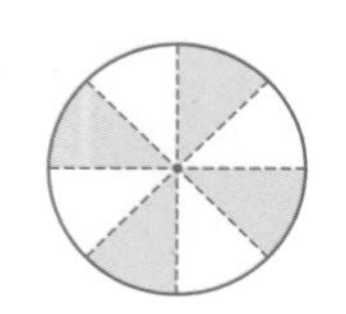 •   • $\frac{5}{6}$

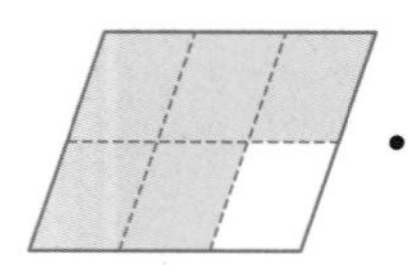 •   • $\frac{4}{8}$

04 부분 ▱ 은 전체 ⬡ 를 똑같이 □으로 나눈 것 중의 □입니다.

05 두 분수의 크기를 비교하여 ○ 안에 >, <를 알맞게 써넣으세요.

(1) $\frac{4}{6}$ ○ $\frac{2}{6}$ (2) $\frac{6}{7}$ ○ $\frac{5}{7}$

06 두 분수의 크기를 비교하여 ○ 안에 >, <를 알맞게 써넣으세요.

(1) $\frac{1}{5}$ ○ $\frac{1}{8}$ (2) $\frac{1}{6}$ ○ $\frac{1}{3}$

07 □ 안에 알맞은 분수를 써넣으세요.

> $\frac{2}{15}$, $\frac{11}{15}$, $\frac{7}{15}$의 세 분수 중에서 가장 큰 분수는 □이고, 가장 작은 분수는 □입니다.

08 사과 한 개를 잘라서 석기는 $\frac{1}{5}$을 먹고 영수는 $\frac{4}{5}$를 먹었습니다. 영수가 먹은 양은 석기가 먹은 양의 몇 배인가요?

(   )

09 색칠한 부분을 분수와 소수로 나타내 보세요.

(1)

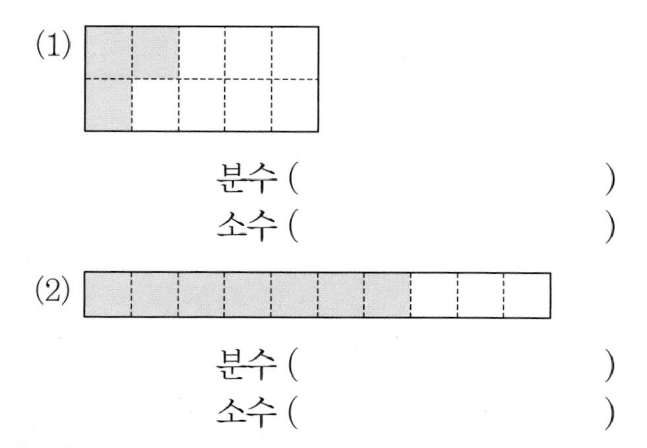

분수 (　　　　　　)
소수 (　　　　　　)

(2)

분수 (　　　　　　)
소수 (　　　　　　)

10 관계있는 것끼리 선으로 이어 보세요.

11 화살표가 가리키는 곳은 몇 cm인지 소수로 나타내 보세요.

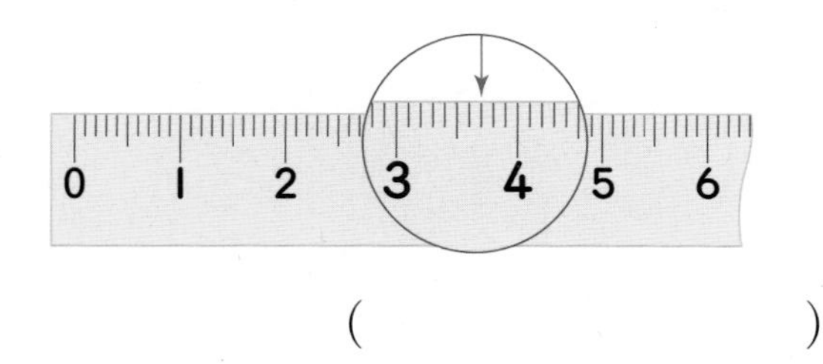

(　　　　　　)

12 다음 중 옳은 것을 찾아 기호를 써 보세요.

㉠ 2.1 cm=1 cm 2 mm
㉡ 6 mm=60 cm
㉢ 5.3 cm=5 cm 3 mm
㉣ 7 cm 4 mm=4.7 mm

(　　　　　　)

13 그림을 보고 더 큰 수에 ○표 하세요.

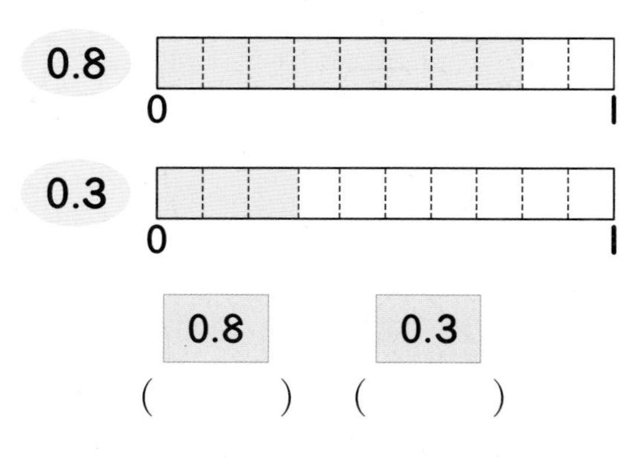

0.8　　0.3
(　　)　(　　)

14 4.1과 3.7을 수직선에 화살표(↑)로 나타내고 ○ 안에 >, =, <를 알맞게 써넣으세요.

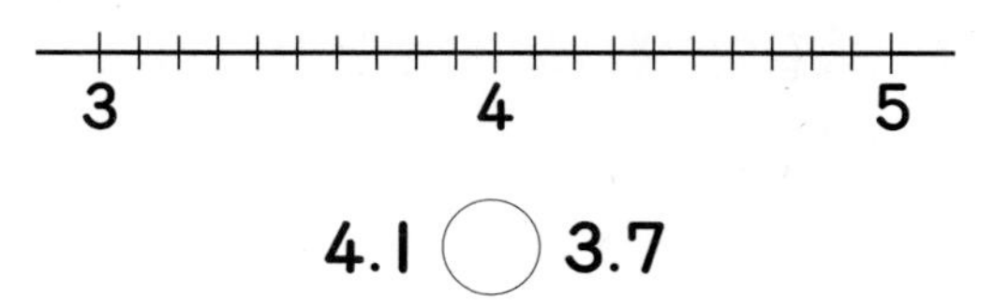

4.1 ○ 3.7

15 동전 1개의 무게가 0.1이라고 합니다. □ 안에 알맞은 소수를 써넣으세요.

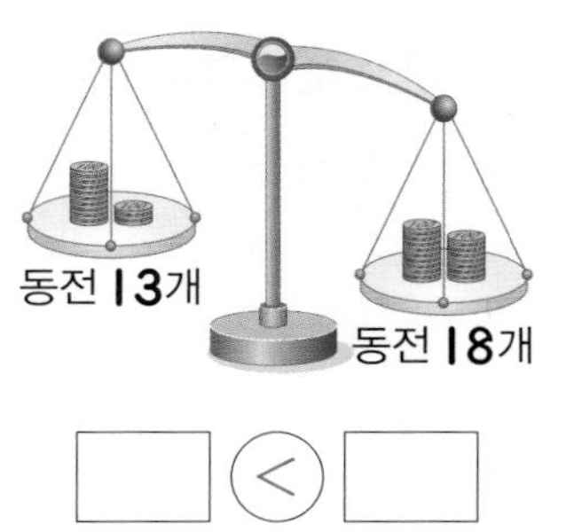

□ < □

16 수의 크기를 비교하여 가장 큰 수를 찾아 써 보세요.

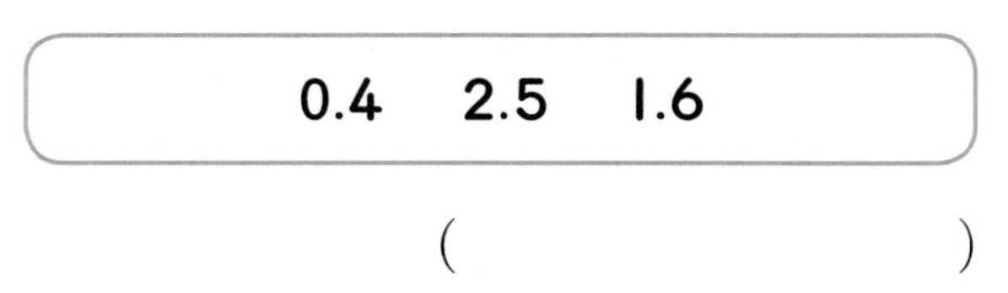

(　　　　　　)

6 단원

6. 분수와 소수

점수

도형을 보고 물음에 답해 보세요. [01~02]

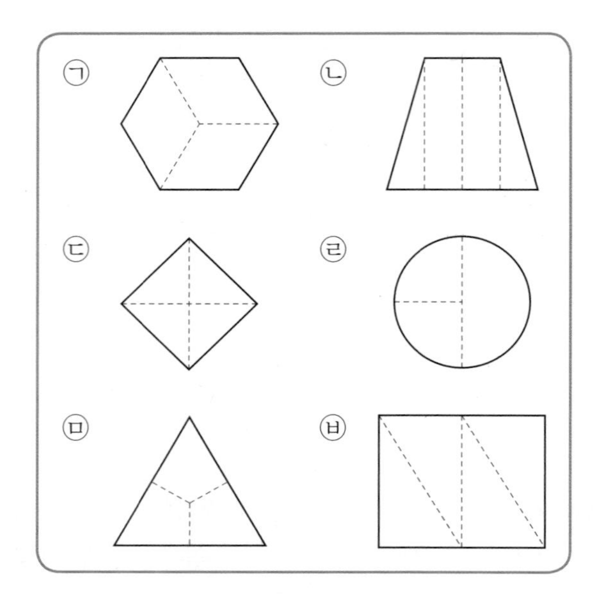

01 똑같이 셋으로 나누어진 도형을 모두 찾아 기호를 써 보세요.

(　　　　　　　　)

02 똑같이 넷으로 나누어진 도형을 모두 찾아 기호를 써 보세요.

(　　　　　　　　)

03 똑같이 셋으로 나누어 보세요.

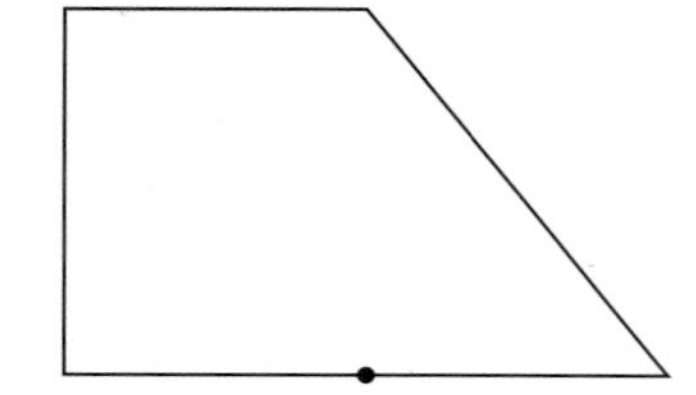

04 전체를 똑같이 **7**로 나눈 것 중 **4**만큼 색칠해 보세요.

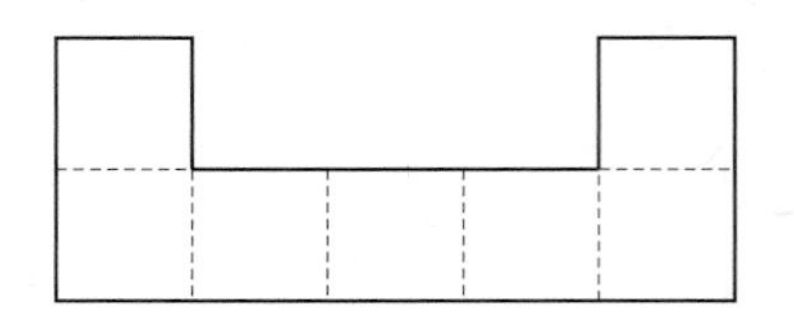

주어진 분수만큼 색칠해 보세요. [05~06]

05 $\frac{3}{6}$

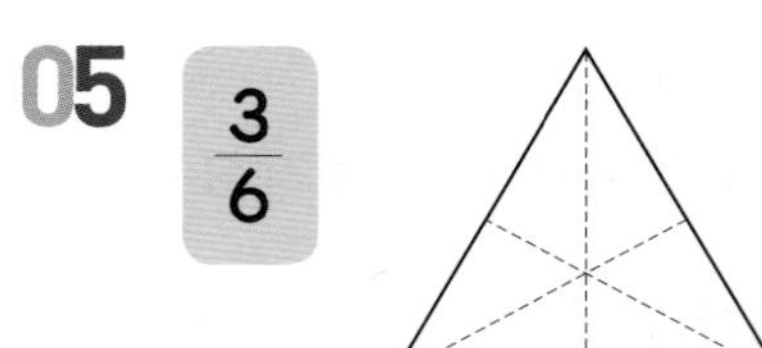

06 $\frac{4}{9}$

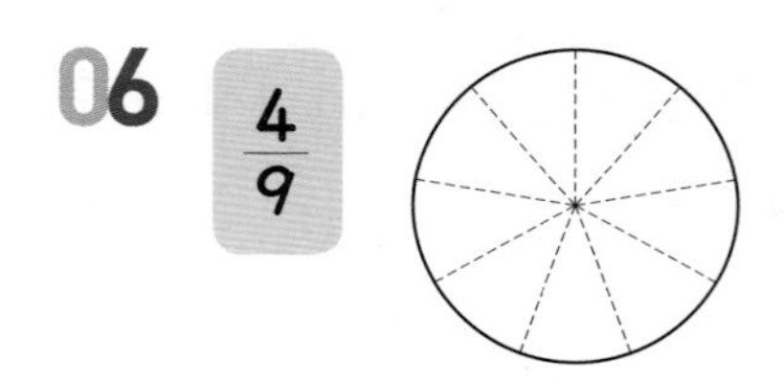

전체에 대하여 색칠한 부분의 크기를 분수로 쓰고 읽어 보세요. [07~08]

07

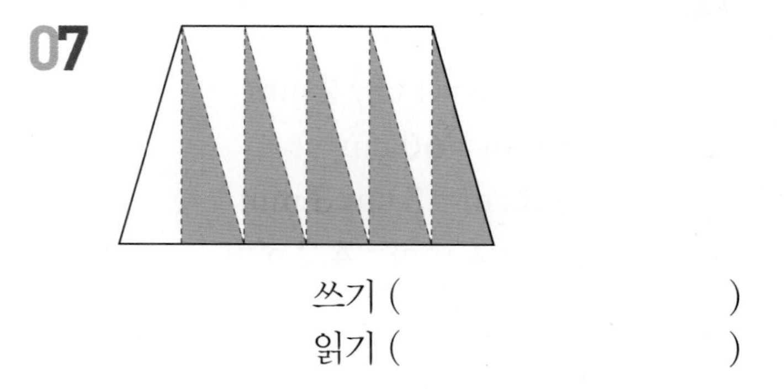

쓰기 (　　　　　　　　)
읽기 (　　　　　　　　)

08

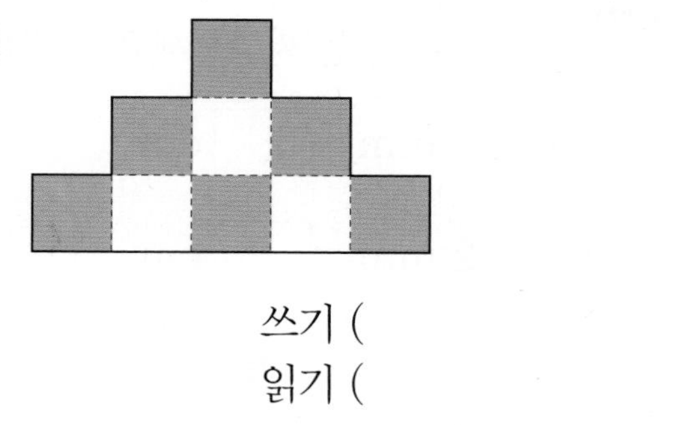

쓰기 (　　　　　　　　)
읽기 (　　　　　　　　)

09 □ 안에 알맞은 수를 써넣으세요.

(1) $\frac{7}{9}$은 $\frac{1}{9}$이 □개입니다.

(2) $\frac{3}{7}$은 $\frac{□}{□}$이 3개입니다.

(3) $\frac{5}{12}$는 $\frac{□}{□}$이 5개입니다.

10 그림에 분수만큼 색칠하고 ○ 안에 $>$, $<$를 알맞게 써넣으세요.

(1)

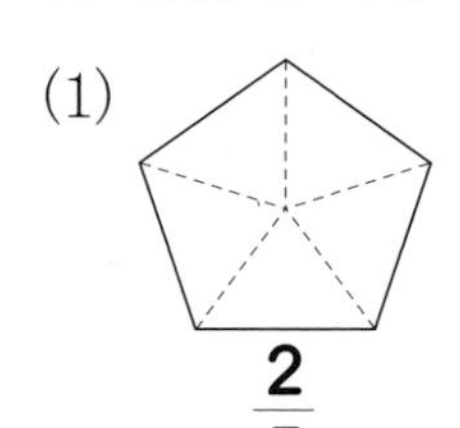

$\frac{2}{5}$

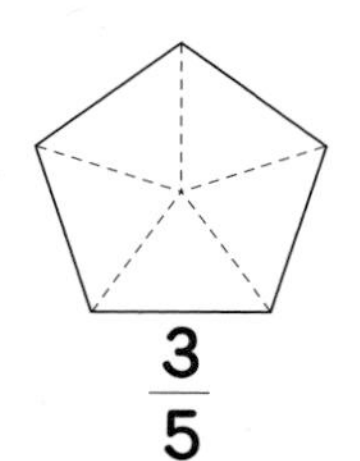

$\frac{3}{5}$

$\frac{2}{5}$ ○ $\frac{3}{5}$

(2)

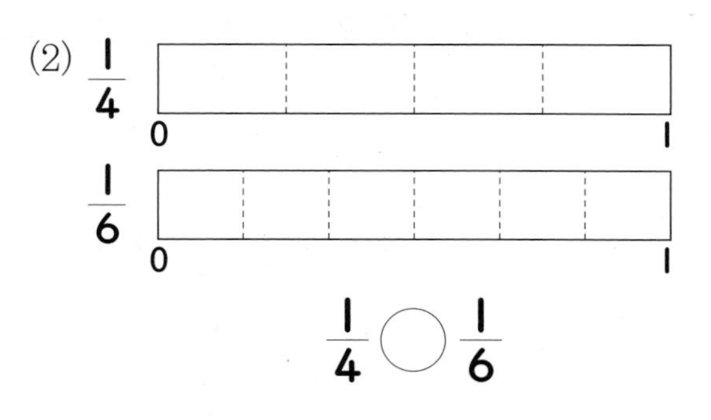

$\frac{1}{4}$ ○ $\frac{1}{6}$

11 두 분수의 크기를 비교하여 ○ 안에 $>$, $<$를 알맞게 써넣으세요.

(1) $\frac{1}{3}$ ○ $\frac{2}{3}$　　(2) $\frac{5}{6}$ ○ $\frac{4}{6}$

(3) $\frac{7}{8}$ ○ $\frac{5}{8}$　　(4) $\frac{4}{12}$ ○ $\frac{7}{12}$

12 가장 큰 분수는 어느 것인가요? (　　　)

① $\frac{1}{7}$　② $\frac{1}{6}$　③ $\frac{1}{4}$

④ $\frac{1}{10}$　⑤ $\frac{1}{5}$

13 분수 중에서 $\frac{1}{8}$보다 작은 분수를 모두 찾아 ○표 하세요.

$\frac{1}{3}$, $\frac{1}{9}$, $\frac{1}{12}$, $\frac{1}{7}$

14 분수를 소수로 나타내고 읽어 보세요.

(1) $\frac{3}{10}$=□　(　　　　　　)

(2) $\frac{7}{10}$=□　(　　　　　　)

(3) $\frac{9}{10}$=□　(　　　　　　)

6 단원

15 □ 안에 알맞은 수를 써넣으세요.

(1) $\frac{5}{10}$는 $\frac{1}{10}$이 □개이고, 0.5는 0.1이 □개입니다.

(2) $\frac{8}{10}$은 $\frac{1}{10}$이 □개이고, 0.8은 0.1이 □개입니다.

16 □ 안에 알맞은 소수를 써넣으세요.

(1)

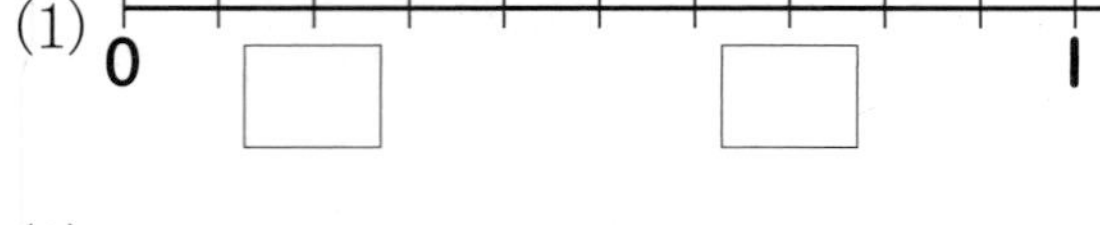

(2)

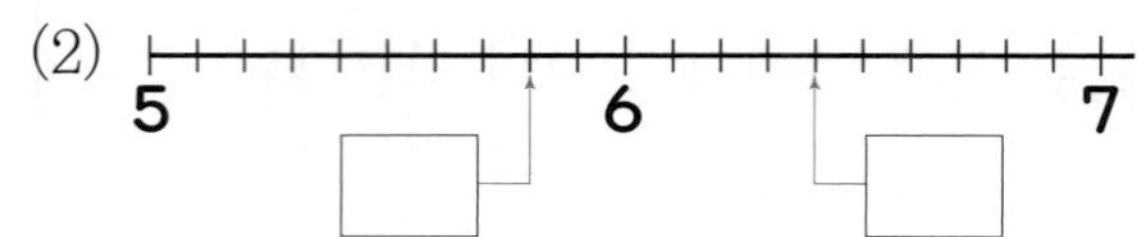

17 □ 안에 알맞은 수를 써넣으세요.

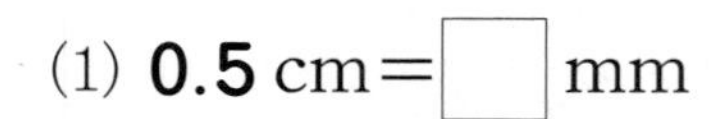

(1) 0.5 cm=□ mm

(2) 0.9 cm=□ mm

(3) 0.4 cm=□ mm

18 □ 안에 알맞은 수를 써넣으세요.

(1) 4 cm 8 mm=□ cm

(2) 5 cm 2 mm=□ cm

(3) 91 mm=□ cm

(4) 26 mm=□ cm

19 두 소수의 크기를 비교하여 ○ 안에 >, <를 알맞게 써넣으세요.

(1) 0.2 ○ 0.4 (2) 0.8 ○ 0.5

(3) 3.7 ○ 3.9 (4) 6.1 ○ 6

20 가장 작은 수부터 차례대로 써 보세요.

(1)

0.9 0.4 0.8

( )

(2)

6.9 6.2 7.3

( )

왕수학

왕수학

정답과 풀이

3-1

(주)에듀왕

왕수학

정답과 풀이

1. 덧셈과 뺄셈

step 1 원리 꼼꼼 6쪽

원리 확인 1 (1) 500 (2) 300
(3) 500, 300, 800, 800

원리 확인 2 (1) 700 (2) 500
(3) 700, 500, 200, 200

step 2 원리 탄탄 7쪽

1 예 500+600=1100, 약 1100개

2 있습니다에 ○표,
예 어림셈을 하면 이틀 동안 판매한 빵이 1000개 보다 많기 때문입니다.

3 (1) 700 (2) 400
(3) 700, 400, 300, 300

4 예린

1 504를 몇백으로 어림하면 약 500이고,
597을 몇백으로 어림하면 약 600입니다.
따라서 이틀 동안 판매한 빵은
약 500+600=1100(개)입니다.

4 지윤: 900보다 작은 수에서 100보다 큰 수를 빼면 계산 결과는 900−100=800보다 작습니다.
예린: 900보다 큰 수에서 600보다 작은 수를 빼면 계산 결과는 900−600=300보다 큽니다.

step 3 원리 척척 8~9쪽

1 500, 300, 800
2 500, 700, 1200
3 200, 200, 400
4 900, 200, 1100
5 900, 100, 800
6 900, 600, 300
7 800, 500, 300
8 600, 400, 200
9 800, 700, 100

step 1 원리 꼼꼼 10쪽

원리 확인 1 7 / 9, 7 / 7, 9, 7

원리 확인 2 (1) 3, 50, 50, 3, 70, 9, 679
(2) 50, 400, 400, 50, 5, 700, 70, 9, 779

step 2 원리 탄탄 11쪽

1 7, 80, 700, 787
2 (1) 8, 8, 6 (2) 6, 8, 8
3 (1) 577 (2) 897
4 324+263=587, 587명

step 3 원리척척 12~13쪽

1 7, 70, 500, 577 / 3, 50, 200
2 7, 70, 600, 677 / 5, 2, 30, 40, 400, 200
3 9, 50, 700, 759 / 4, 5, 20, 30, 500, 200
4 5, 70, 800, 875 / 2, 3, 30, 40, 600, 200
5 7, 4, 9
6 5, 7, 8
7 6, 6, 9
8 6, 8, 7
9 8, 7, 7
10 5, 8, 9
11 579
12 759
13 597
14 768
15 859
16 769
17 957
18 739
19 886
20 678
21 759
22 898
23 787
24 658
25 589

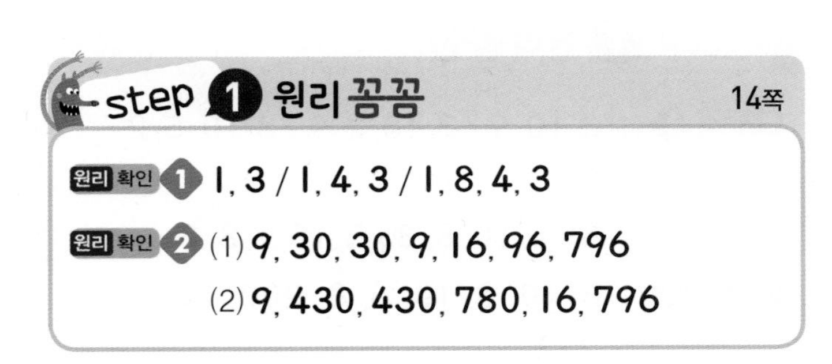

step 1 원리꼼꼼 14쪽

원리 확인 1 1, 3 / 1, 4, 3 / 1, 8, 4, 3

원리 확인 2 (1) 9, 30, 30, 9, 16, 96, 796
(2) 9, 430, 430, 780, 16, 796

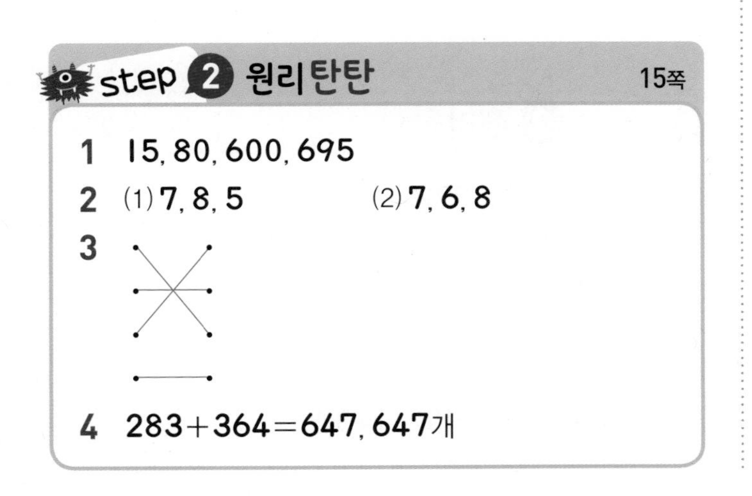

step 2 원리탄탄 15쪽

1 15, 80, 600, 695
2 (1) 7, 8, 5 (2) 7, 6, 8
3
4 283+364=647, 647개

step 3 원리척척 16~17쪽

1 17, 50, 700, 767 / 8, 30, 400
2 7, 150, 600, 757 / 3, 4, 70, 80, 400, 200
3 16, 60, 700, 776 / 7, 9, 20, 40, 500, 200
4 7, 140, 500, 647 / 4, 3, 60, 80, 300, 200
5 1, 5, 8, 3
6 1, 6, 7, 1
7 1, 7, 8, 5
8 1, 6, 2, 9
9 1, 7, 6, 8
10 1, 8, 5, 7
11 783
12 586
13 774
14 957
15 645
16 758
17 586
18 756
19 591
20 845
21 938
22 916
23 672
24 667
25 593

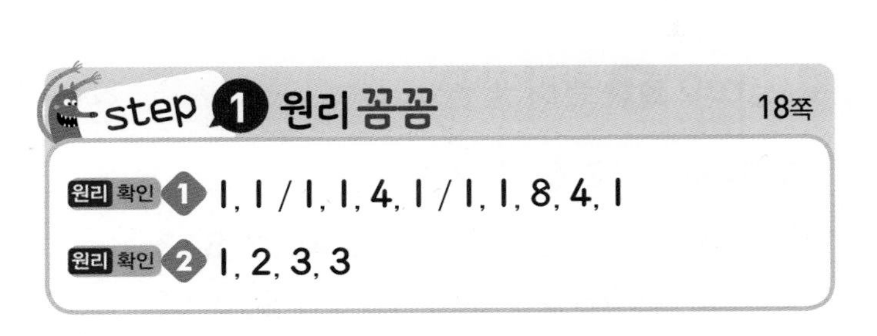

step 1 원리꼼꼼 18쪽

원리 확인 1 1, 1 / 1, 1, 4, 1 / 1, 1, 8, 4, 1

원리 확인 2 1, 2, 3, 3

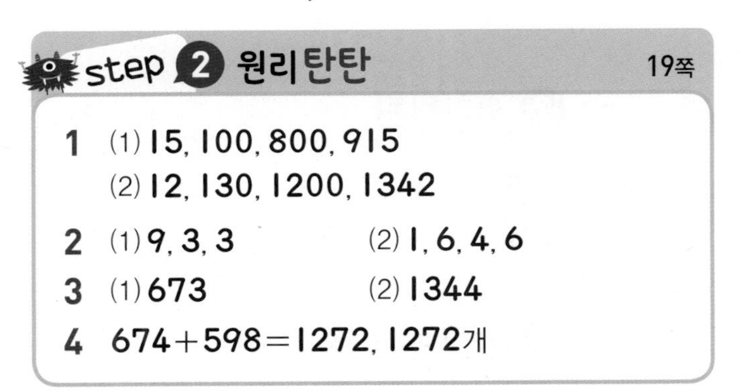

step 2 원리탄탄 19쪽

1 (1) 15, 100, 800, 915
(2) 12, 130, 1200, 1342
2 (1) 9, 3, 3 (2) 1, 6, 4, 6
3 (1) 673 (2) 1344
4 674+598=1272, 1272개

step 3 원리척척 20~21쪽

1 14, 120, 500, 634 / 6, 50, 300
2 16, 110, 1100, 1226 / 9, 80, 500
3 15, 130, 700, 845 / 6, 9, 50, 80, 300, 400
4 13, 130, 1300, 1443 / 9, 4, 50, 80, 700, 600
5 1, 1, 6, 5, 4
6 1, 1, 7, 8, 1
7 1, 1, 8, 6, 4
8 1, 1, 1, 3, 3, 2
9 1, 1, 1, 5, 2, 3
10 1, 1, 1, 1, 2, 4
11 830
12 920
13 401
14 903
15 334
16 416
17 800
18 651
19 752
20 1620
21 1101
22 1205
23 1523
24 1640
25 1405

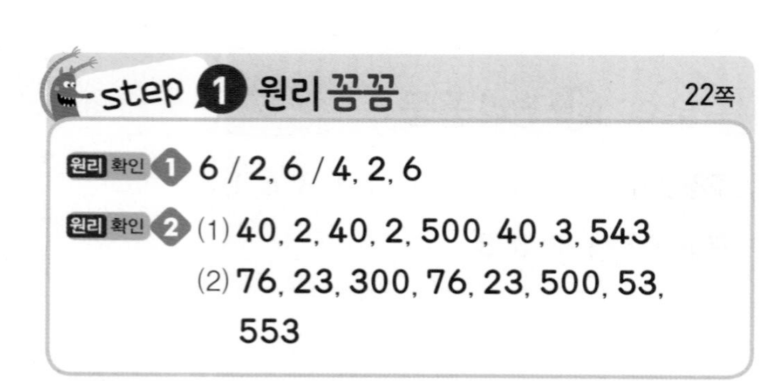

step 1 원리꼼꼼 22쪽

원리 확인 1 6 / 2, 6 / 4, 2, 6

원리 확인 2 (1) 40, 2, 40, 2, 500, 40, 3, 543
(2) 76, 23, 300, 76, 23, 500, 53, 553

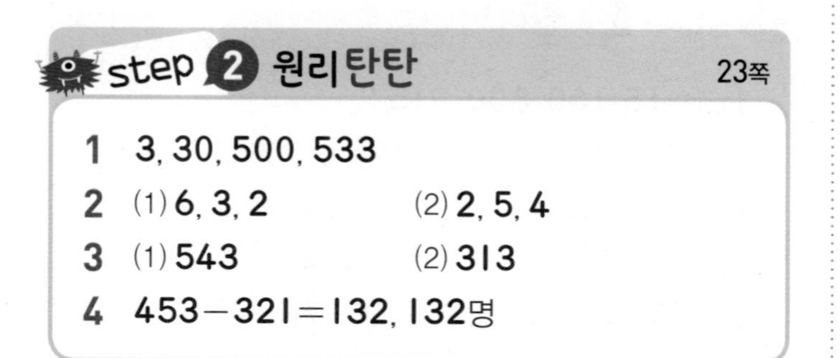

step 2 원리탄탄 23쪽

1 3, 30, 500, 533
2 (1) 6, 3, 2 (2) 2, 5, 4
3 (1) 543 (2) 313
4 453−321=132, 132명

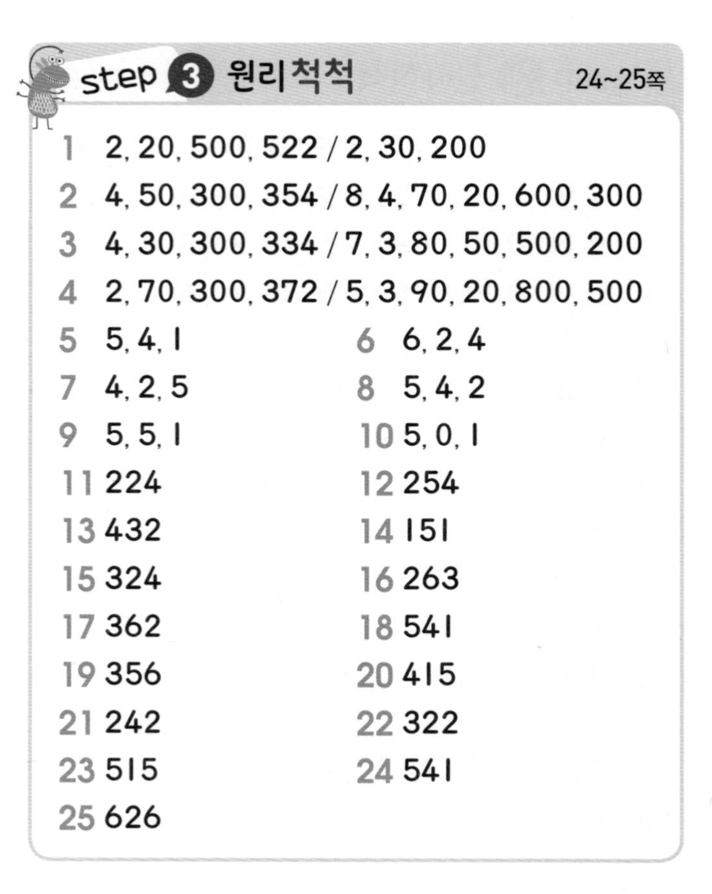

step 3 원리척척 24~25쪽

1 2, 20, 500, 522 / 2, 30, 200
2 4, 50, 300, 354 / 8, 4, 70, 20, 600, 300
3 4, 30, 300, 334 / 7, 3, 80, 50, 500, 200
4 2, 70, 300, 372 / 5, 3, 90, 20, 800, 500
5 5, 4, 1
6 6, 2, 4
7 4, 2, 5
8 5, 4, 2
9 5, 5, 1
10 5, 0, 1
11 224
12 254
13 432
14 151
15 324
16 263
17 362
18 541
19 356
20 415
21 242
22 322
23 515
24 541
25 626

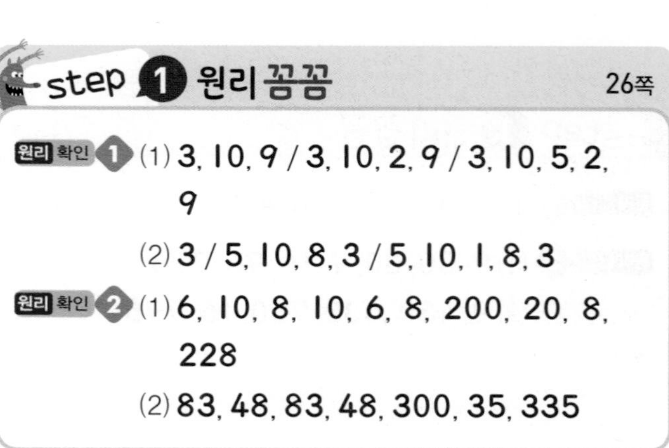

step 1 원리꼼꼼 26쪽

원리 확인 1 (1) 3, 10, 9 / 3, 10, 2, 9 / 3, 10, 5, 2, 9
(2) 3 / 5, 10, 8, 3 / 5, 10, 1, 8, 3

원리 확인 2 (1) 6, 10, 8, 10, 6, 8, 200, 20, 8, 228
(2) 83, 48, 83, 48, 300, 35, 335

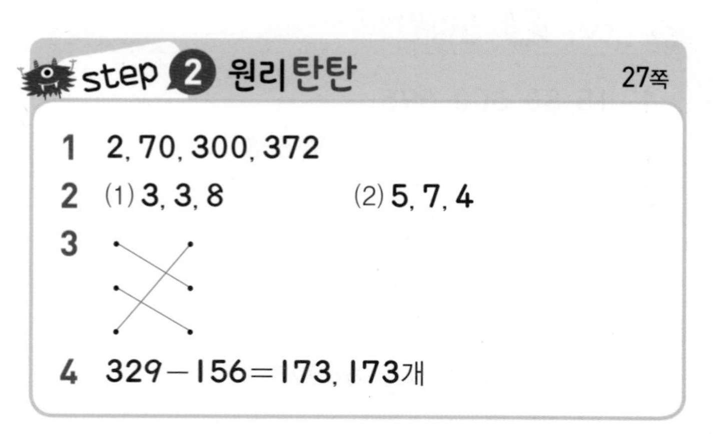

step 2 원리탄탄 27쪽

1 2, 70, 300, 372
2 (1) 3, 3, 8 (2) 5, 7, 4
3
4 329−156=173, 173개

step 3 원리척척 28~29쪽

1 8, 20, 300, 328 / 10, 200
2 4, 80, 300, 384 / 4, 70, 200
3 5, 20, 300, 325 / 13, 8, 60, 40, 600, 300
4 4, 50, 500, 554 / 9, 5, 130, 80, 700, 200
5 7, 10, 3, 3, 6
6 5, 10, 5, 2, 6
7 4, 10, 4, 2, 7
8 5, 10, 3, 6, 2
9 8, 10, 4, 7, 1
10 6, 10, 3, 8, 3
11 615
12 627
13 268
14 495
15 375
16 273
17 317
18 517
19 607
20 381
21 154
22 274
23 307
24 283
25 209

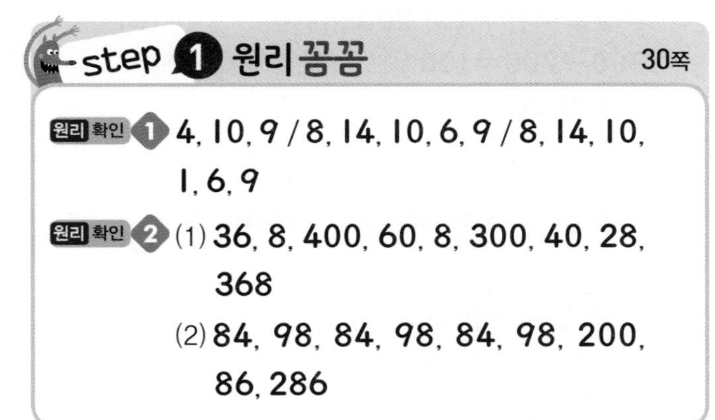

step 1 원리꼼꼼 30쪽

원리 확인 1 4, 10, 9 / 8, 14, 10, 6, 9 / 8, 14, 10, 1, 6, 9

원리 확인 2 (1) 36, 8, 400, 60, 8, 300, 40, 28, 368
(2) 84, 98, 84, 98, 84, 98, 200, 86, 286

step 2 원리탄탄 31쪽

1 9, 80, 100, 189
2 (1) 2, 7, 4 (2) 2, 4, 8
3 (1) 298 (2) 267
4 524−296=228, 228명

step 3 원리척척 32~33쪽

1 7, 70, 300, 377 / 200
2 7, 80, 300, 387 / 13, 6, 130, 50, 600, 300
3 8, 70, 400, 478 / 17, 9, 140, 70, 700, 300
4 7, 50, 400, 457 / 15, 8, 120, 70, 800, 400
5 4, 11, 10, 2, 5, 6
6 6, 13, 10, 3, 8, 4
7 5, 14, 10, 3, 6, 7
8 7, 13, 10, 5, 8, 8
9 8, 13, 10, 3, 6, 7
10 5, 13, 10, 2, 9, 8
11 57
12 147
13 138
14 26
15 169
16 178
17 338
18 297
19 169
20 265
21 287
22 168
23 565
24 493
25 439

step 4 유형콕콕 34~35쪽

01 (1) 569 (2) 818
02 883
03 686
04 500에 ○표
05 1, 100
06 915
07 (1) 5, 4 (2) 2, 3, 0
08 537상자
09 617, 283
10
$$\begin{array}{r} 7\,3\,9 \\ -\,2\,7\,3 \\ \hline 4\,6\,6 \end{array}$$
11 8, 8
12 400에 ○표
13 159
14 ㉢, ㉠, ㉡
15 160
16 614, 332

03 541+145=686

04 198을 어림하면 약 200이고,
304를 어림하면 약 300입니다.
➡ 200+300=500

06 687+228=915

08 384+153=537(상자)

12 892를 어림하면 약 900이고,
509를 어림하면 약 500입니다.
➡ 900−500=400

13 486−327=159

14 ㉠=349, ㉡=232, ㉢=492

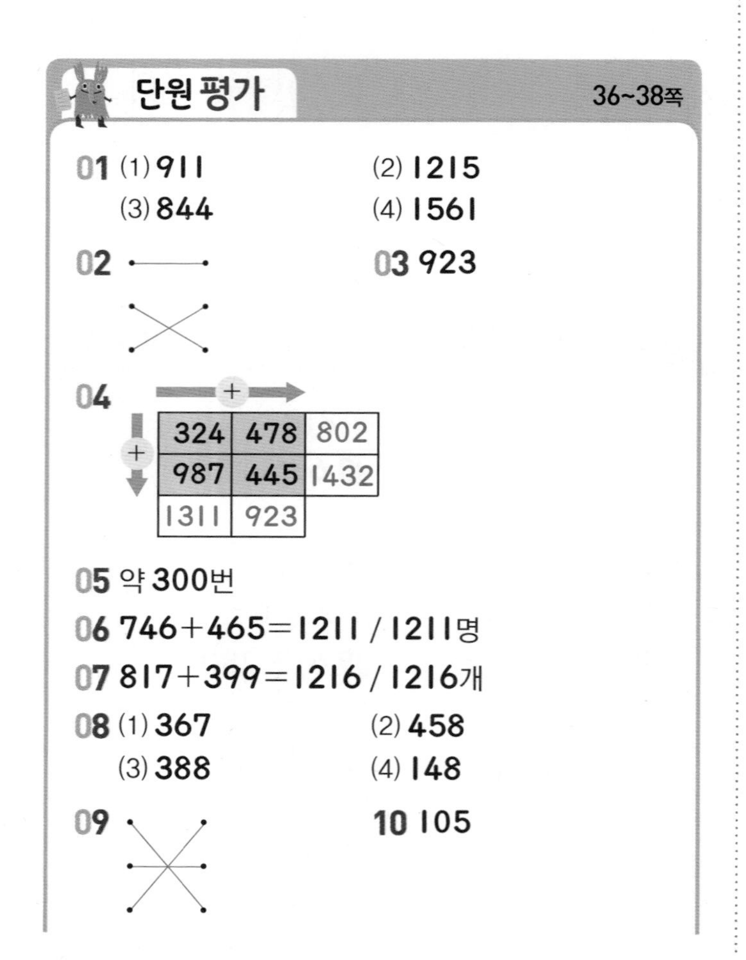

단원 평가 36~38쪽

01 (1) 911 (2) 1215
(3) 844 (4) 1561

02

03 923

04

324	478	802
987	445	1432
1311	923	

05 약 300번

06 746+465=1211 / 1211명

07 817+399=1216 / 1216개

08 (1) 367 (2) 458
(3) 388 (4) 148

09

10 105

11

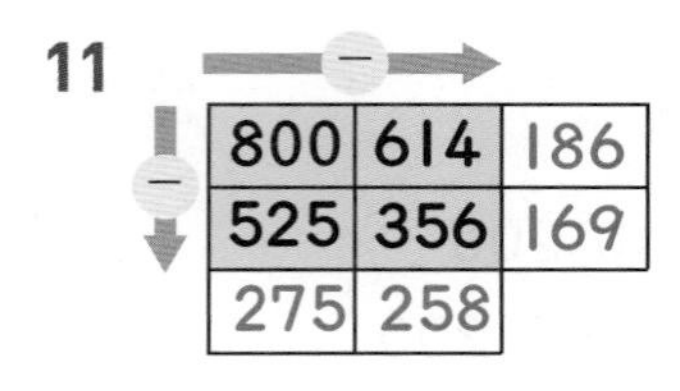

800	614	186
525	356	169
275	258	

12 약 100 cm

13 541−292=249 / 249 cm

14 503−295=208 / 208명

15 (1) > (2) <

16 ㉡

17 ⑤

18 662, 1221

19 567, 369

20 815, 278

03 345+578=923

05 198을 어림하면 약 200이고,
102를 어림하면 약 100입니다.
200+100=300이므로 어제와 오늘 줄넘기를
약 300번 했습니다.

10 504−399=105

12 304를 어림하면 약 300이고,
199를 어림하면 약 200입니다.
300−200=100이므로 남은 색 테이프는
약 100 cm입니다.

15 (1) 475+886=1361 (>) 1350
(2) 618+795=1413 (<) 1450

16 ㉠ 872−299=573
㉡ 912−463=449
㉢ 710−235=475
㉣ 651−172=479

17 ① 336+895=1231
② 795+487=1282
③ 774+558=1332
④ 367+935=1302
⑤ 658+746=1404

18 388+274=662, 662+559=1221

19 934−367=567, 567−198=369

20 119+696=815, 815−537=278

2. 평면도형

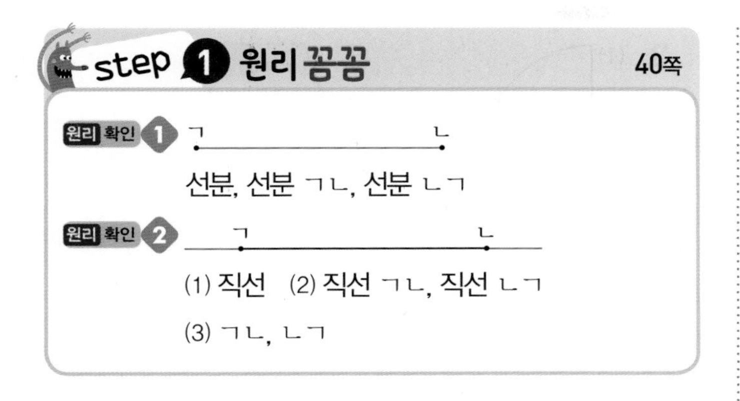

step 1 원리꼼꼼 40쪽

원리 확인 1 ㄱ ㄴ

선분, 선분 ㄱㄴ, 선분 ㄴㄱ

원리 확인 2 ㄱ ㄴ

(1) 직선 (2) 직선 ㄱㄴ, 직선 ㄴㄱ

(3) ㄱㄴ, ㄴㄱ

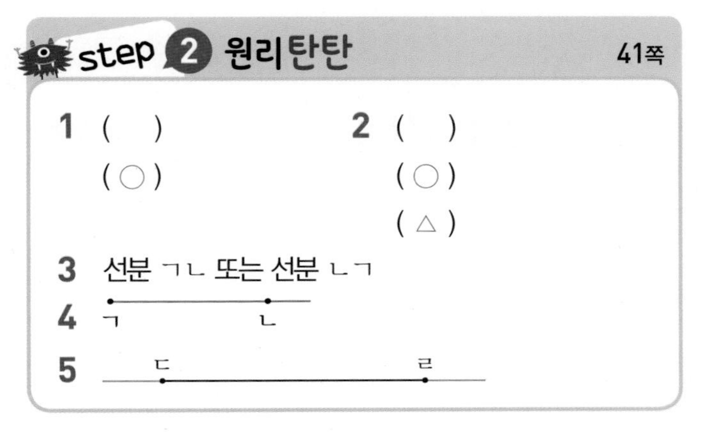

step 2 원리탄탄 41쪽

1 ( )
(○)

2 ( )
(○)
(△)

3 선분 ㄱㄴ 또는 선분 ㄴㄱ

4 ㄱ ㄴ

5 ㄷ ㄹ

2 두 점을 곧게 이은 선을 찾아 ○표, 양쪽으로 끝없이 늘인 곧은 선을 찾아 △표 합니다.

3 두 점을 곧게 이은 선은 선분이고 점 ㄱ과 점 ㄴ을 이은 선분은 선분 ㄱㄴ 또는 선분 ㄴㄱ이라고 합니다.

5 직선은 양쪽으로 끝없이 늘인 곧은 선입니다.

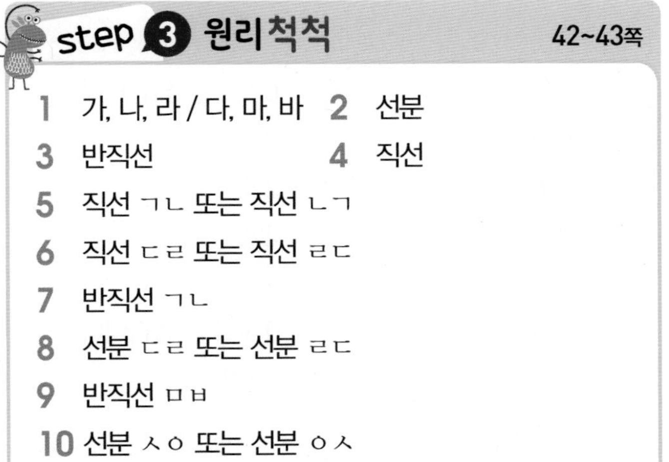

step 3 원리척척 42~43쪽

1 가, 나, 라 / 다, 마, 바　2 선분

3 반직선　4 직선

5 직선 ㄱㄴ 또는 직선 ㄴㄱ

6 직선 ㄷㄹ 또는 직선 ㄹㄷ

7 반직선 ㄱㄴ

8 선분 ㄷㄹ 또는 선분 ㄹㄷ

9 반직선 ㅁㅂ

10 선분 ㅅㅇ 또는 선분 ㅇㅅ

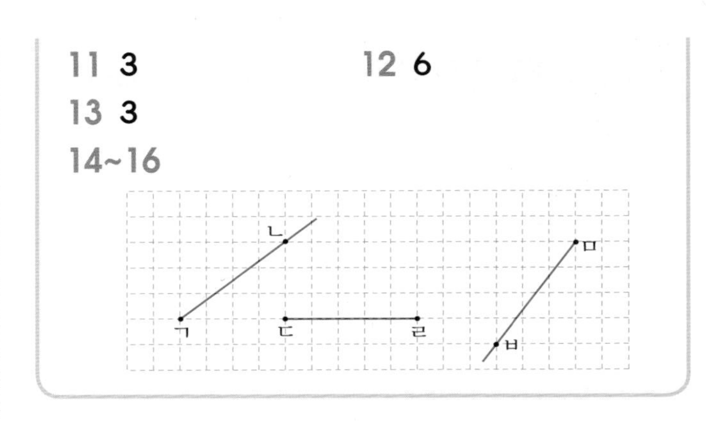

11 3　12 6

13 3

14~16

step 1 원리꼼꼼 44쪽

원리 확인 1 ㉢

원리 확인 2 (1) ㅁ (2) ㄹㅁ, ㅁㅂ

(3) ㄹㅁㅂ, ㅂㅁㄹ

1 ㉠: 한 점에서 만나지 않습니다.
㉡, ㉣: 직선으로만 이루어진 도형이 아닙니다.

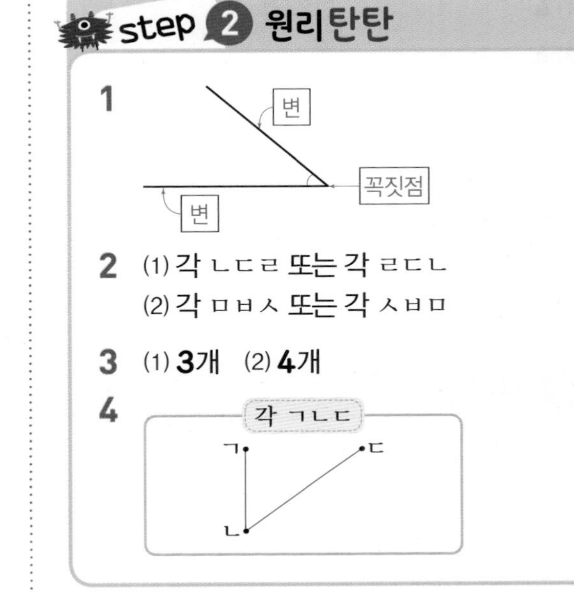

step 2 원리탄탄 45쪽

1

2 (1) 각 ㄴㄷㄹ 또는 각 ㄹㄷㄴ
(2) 각 ㅁㅂㅅ 또는 각 ㅅㅂㅁ

3 (1) 3개 (2) 4개

4

step 3 원리척척 46~47쪽

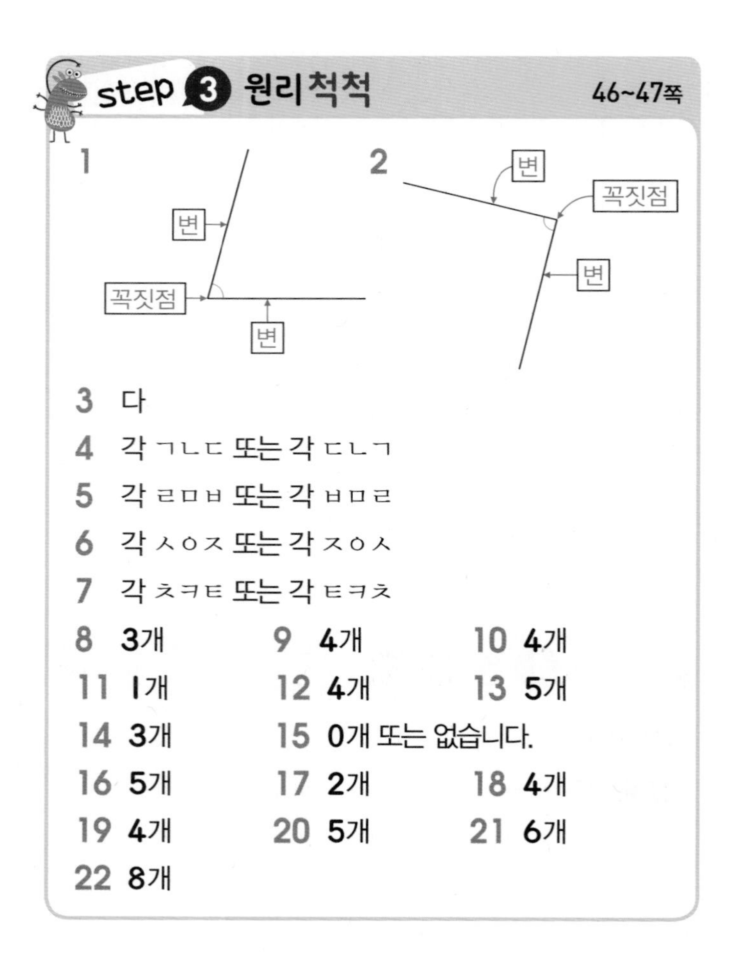

3 다
4 각 ㄱㄴㄷ 또는 각 ㄷㄴㄱ
5 각 ㄹㅁㅂ 또는 각 ㅂㅁㄹ
6 각 ㅅㅇㅈ 또는 각 ㅈㅇㅅ
7 각 ㅊㅋㅌ 또는 각 ㅌㅋㅊ
8 3개 9 4개 10 4개
11 1개 12 4개 13 5개
14 3개 15 0개 또는 없습니다.
16 5개 17 2개 18 4개
19 4개 20 5개 21 6개
22 8개

step 1 원리꼼꼼 48쪽

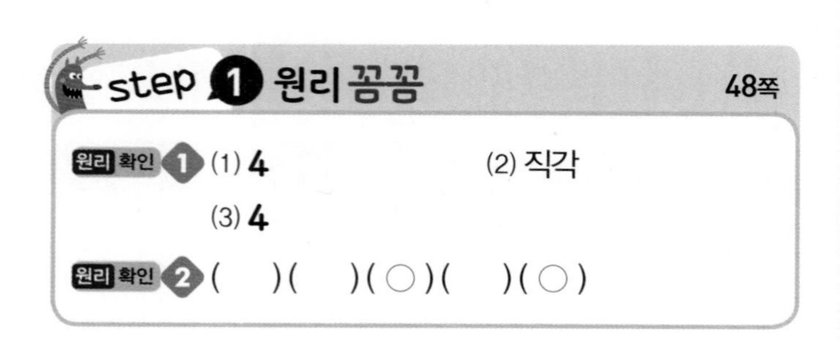

step 2 원리탄탄 49쪽

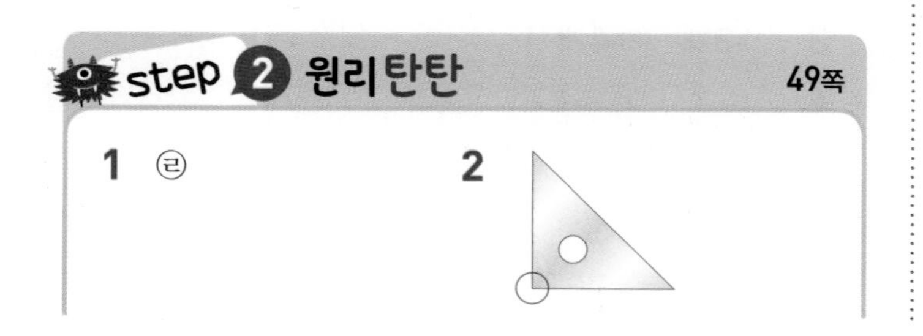

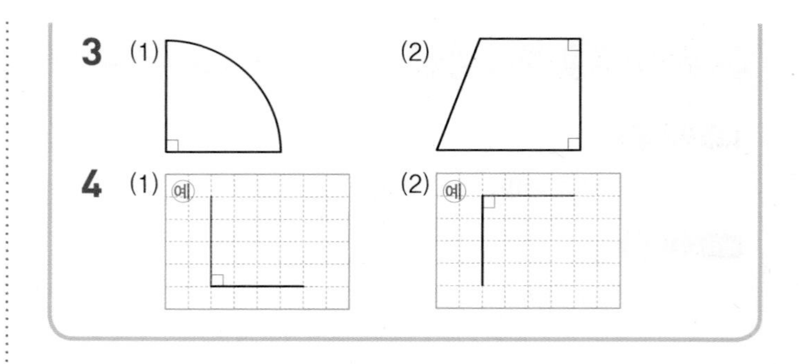

step 3 원리척척 50~51쪽

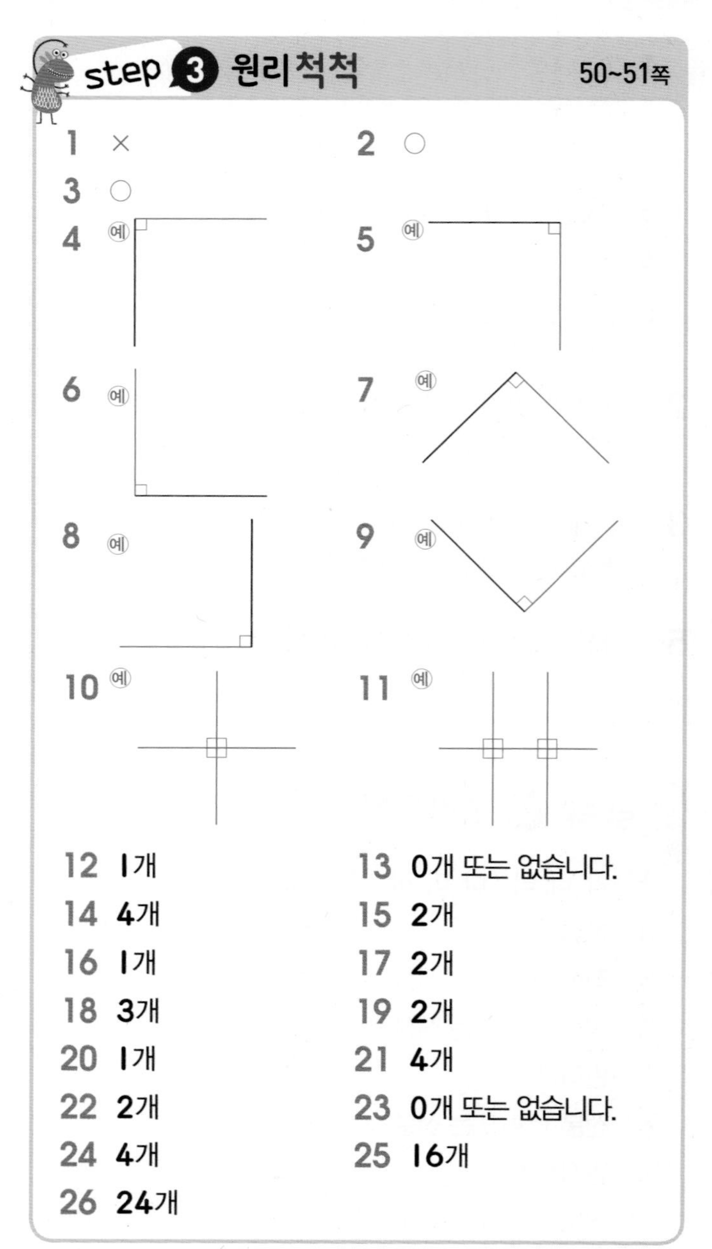

12 1개 13 0개 또는 없습니다.
14 4개 15 2개
16 1개 17 2개
18 3개 19 2개
20 1개 21 4개
22 2개 23 0개 또는 없습니다.
24 4개 25 16개
26 24개

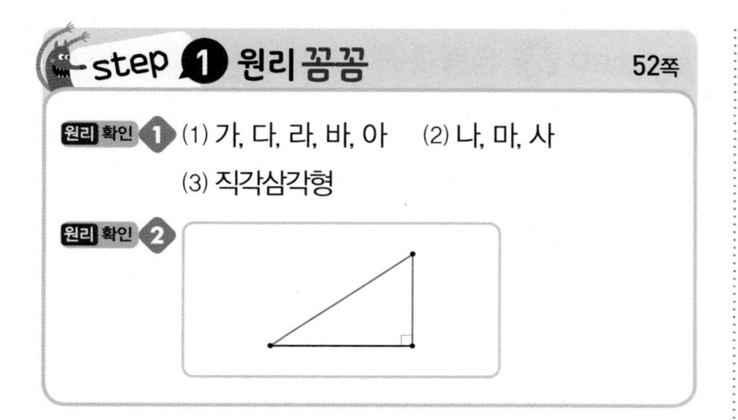

step 1 원리 꼼꼼 52쪽

원리 확인 1 (1) 가, 다, 라, 바, 아 (2) 나, 마, 사
(3) 직각삼각형

원리 확인 2

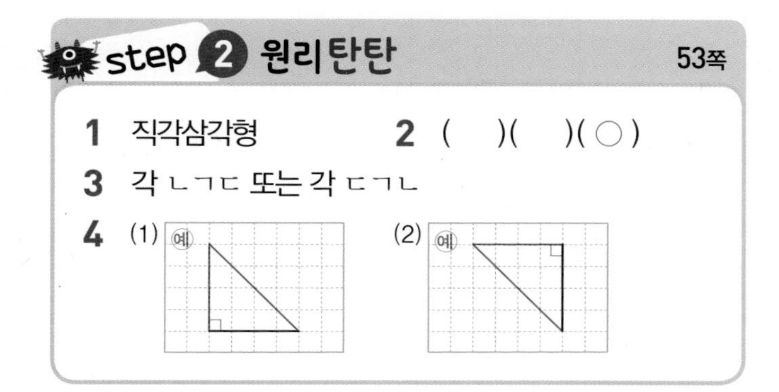

step 2 원리 탄탄 53쪽

1 직각삼각형 2 ( )( )(○)

3 각 ㄴㄱㄷ 또는 각 ㄷㄱㄴ

4 (1) 예 (2) 예

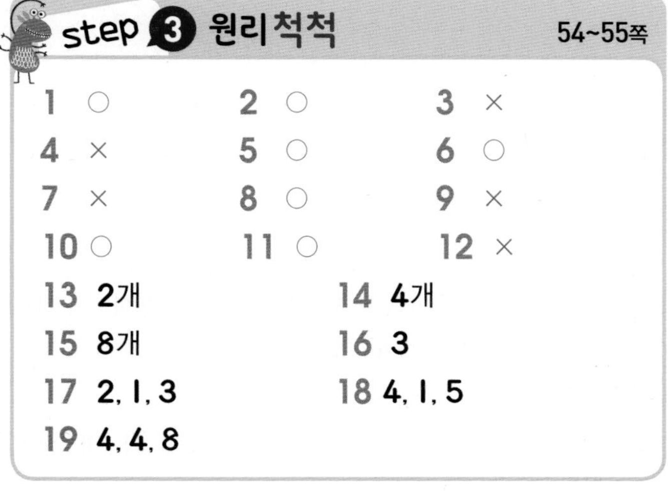

step 3 원리 척척 54~55쪽

1 ○ 2 ○ 3 ×
4 × 5 ○ 6 ○
7 × 8 ○ 9 ×
10 ○ 11 ○ 12 ×
13 2개 14 4개
15 8개 16 3
17 2, 1, 3 18 4, 1, 5
19 4, 4, 8

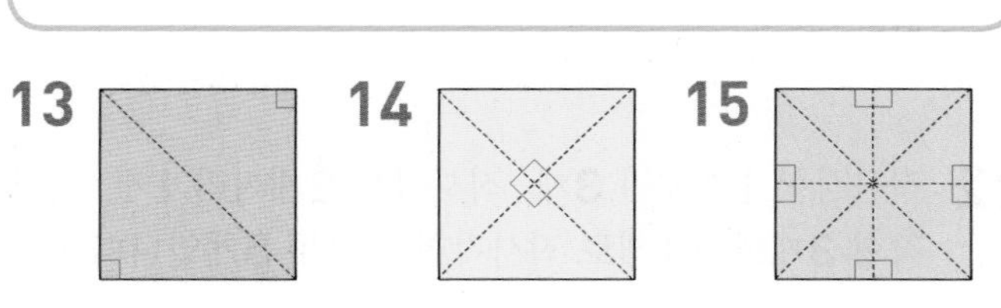

13 14 15

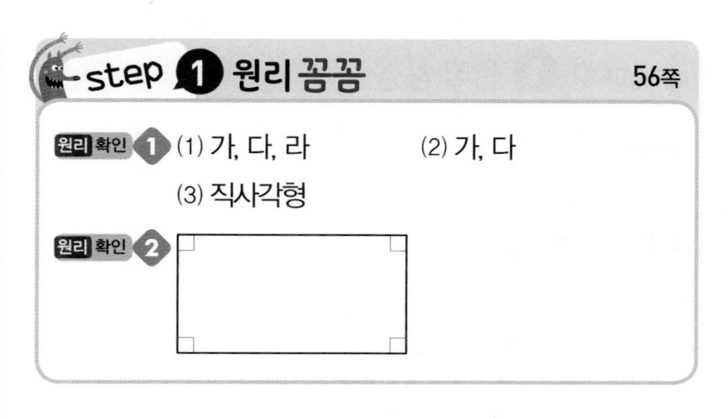

step 1 원리 꼼꼼 56쪽

원리 확인 1 (1) 가, 다, 라 (2) 가, 다
(3) 직사각형

원리 확인 2

step 2 원리 탄탄 57쪽

1 (1) ( ) (2) (○)

2 4, 4, 4 3 ②, ⑤

4 (1) 예 (2) 예

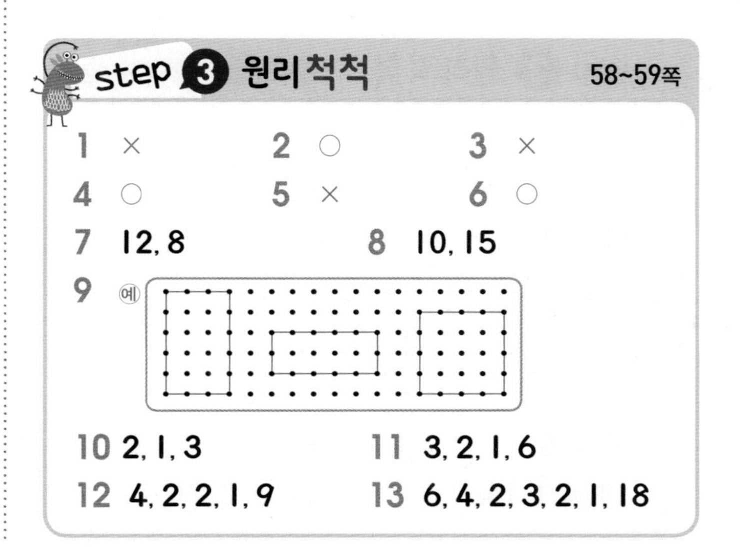

step 3 원리 척척 58~59쪽

1 × 2 ○ 3 ×
4 ○ 5 × 6 ○
7 12, 8 8 10, 15
9 예

10 2, 1, 3 11 3, 2, 1, 6
12 4, 2, 2, 1, 9 13 6, 4, 2, 3, 2, 1, 18

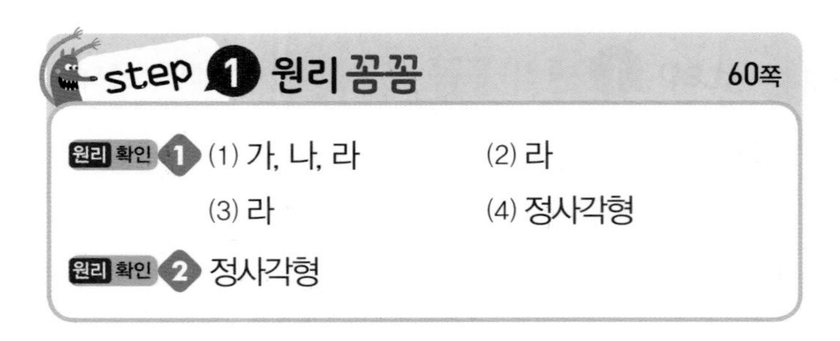

step 1 원리꼼꼼 60쪽

원리 확인 1 (1) 가, 나, 라 (2) 라 (3) 라 (4) 정사각형

원리 확인 2 정사각형

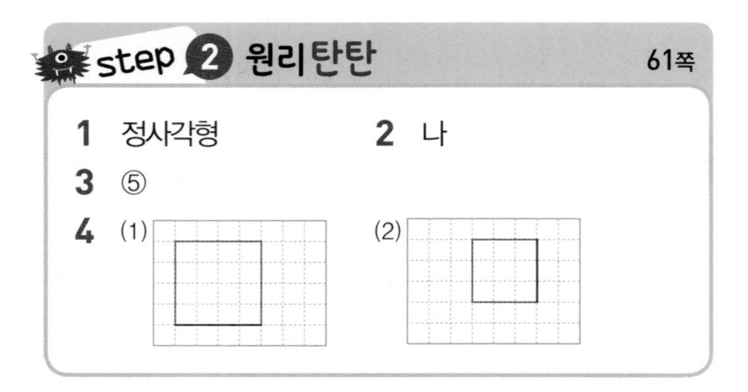

step 2 원리탄탄 61쪽

1 정사각형 2 나
3 ⑤
4 (1) (2)

2 네 각이 모두 직각이고 네 변의 길이가 모두 같은 사각형을 정사각형이라고 합니다.

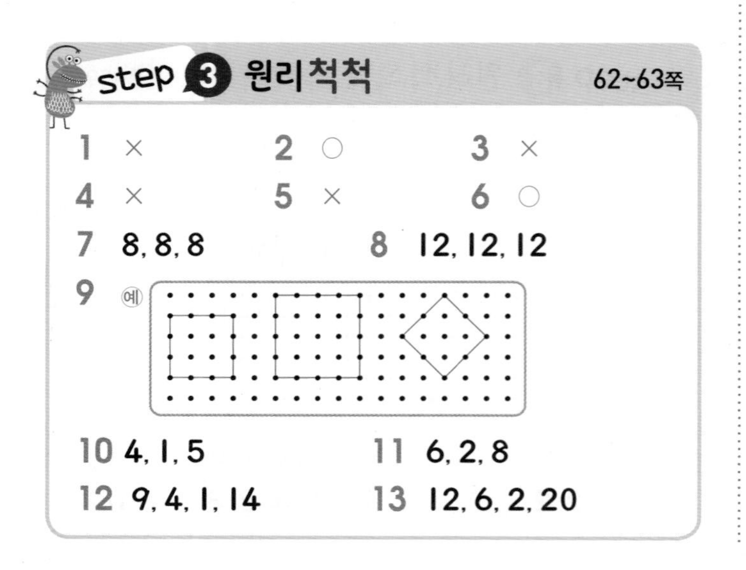

step 3 원리척척 62~63쪽

1 × 2 ○ 3 ×
4 × 5 × 6 ○
7 8, 8, 8 8 12, 12, 12
9 예

10 4, 1, 5 11 6, 2, 8
12 9, 4, 1, 14 13 12, 6, 2, 20

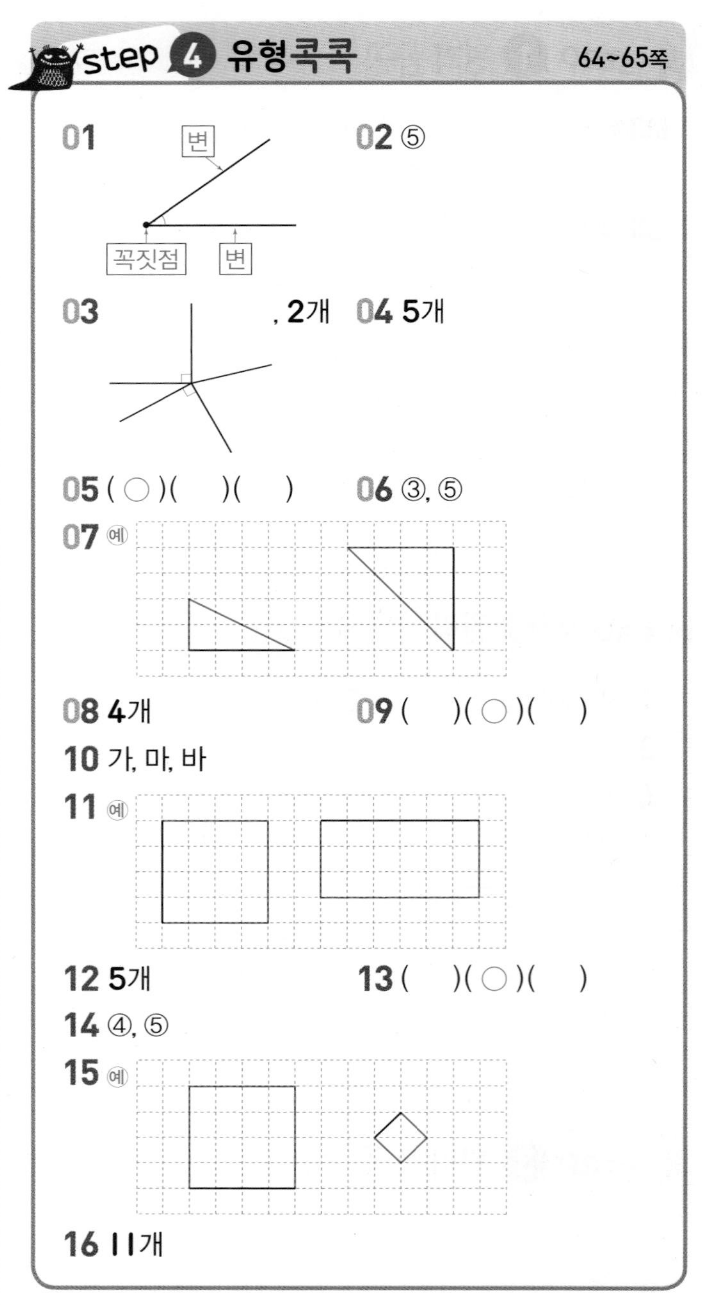

step 4 유형콕콕 64~65쪽

01

02 ⑤

03 , 2개 04 5개

05 (○)( )( ) 06 ③, ⑤

07 예

08 4개 09 ( )(○)( )

10 가, 마, 바

11 예

12 5개 13 ( )(○)( )

14 ④, ⑤

15 예

16 11개

02 ⑤ 한 점에서 만나지 않습니다.

08 직각삼각형 1개짜리 3개, 직각삼각형 2개짜리 1개로 직각삼각형은 모두 4개입니다.

10 네 각이 모두 직각인 사각형을 찾아보면 가, 마, 바입니다.

12 직사각형 1개짜리 3개, 직사각형 2개짜리 1개, 직사각형 3개짜리 1개로 직사각형은 모두 5개입니다.

14 네 각이 모두 직각이고 네 변의 길이가 모두 같은 사각형을 정사각형이라고 합니다.

16 정사각형 **1**개짜리 **8**개, 정사각형 **4**개짜리 **3**개로 정사각형은 모두 **11**개입니다.

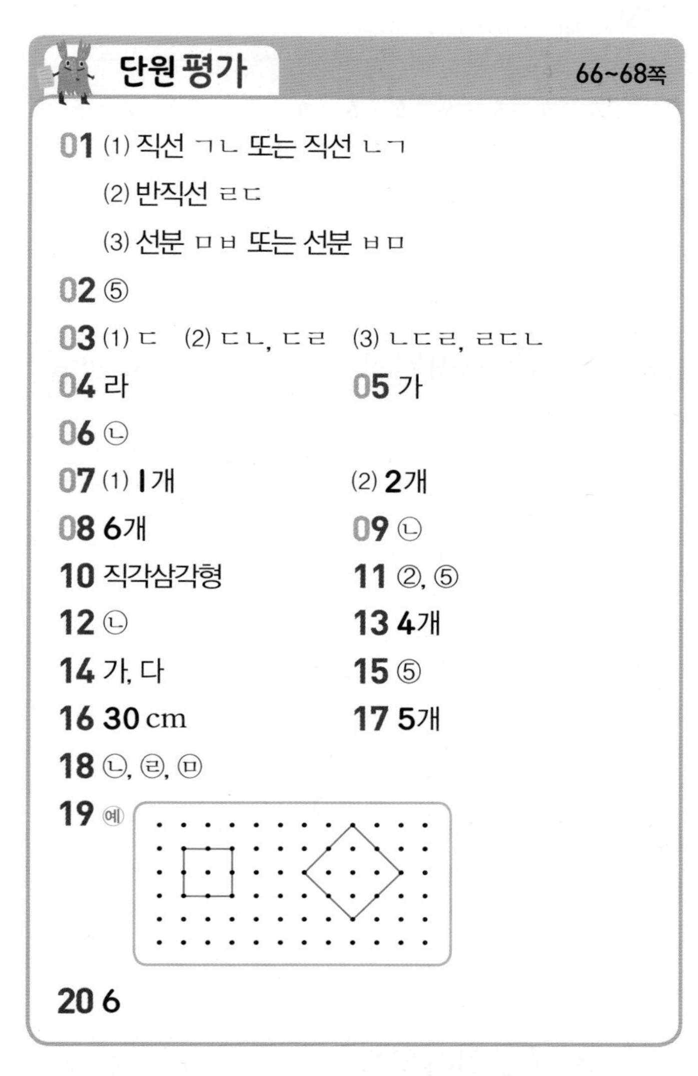

단원 평가 66~68쪽

01 (1) 직선 ㄱㄴ 또는 직선 ㄴㄱ
(2) 반직선 ㄹㄷ
(3) 선분 ㅁㅂ 또는 선분 ㅂㅁ

02 ⑤

03 (1) ㄷ (2) ㄷㄴ, ㄷㄹ (3) ㄴㄷㄹ, ㄹㄷㄴ

04 라

05 가

06 ㉡

07 (1) **1**개 (2) **2**개

08 **6**개

09 ㉡

10 직각삼각형

11 ②, ⑤

12 ㉡

13 **4**개

14 가, 다

15 ⑤

16 **30** cm

17 **5**개

18 ㉡, ㉣, ㉤

19 예

20 **6**

02 ⑤ 곧은 선으로만 이루어진 도형이 아닙니다.

04 가: **4**개, 나: **0**개 또는 없음, 다: **3**개, 라: **5**개

05 삼각자의 직각 부분을 대어 보고 확인합니다.

06 삼각자의 직각 부분을 이용하여 직각을 바르게 그린 것은 ㉡입니다.

09

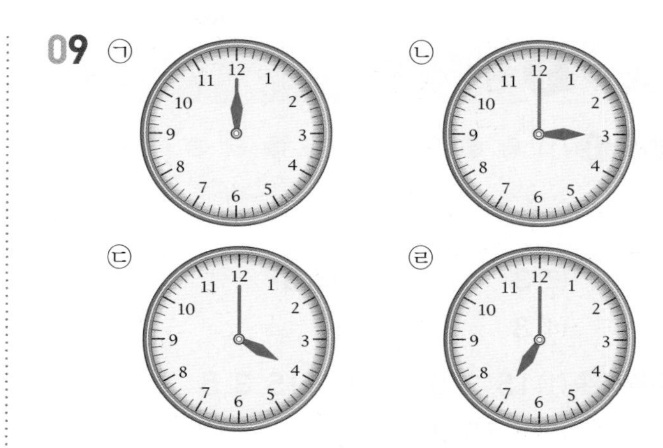

11 한 각이 직각인 삼각형을 찾습니다.

12 점 ㅂ에서 모눈의 점선을 따라 그렸을 때 만나는 점이 점 ㅁ이 되도록 옮겨야 합니다.

13

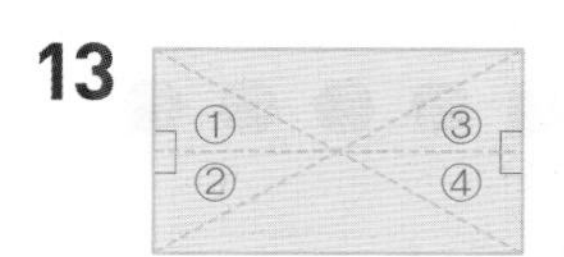

①, ②, ③, ④로 모두 **4**개 만들어집니다.

14 네 각이 모두 직각인 사각형은 나와 라입니다.

16 직사각형은 마주 보는 두 변의 길이가 서로 같습니다.
➡ **6**+**9**+**6**+**9**=**30** (cm)

17

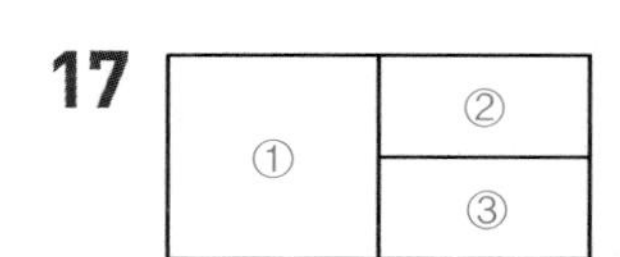

①, ②, ③: **3**개, ②+③: **1**개, ①+②+③: **1**개
➡ **3**+**1**+**1**=**5**(개)

18 **4**개의 선분으로 둘러싸인 도형이므로 사각형이고, 네 각이 모두 직각이고 네 변의 길이가 모두 같으므로 정사각형입니다. 정사각형은 직사각형이라고 할 수 있습니다.

20 정사각형의 네 변의 길이는 모두 같으므로
□+□+□+□=**24**입니다.
□×**4**=**24** ➡ □=**6**

3. 나눗셈

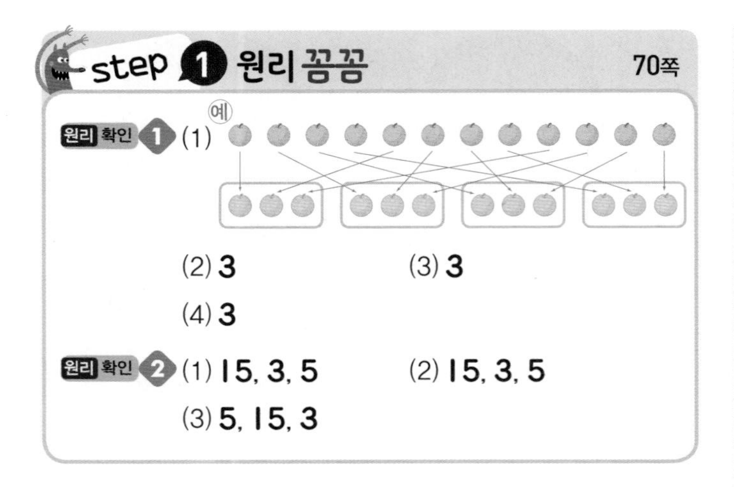

step 1 원리 꼼꼼 70쪽

원리 확인 1 (1) 예

(2) 3 (3) 3

(4) 3

원리 확인 2 (1) 15, 3, 5 (2) 15, 3, 5

(3) 5, 15, 3

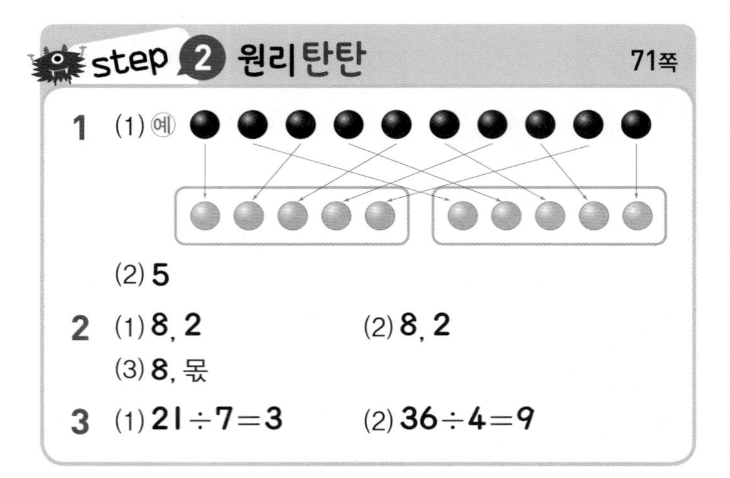

step 2 원리 탄탄 71쪽

1 (1) 예

(2) 5

2 (1) 8, 2 (2) 8, 2

(3) 8, 몫

3 (1) $21 \div 7 = 3$ (2) $36 \div 4 = 9$

1 (2) 바둑돌 10개를 2명에게 똑같이 나누어 주면 한 학생에 5개씩 갖습니다.
따라서 $10 \div 2 = 5$입니다.

step 3 원리 척척 72~73쪽

1 6 2 8
3 4 4 6
5 5 6 3, 6, 18, 3, 6
7 4, 7, 28, 4, 7 8 5, 8, 40, 5, 8
9 7, 6, 42, 7, 6 10 9, 4, 36, 9, 4

step 1 원리 꼼꼼 74쪽

원리 확인 1 (1) 예

(2) 5 (3) 5

(4) 5 (5) 5

원리 확인 2 (○)( )

2 $24-4-4-4-4-4-4=0$ ➡ $24 \div 4 = 6$ (6번)

step 2 원리 탄탄 75쪽

1 (1) 예

(2) 6, 6, 6, 6 (3) 4

2 (1) 4, 5 (2) 4, 5

(3) 몫

3 (1) $15 \div 5 = 3$ (2) $32 \div 4 = 8$

1 (1) 사탕 24개를 6개씩 4번 덜어 내면 0입니다.
(2) 24에서 6을 4번 빼면 0입니다.

step 3 원리 척척 76~77쪽

1 6 2 4
3 4 4 7
5 6 6 4
7 7 8 6
9 2, 7, 2, 7, 7 10 3, 6, 3, 6, 6
11 5, 4, 5, 4, 4 12 5, 6, 5, 6, 6
13 6, 8, 6, 8, 8

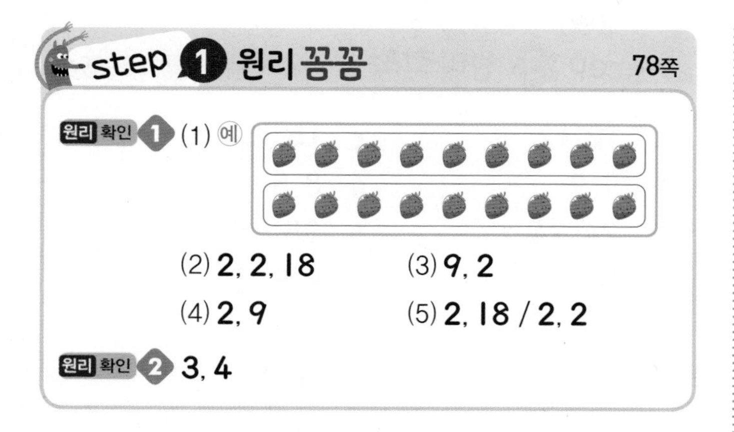

step 1 원리꼼꼼 78쪽

원리 확인 1 (1) 예

(2) 2, 2, 18 (3) 9, 2

(4) 2, 9 (5) 2, 18 / 2, 2

원리 확인 2 3, 4

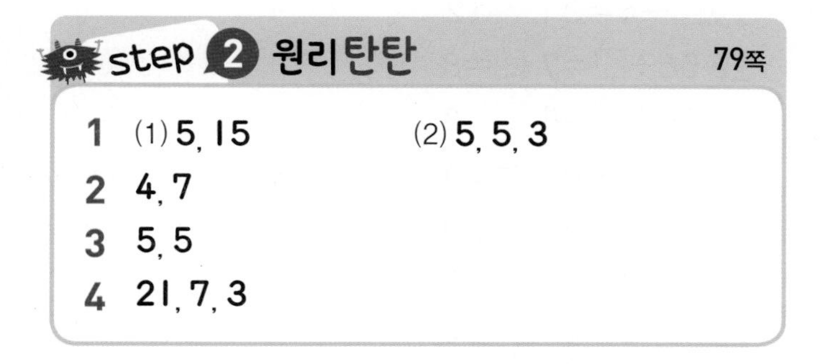

step 2 원리탄탄 79쪽

1 (1) 5, 15 (2) 5, 5, 3

2 4, 7

3 5, 5

4 21, 7, 3

step 3 원리척척 80~81쪽

1 7, 7

2 8, 8

3 3, 9, 9, 3

4 5, 7, 7, 5

5 7, 6, 6, 7

6 8, 5, 5, 8

7 12, 3, 4, 12, 4, 3

8 30, 5, 6, 30, 6, 5

9 36, 9, 4, 36, 4, 9

10 56, 8, 7, 56, 7, 8

11 48, 6, 8, 48, 8, 6

12 72, 9, 8, 72, 8, 9

13 8, 16, 2, 16

14 7, 21, 3, 21

15 8, 32, 4, 32

16 6, 30, 5, 30

17 9, 54, 6, 54

18 5, 45, 9, 45

19 3, 5, 15, 5, 3, 15

20 4, 6, 24, 6, 4, 24

21 8, 6, 48, 6, 8, 48

22 7, 4, 28, 4, 7, 28

23 9, 7, 63, 7, 9, 63

24 5, 8, 40, 8, 5, 40

1 $2\times7=14$ $2\times7=14$

$14\div2=7$ $14\div7=2$

step 1 원리꼼꼼 82쪽

원리 확인 1 (1) 6 (2) 6, 2, 2, 2, 2, 2, 2

(3) 6 (4) 6, 6, 6

step 2 원리탄탄 83쪽

1 (1) 3 (2) 3

(3) 3 (4) 3, 3, 3

2 (1) 2, 2 (2) 6, 6

(3) 5, 5 (4) 7, 7

3 7, 7, 7명

4 (1) 9 (2) 8

(3) 3 (4) 8

3 4단 곱셈구구를 이용합니다.

4 (1) $18\div2=9 \leftrightarrow 2\times9=18$

(2) $32\div4=8 \leftrightarrow 4\times8=32$

(3) $27\div9=3 \leftrightarrow 9\times3=27$

(4) $40\div5=8 \leftrightarrow 5\times8=40$

step 3 원리척척 84~85쪽

1	6, 6	2	6, 6
3	4, 4	4	9, 9
5	9, 9	6	6, 6
7	8, 8	8	6, 6
9	5, 5	10	7, 7
11	7, 7	12	5, 5
13	8, 8	14	7, 7
15	4	16	5
17	7	18	5
19	9	20	6
21	7	22	5
23	6	24	9
25	6	26	8
27	9	28	7

step 1 원리꼼꼼 86쪽

원리 확인 1 (1) 7, 7 (2) 7개

원리 확인 2 $4\times7=28$, $7\times4=28$ / 7개

원리 확인 3 (1) 6 / 6, 6

(2) 6, 7 / 6, 7, 7, 6

step 2 원리탄탄 87쪽

1 (1) 7, 7 (2) 5, 5

2 3, 18, 3

3 (1) 8, 8 (2) 6, 6

4 6, 6 / 6대

2 귤이 6개씩 3묶음 있으므로 $6\times3=18$이고 나눗셈식으로 나타내면 $18\div6=3$입니다.

step 3 원리척척 88~89쪽

1	12, 12	2	15, 15
3	9, 9	4	8, 8
5	24, 24	6	35, 35
7	5, 5	8	9, 9
9	18, 18	10	49, 49
11	8, 8	12	2, 2
13	32, 32	14	45, 45
15	8, 8	16	7, 7

17 $\square\div2=5$, $\square=10$

18 $\square\div9=9$, $\square=81$

19 $\square\div4=3$, $\square=12$

20 $56\div\square=7$, $\square=8$

21 $64\div\square=8$, $\square=8$

22 $\square\div8=3$, $\square=24$

23 $\square\div5=6$, $\square=30$

24 $\square\div7=9$, $\square=63$

25 $\square\div5=4$, $\square=20$

26 $32\div\square=8$, $\square=4$

27 $\square\div3=7$, $\square=21$

28 $63\div\square=7$, $\square=9$

step 4 유형콕콕 90~91쪽

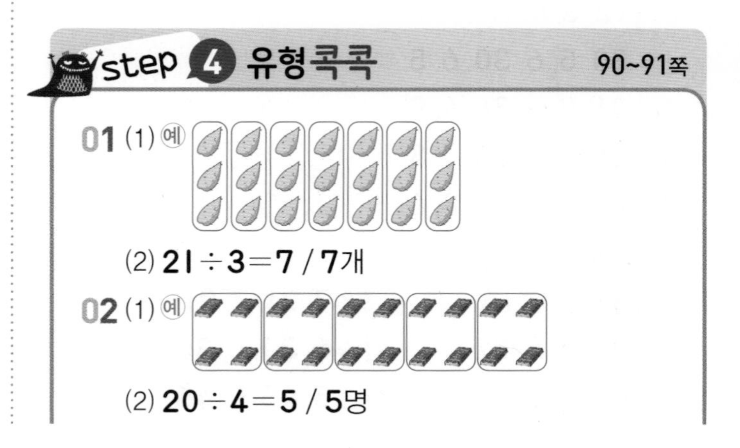

01 (1) 예

(2) $21\div3=7$ / 7개

02 (1) 예

(2) $20\div4=5$ / 5명

03 42, 6, 7

04 (1)

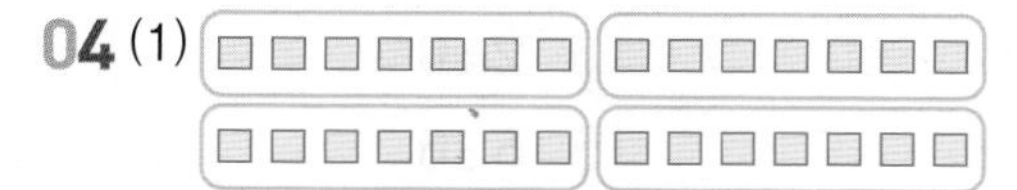

(2) 28÷4=7 / 7장

05 (1)

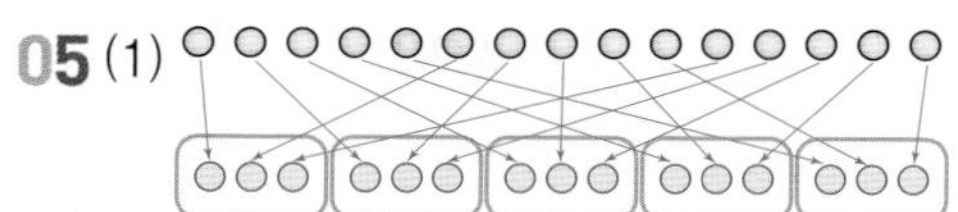

(2) 15÷5=3 / 3개

06 32, 4, 8

07 (1) 7, 35 (2) 5, 7, 7, 5

08 4, 32 / 4, 8, 8, 4

09 8, 9, 72 / 9, 8, 72

10 (1) 8, 8 (2) 6, 6

11 (1) 2 (2) 4 (3) 9 (4) 8

12 (1) 4 (2) 7 (3) 8 (4) 9

13 (1) > (2) <

14

단원 평가

92~93쪽

01 63 나누기 7은 9와 같습니다.

02 3

03 8, 4, 8, 4, 8, 8, 8, 8, 몫

04 20÷4=5, 나누기

05 예 , 4개

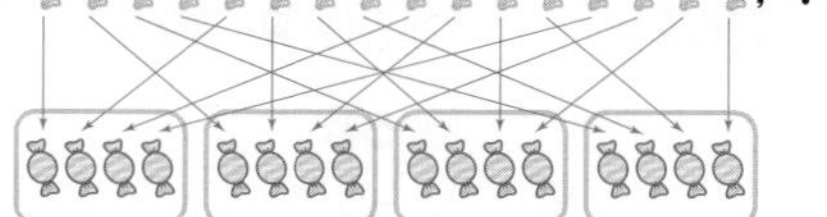

06 14, 2, 7

07 8, 8, 7

08 3, 18, 6, 18

09 ④

10 (위에서부터) 4, 2, 6, 3

11 (1) 5 (2) 6

12 8×9=72, 9×8=72

13 9, 5

14 ㉢

15 >

16 8, 2

17 (1) 9, 3 (2) 8, 4

18 63

19 6, 6

20 42÷6=7 / 7명

02 클로버 18개를 6개씩 묶어 3번 덜어 내면 0입니다.
➡ 18÷6=3

05 사탕 16개를 4곳에 똑같이 나누면 한 곳에 4개씩이므로 16÷4=4입니다.
따라서 한 사람이 4개씩 가져야 합니다.

09 ①은 3단, ②는 6단, ③은 5단, ④는 7단, ⑤는 8단 곱셈구구를 각각 이용하여 몫을 구할 수 있습니다.

10 24÷6=4, 4÷2=2, 24÷4=6, 6÷2=3

11 (1) 6×5=30 ➡ 30÷6=5
(2) 8×6=48 ➡ 48÷8=6

12 ■÷▲=● < ▲×●=■, ●×▲=■

13 45−9−9−9−9−9=0
나눗셈식 45÷9=5에서 몫 5는 45에서 9를 5번 빼면 0이 될 때, 빼는 횟수를 나타냅니다.

14 ㉠ 40÷8=5 ㉡ 28÷4=7
㉢ 24÷3=8 ㉣ 35÷5=7

15 24÷4=6 ↔ 4×6=24
36÷9=4 ↔ 9×4=36

16 • 72÷9=8 ↔ 9×8=72
• 8÷4=2 ↔ 4×2=8

17 (1) 54÷6=9, 9÷3=3
(2) 64÷8=8, 8÷2=4

18 □÷9=7에서 9×7=□, 9×7=63이므로 □=63입니다.

19 54장을 9장씩 6번 덜어 내면 0입니다.

20 42÷6=7 ➡ 6×7=42
따라서 긴 의자 한 개에는 7명씩 앉아야 합니다.

4. 곱셈

step 1 원리 꼼꼼 96쪽

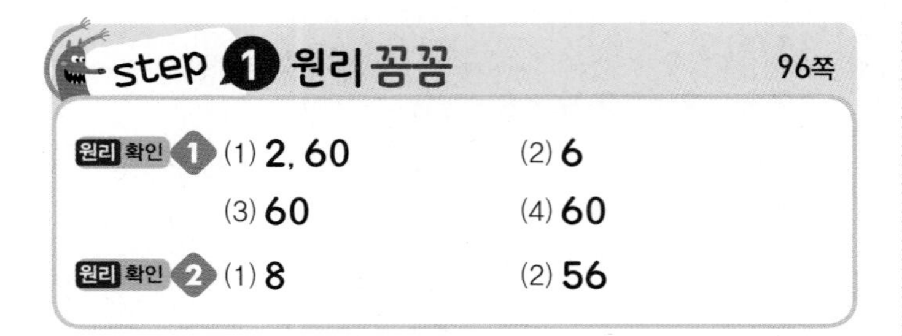

원리 확인 1 (1) 2, 60 (2) 6 (3) 60 (4) 60

원리 확인 2 (1) 8 (2) 56

1 (4) $30 \times 2 = 60$
$3 \times 2 = 6$

step 2 원리 탄탄 97쪽

1 (1) 9개 (2) 90
2 (1) 20×4 (2) 50×3 (3) 40×7 (4) 30×4
3 (1) 30 (2) 250
4 (1) 80 (2) 100 (3) 240 (4) 180

1 (1) $3 \times 3 = 9$(개)
(2) 십 모형은 모두 $3 \times 3 = 9$(개)이므로
$30 \times 3 = 90$입니다.

4 (1) $40 \times 2 = 80$
$4 \times 2 = 8$
(2) $20 \times 5 = 100$
$2 \times 5 = 10$

step 3 원리 척척 98~99쪽

1 4, 120
2 20, 6, 120
3 50, 5, 250
4 40, 7, 280
5 70, 8, 560
6
7 100
8 120
9 240
10 320
11 360
12 350
13 240
14 420
15 630
16 320
17 540
18 810
19 490
20 560

step 1 원리 꼼꼼 100쪽

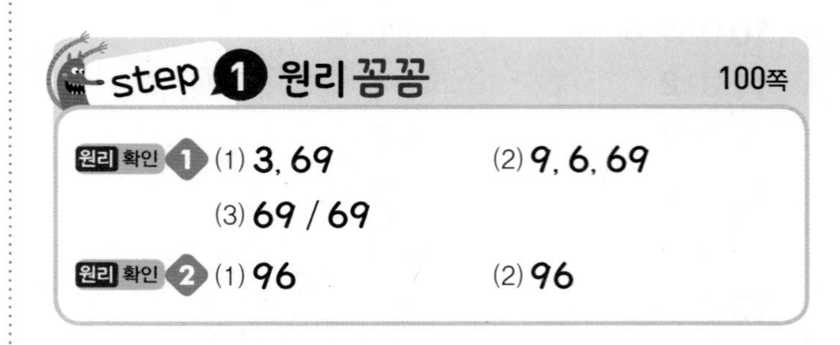

원리 확인 1 (1) 3, 69 (2) 9, 6, 69 (3) 69 / 69

원리 확인 2 (1) 96 (2) 96

2 일 모형은 $2 \times 3 = 6$(개)이고 십 모형은
$3 \times 3 = 9$(개)입니다.

step 2 원리 탄탄 101쪽

1 10, 70
2 (1) 84 (2) 4 (3) 8 (4) 84 (5) 8, 4
3 (1) 60, 4, 64 (2) 30, 9, 39
4 (1) 66 (2) 68 (3) 62 (4) 86

1 11은 10에 가장 가까우므로 어림셈으로 구하면 약
$10 \times 7 = 70$입니다.

step 3 원리척척 102~103쪽

1	50, 5, 55	2	20, 6, 26
3	40, 8, 48	4	80, 8, 88
5	40, 2, 42	6	60, 9, 69
7	90, 3, 93	8	60, 6, 66
9	80, 2, 82	10	80, 6, 86
11	40, 8, 48	12	90, 6, 96
13	36	14	28
15	46	16	44
17	99	18	96
19	48	20	99
21	39	22	77
23	68	24	88
25	62	26	84
27	48	28	82
29	69	30	86

step 1 원리꼼꼼 104쪽

원리 확인 1 (1) 3, 126 (2) 6, 12, 126
(3) 126 / 126

원리 확인 2 (1) 189 (2) 189

2 일 모형은 $3 \times 3 = 9$(개)이고
십 모형은 $6 \times 3 = 18$(개)입니다.

step 2 원리탄탄 105쪽

1 30, 150

2 (1) 159 (2) 9
(3) 15 (4) 159
(5) 1, 5, 9

3 (1) 150, 6, 156 (2) 120, 6, 126

4 (1) 164 (2) 249
(3) 128 (4) 216

1 31은 30에 가장 가까우므로 어림셈으로 구하면 약 $30 \times 5 = 150$입니다.

step 3 원리척척 106~107쪽

1	120, 8, 128	2	120, 9, 129
3	100, 4, 104	4	120, 6, 126
5	240, 4, 244	6	140, 8, 148
7	210, 9, 219	8	240, 6, 246
9	360, 8, 368	10	270, 9, 279
11	150, 9, 159	12	560, 7, 567
13	105	14	124
15	205	16	129
17	153	18	106
19	287	20	276
21	248	22	144
23	486	24	455
25	249	26	168
27	729	28	188
29	126	30	364

step 1 원리꼼꼼 108쪽

원리 확인 1 (1) 4, 92 (2) 12, 8, 92
(3) 92 / 92

원리 확인 2 (1) 51 (2) 51

step 2 원리탄탄 109쪽

1 20, 80

2 (1) 54 (2) 24

(3) 3 (4) 54

(5) 5, 4

3 (1) 60, 12, 72 (2) 60, 15, 75

4 (1) 81 (2) 96

(3) 78 (4) 95

1 24는 20에 가장 가까우므로 어림셈으로 구하면 약 $20 \times 4 = 80$입니다.

step 3 원리척척 110~111쪽

1	50, 25, 75	2	70, 28, 98
3	50, 35, 85	4	40, 12, 52
5	60, 21, 81	6	80, 12, 92
7	60, 10, 70	8	60, 14, 74
9	80, 12, 92	10	80, 18, 98
11	60, 16, 76	12	60, 27, 87
13	64	14	72
15	90	16	65
17	57	18	78
19	50	20	72
21	87	22	72
23	76	24	78
25	54	26	56
27	74	28	90
29	96	30	92

step 1 원리꼼꼼 112쪽

원리 확인 1 (1) 162 (2) 150, 12, 162

(3) 150, 162 (4) 150, 162

원리 확인 2 (1) 134 (2) 134

2 일 모형은 $7 \times 2 = 14$(개)이고
십 모형은 $6 \times 2 = 12$(개)입니다.
일 모형 14개는 십 모형 1개와 일 모형 4개로 바꿀 수 있습니다.

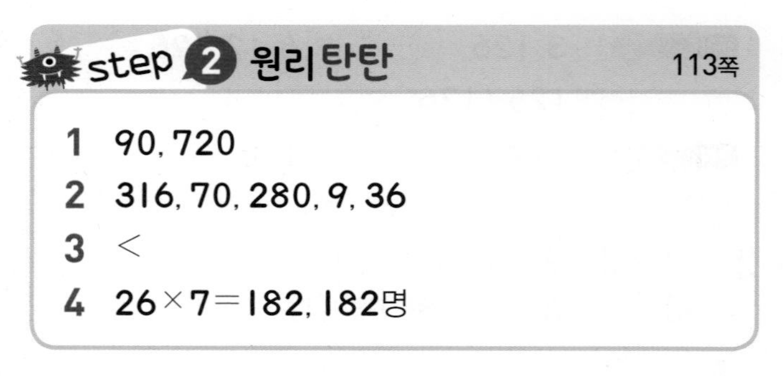

step 2 원리탄탄 113쪽

1 90, 720

2 316, 70, 280, 9, 36

3 $<$

4 $26 \times 7 = 182$, 182명

1 87은 90에 가장 가까우므로 어림셈으로 구하면 약 $90 \times 8 = 720$입니다.

3 $54 \times 6 = 324$, $48 \times 8 = 384$
➡ $54 \times 6 < 48 \times 8$

4 (운동장에 서 있는 전체 학생 수)
=(한 줄에 서 있는 학생 수)×(줄 수)
$= 26 \times 7 = 182$(명)

step 3 원리척척 114~115쪽

1 180, 36, 216
2 200, 15, 215
3 350, 28, 378
4 480, 16, 496
5 420, 18, 438
6 400, 25, 425
7 120, 36, 156
8 240, 42, 282
9 350, 56, 406
10 480, 56, 536
11 320, 24, 344
12 540, 42, 582
13 204
14 184
15 330
16 315
17 222
18 595
19 342
20 465
21 776
22 616
23 623
24 616
25 144
26 315
27 424
28 320
29 624
30 846

step 4 유형콕콕 116~117쪽

01 80

02 (1) 420 (2) 480 (3) 80 (4) 320

03 →×

30	4	120
50	5	250
70	2	140
90	3	270

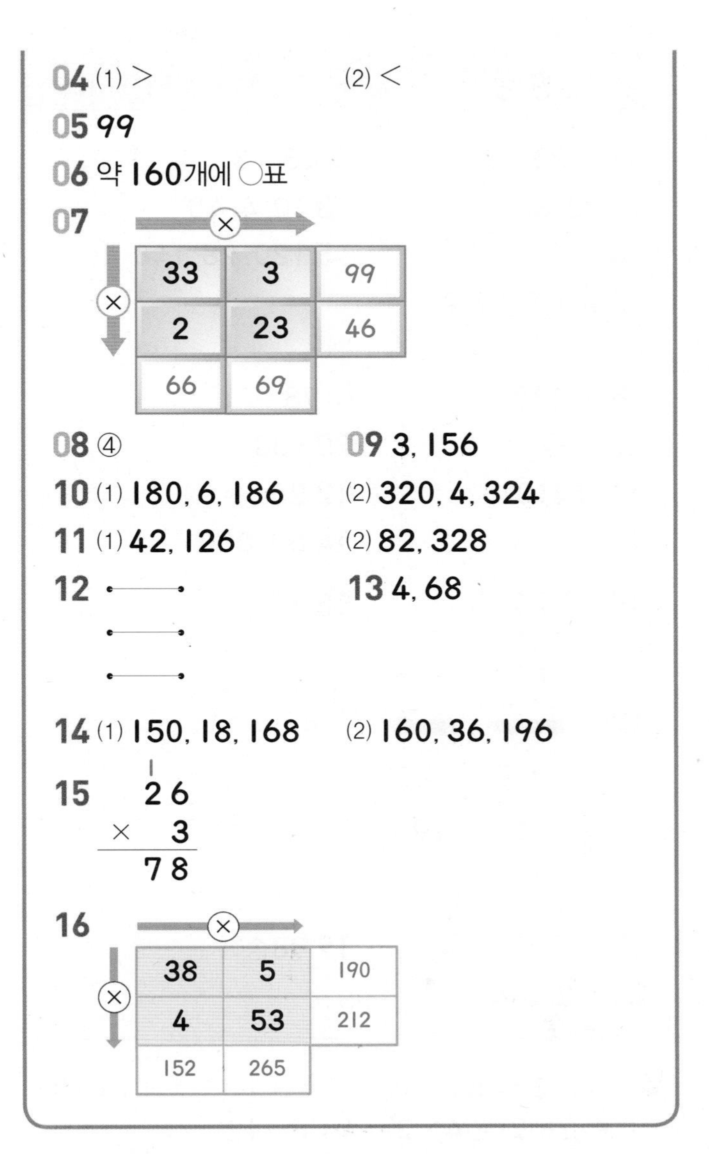

04 (1) > (2) <

05 99

06 약 160개에 ○표

07 →× ↓×

33	3	99
2	23	46
66	69	

08 ④

09 3, 156

10 (1) 180, 6, 186 (2) 320, 4, 324

11 (1) 42, 126 (2) 82, 328

12

13 4, 68

14 (1) 150, 18, 168 (2) 160, 36, 196

15
$$\begin{array}{r} \overset{1}{2}6 \\ \times \quad 3 \\ \hline 78 \end{array}$$

16 →× ↓×

38	5	190
4	53	212
152	265	

06 83은 80에 가장 가까우므로 2봉지에 들어 있는 단추는 약 $80 \times 2 = 160$(개)입니다.

08 ① $23 \times 3 = 69$ ② $12 \times 4 = 48$
③ $31 \times 2 = 62$ ④ $44 \times 2 = 88$
⑤ $14 \times 2 = 28$
따라서 계산 결과가 가장 큰 것은 ④입니다.

단원평가 118~120쪽

01 (1) 30×7 (2) 43×3
02 13, 39
03 12, 4, 48
04 ⑤
05 120, 28, 148
06 2, 1, 9 / 9, 2
07 (1) > (2) <
08 (1) 208 (2) 78
09 ㉠, ㉢
10 138
11 약 210개
12 20
13 ㉠
14 60, 300
15
$$\begin{array}{r} {}^{1} \\ 49 \\ \times\ \ 2 \\ \hline 98 \end{array}$$
16
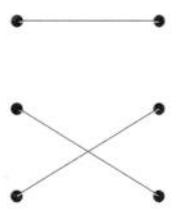
17 (× →, × ↓)

62	4	248
3	19	57
186	76	

18 ㉠, ㉣, ㉡, ㉢
19 98송이
20 1, 2, 3, 4

04 24×2=48인데 ⑤의 계산 결과는 다음과 같습니다.
➡ (2×2)+(4×2)=4+8=12

07 (1) 50×3=150, 20×7=140 ➡ 150>140
(2) 40×4=160, 30×6=180 ➡ 160<180

08 (1)
$$\begin{array}{r} 52 \\ \times\ \ 4 \\ \hline 208 \end{array}$$
(2)
$$\begin{array}{r} {}^{1} \\ 39 \\ \times\ \ 2 \\ \hline 78 \end{array}$$

09 ㉠ 50×4=200, ㉡ 30×7=210
㉢ 40×5=200, ㉣ 70×4=280
따라서 계산 결과가 같은 것은 ㉠과 ㉢입니다.

10 46×3 ─ 40×3=120, 6×3=18 ─ 138

11 29는 약 30으로 어림할 수 있고 일주일은 7일입니다.
30×7=210이므로 예린이가 일주일 동안 푼 문제는 약 210개입니다.

12 8×3=24에서 4를 일의 자리에 쓰고, 20을 십의 자리로 올림하여 2라고 작게 씁니다.

13 ㉠ 32×3=96, ㉡ 41×2=82
➡ 96>82

14 20×3=60, 60×5=300

15 일의 자리의 곱 9×2=18에서 십의 자리 숫자 1을 올림하여 십의 자리의 곱과 더합니다.

16 42×2=84, 18×4=72, 11×9=99, 21×4=84, 33×3=99, 24×3=72

17 62×4=248, 3×19=19×3=57, 62×3=186, 4×19=19×4=76

18 ㉠ 60×3=180 ㉡ 31×5=155
㉢ 24×4=96 ㉣ 83×2=166

19 14×7=98(송이)

20 25×3=75이므로 18×□는 75보다 작아야 합니다.
18×1=18, 18×2=36, 18×3=54, 18×4=72, 18×5=90이므로 □ 안에 들어갈 수 있는 수는 1, 2, 3, 4입니다.

5. 길이와 시간

step 1 원리꼼꼼 122쪽

원리 확인 1 (1) 1 (2) 8 (3) 8

원리 확인 2 (1) 3 (2) 5, 3

2 (2) 5cm보다 3mm 더 긴 것을 5cm 3mm라고 합니다.

step 2 원리탄탄 123쪽

1 (1) 7 밀리미터 (2) 8 센티미터 3 밀리미터
2 9 mm
3 (1) 1, 9 (2) 6, 4
4 (1) 20 (2) 6 (3) 9, 90, 91 (4) 30, 3, 3, 7

2 9는 눈금 2칸에 쓰고 mm는 눈금 1칸에 씁니다.

step 3 원리척척 124~125쪽

1 4 밀리미터
2 12 밀리미터
3 1 센티미터 5 밀리미터
4 10 센티미터 7 밀리미터
5 7 mm
6 16 mm
7 3 cm 5 mm
8 24 cm 3 mm
9 10, 16
10 40, 4
11 20, 27
12 50, 5
13 140, 3, 143
14 160, 7, 16, 7
15 20
16 45
17 53
18 89
19 64
20 78
21 106
22 139
23 4
24 2, 6
25 7, 1
26 8, 3
27 5, 7
28 9, 9
29 10, 2
30 12, 5

step 1 원리꼼꼼 126쪽

원리 확인 1 (1) 600 (2) 400 (3) 1000 (4) 1

원리 확인 2 (1) 300 (2) 1, 300

1 (3) 600m+400m=1000m
(4) 1000m=1km

2 (2) 1km보다 300m 더 긴 길이는 1km 300m라고 합니다.

step 2 원리탄탄 127쪽

1 (1) 2 킬로미터 (2) 5 킬로미터 600 미터
2 8 km
3 300, 700, 3 킬로미터 700 미터
4 (1) 3000 (2) 7 (3) 2, 2000, 2600 (4) 5000, 5, 5, 800

2 8은 눈금 2칸에 씁니다.

3 1km+1km+1km+700m=3km 700m

step 3 원리척척 128~129쪽

1 3 킬로미터　2 12 킬로미터
3 2 킬로미터 500 미터
4 24 킬로미터 700 미터
5 5 km　6 16 km
7 6 km 20 m　8 23 km 500 m
9 5, 5000, 5300
10 6000, 6, 6, 800
11 9, 750, 9000, 750, 9750
12 8000, 450, 8, 450, 8, 450
13 12, 400, 12000, 400, 12400
14 9000, 50, 9, 50, 9, 50
15 5000　16 3150
17 4230　18 8600
19 6070　20 5550
21 8060　22 7030
23 7　24 6, 500
25 4, 540　26 1, 20
27 8, 200　28 9, 360
29 6, 80　30 9, 55

step 1 원리꼼꼼 130쪽

원리 확인 1 5, 15
원리 확인 2 약 4 km

1 클립의 길이가 약 3cm이므로 가위의 길이는 약 3cm의 5배 정도인 길이입니다.

2 한 칸의 길이가 약 1 km이므로 약 1 km씩 4번 간 거리는 약 4 km입니다.

step 2 원리탄탄 131쪽

1 예 8 / 8, 3
2 (1) cm　(2) mm　(3) km
3 은행
4 2 km

step 3 원리척척 132~133쪽

1 예 4 / 4, 5　2 예 3 / 3, 2
3 예 6 / 6, 3　4 예 5 / 5, 5
5 예 6 / 6, 4
6 cm　7 mm
8 mm　9 m
10 km

1 어림한 길이를 말할 때에는 '약'으로 표현합니다.

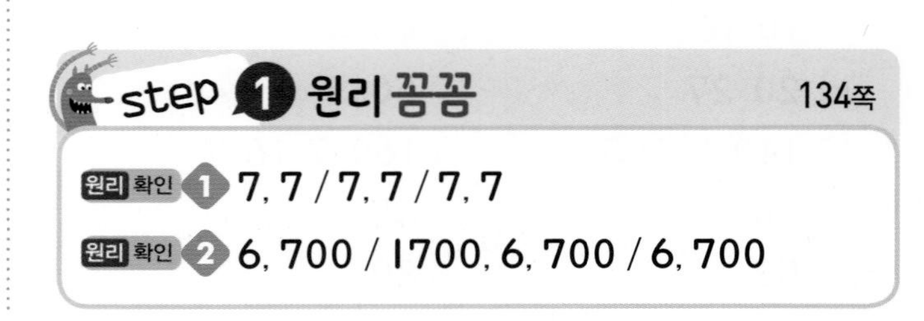

step 1 원리꼼꼼 134쪽

원리 확인 1 7, 7 / 7, 7 / 7, 7
원리 확인 2 6, 700 / 1700, 6, 700 / 6, 700

step 2 원리탄탄 135쪽

1 (1) 11, 1, 8, 1
(2) 1300, 1, 9, 300

2 (1) 5 cm 9 mm (2) 9 km 800 m

3 (1) 8 cm 8 mm (2) 12 km

4 6 cm 2 mm+4 cm 5 mm=10 cm 7 mm, 10 cm 7 mm

step 3 원리척척 136~137쪽

1 10 cm 8 mm
2 12 cm 7 mm
3 15 cm 8 mm
4 10 cm 9 mm
5 8 cm 7 mm
6 11 cm
7 6 cm 2 mm
8 29 cm 2 mm
9 36 cm 5 mm
10 3 cm 6 mm
11 9 cm 7 mm
12 16 cm 7 mm
13 8 cm 5 mm
14 17 cm 2 mm
15 28 cm 3 mm
16 5 km 820 m
17 8 km 550 m
18 6 km 735 m
19 7 km 731 m
20 13 km 100 m
21 9 km 110 m
22 7 km 450 m
23 9 km 90 m
24 12 km 280 m
25 5 km 800 m
26 7 km 770 m
27 9 km 750 m
28 8 km 288 m
29 6 km 250 m
30 14 km 97 m

step 1 원리꼼꼼 138쪽

원리 확인 1 2, 9 / 4, 10, 2, 9 / 2, 9

원리 확인 2 900 / 2, 1000, 900 / 900

step 2 원리탄탄 139쪽

1 (1) 6, 10, 2, 4
(2) 50, 1000, 2, 700

2 (1) 6 cm 5 mm (2) 6 km 200 m

3 (1) 2 cm 7 mm (2) 1 km 500 m

4 12 cm 5 mm−6 cm 2 mm=6 cm 3 mm, 6 cm 3 mm

step 3 원리척척 140~141쪽

1 5 cm 3 mm
2 14 cm
3 16 cm 4 mm
4 6 cm 4 mm
5 6 cm 7 mm
6 4 cm 9 mm
7 20 cm 6 mm
8 27 cm 9 mm
9 40 cm 6 mm
10 4 cm 3 mm
11 1 cm 6 mm
12 13 cm 1 mm
13 4 cm 6 mm
14 10 cm 9 mm
15 15 cm 6 mm
16 3 km 100 m
17 3 km 550 m
18 4 km 250 m
19 10 km 258 m
20 2 km 400 m
21 6 km 580 m
22 8 km 720 m
23 17 km 900 m
24 32 km 950 m
25 4 km 700 m
26 2 km 120 m
27 1 km 255 m
28 2 km 400 m
29 6 km 850 m
30 6 km 370 m

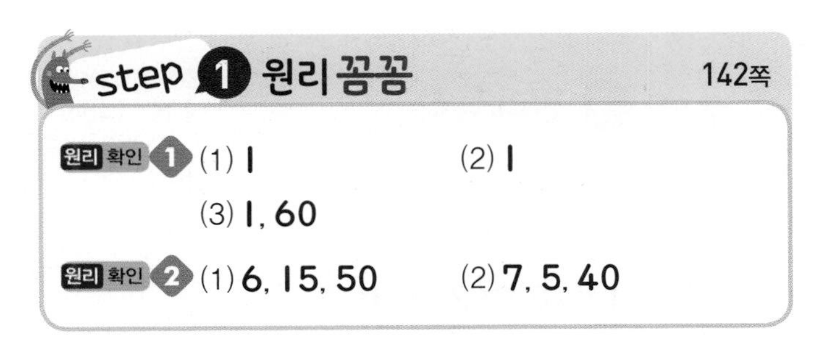

step 1 원리꼼꼼 142쪽

원리 확인 1 (1) 1 (2) 1
(3) 1, 60

원리 확인 2 (1) 6, 15, 50 (2) 7, 5, 40

2 (1) 초바늘이 숫자 10을 가리키므로 50초입니다.
(2) 초바늘이 숫자 8을 가리키므로 40초입니다.

step 2 원리탄탄 143쪽

1 (1) 4시 50분 35초 (2) 8시 20분 8초
(3) 9시 16분 35초 (4) 11시 38분 17초

2 (1) (2)

3 (1) 60, 70 (2) 60, 1
(3) 180, 220 (4) 240, 4, 50

1 (1) 초바늘이 숫자 7을 가리키므로 35초입니다.
(2) 초바늘이 숫자 1에서 작은 눈금 3칸을 더 갔으므로 8초입니다.
(3) 9 : 16 : 35 (시 분 초) (4) 11 : 38 : 17 (시 분 초)

2 (1) 20초이므로 초바늘이 숫자 4를 가리키도록 그립니다.
(2) 52초이므로 초바늘이 숫자 10에서 작은 눈금 2칸을 더 간 곳을 가리키도록 그립니다.

3 (3) 3분=(60×3)초=180초
(4) 240초=(60×4)초=4분

step 3 원리척척 144~145쪽

1 시각, 시각, 시간 2 시각, 시각, 시간
3 시각, 시각, 시간
4 9시, 11시 10분 / 2시간 10분
5 6시 30분, 9시 55분 / 3시간 25분
6 9, 34, 28 7 2, 5, 42
8 30, 1, 1, 30 9 30, 2, 30, 2, 30
10 1, 60, 110 11 5, 300, 320
12 150 13 4, 10
14 345 15 2, 43
16 187 17 6, 40

step 1 원리꼼꼼 146쪽

원리 확인 1 (1) 4, 25 / 3, 85, 4, 25
(2) 4, 25

원리 확인 2 (1) 6, 70, 7, 10
(2) 7, 75, 82, 8, 16, 22

step 2 원리탄탄 147쪽

1 2, 50 / 2, 50
2 75, 60, 71, 1, 8, 11, 15
3 (1) 8시간 5분 (2) 6시 5분
(3) 7시간 21분 5초
(4) 11시간 14분 25초

step 3 원리척척 148~149쪽

1 2시 30분 2 5시 15분
3 8시 10분 4 6시 15분
5 8시 34분 6 12시 32분
7 7시 30분 55초 8 7시 18분 37초

9 10시 41분 28초
10 9시 10분 8초
11 1시 40분
12 3시 40분
13 11시 35분
14 5시 15분
15 8시 10분 50초
16 8시 38분 10초
17 1시간 50분
18 4시간 45분
19 7시간 57분
20 8시간
21 8시간 17분
22 11시간 25분
23 11시간 37분 53초
24 5시간 38분 38초
25 9시간 49분 13초
26 9시간 11분 15초
27 2시간 30분
28 3시간 20분
29 8시간 42분
30 4시간 2분
31 8시간 10분 50초
32 12시간 25분 27초

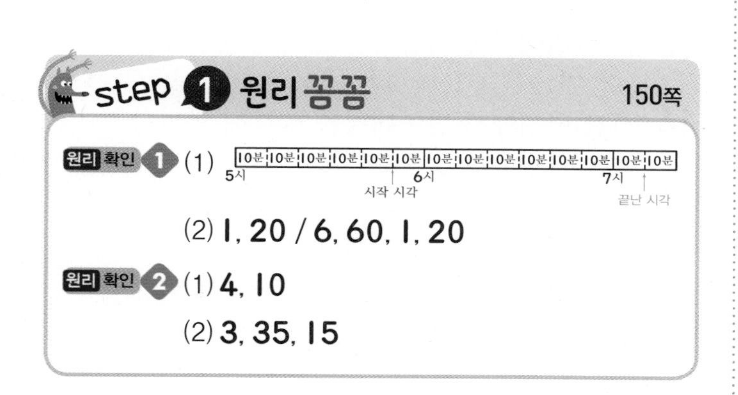

step 1 원리꼼꼼 150쪽

원리 확인 1 (1)

(2) 1, 20 / 6, 60, 1, 20

원리 확인 2 (1) 4, 10

(2) 3, 35, 15

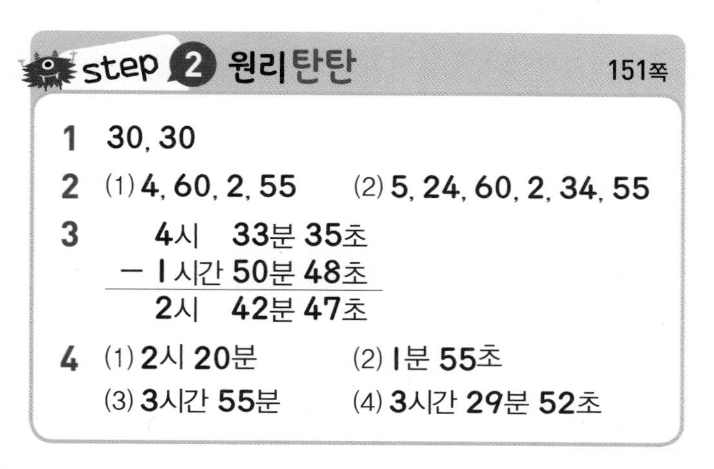

step 2 원리탄탄 151쪽

1 30, 30

2 (1) 4, 60, 2, 55 (2) 5, 24, 60, 2, 34, 55

3
```
     4시    33분 35초
  − 1시간 50분 48초
  ─────────────────
     2시    42분 47초
```

4 (1) 2시 20분 (2) 1분 55초

(3) 3시간 55분 (4) 3시간 29분 52초

3 시간 단위와 분 단위에서 받아내림한 것을 생각하지 않고 계산하였습니다.

step 3 원리척척 152~153쪽

1 3시간 20분
2 3시간 27분
3 5시간 27분
4 3시간 45분
5 2시간 54분
6 4시간 15분
7 2시간 38분 26초
8 20분 25초
9 3시간 25분 33초
10 6시간 23분 42초
11 1시간 20분
12 2시간 37분
13 2시간 8분
14 1시간 43분
15 5시간 45분 21초
16 3시간 35분 30초
17 5시 20분
18 3시 10분
19 3시 39분
20 5시간 25분
21 3시간 47분
22 1시간 44분
23 5시 18분 35초
24 1시 33분 30초
25 1시간 12분 20초
26 7시간 29분 11초
27 2시 25분
28 2시 15분
29 3시 6분
30 2시 30분
31 3시간 48분 5초
32 5시간 34분 30초

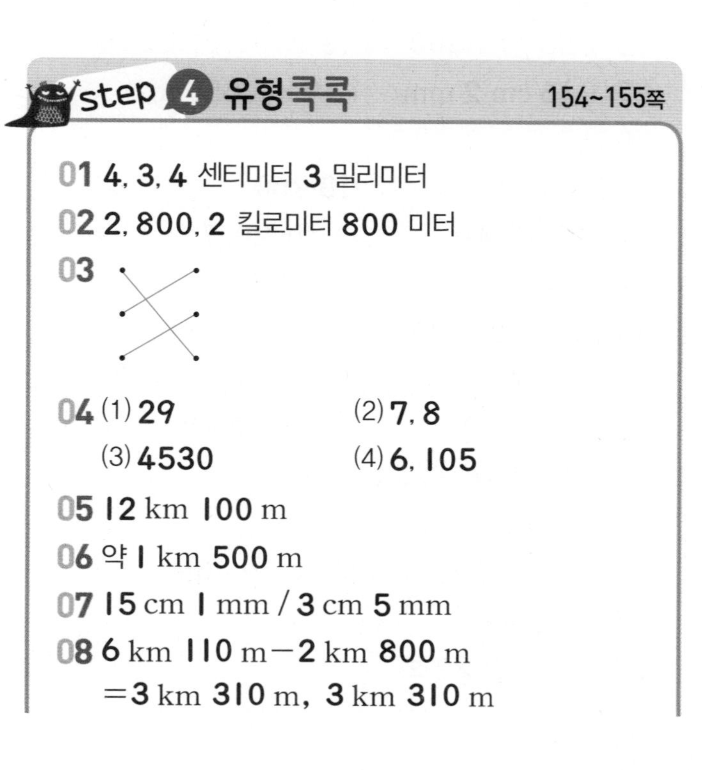

step 4 유형콕콕 154~155쪽

01 4, 3, 4 센티미터 3 밀리미터

02 2, 800, 2 킬로미터 800 미터

03

04 (1) 29 (2) 7, 8

(3) 4530 (4) 6, 105

05 12 km 100 m

06 약 1 km 500 m

07 15 cm 1 mm / 3 cm 5 mm

08 6 km 110 m − 2 km 800 m
= 3 km 310 m, 3 km 310 m

09 오후 2시 20분, 오후 4시 15분 / 1시간 55분
10 ④, ⑤
11 (1) 5시 54분 32초　(2) 1시 12분 53초
12 (1) 250　(2) 9, 10
13 98, 12, 38
14 (1) 11시 5분　(2) 9시간 16분 22초
(3) 2시 59분　(4) 4시간 52분 52초
15 9시　16 1시간 35분

15 7시 30분+1시간 30분=9시

16 9시 20분−7시 45분=1시간 35분

단원 평가　156~158쪽

01 ⑤　02

03 120, 126　04 250, 25, 25, 8
05 5, 5000, 5300　06 3000, 3, 3, 620
07 (1) 16 cm 2 mm　(2) 9 km 650 m
08 지윤
09 2 cm 8 mm　10 950
11 (1) 2, 15, 40　(2) 10, 20, 7
12 (1) 90　(2) 3, 20
13 79, 1, 60, 8, 19　14 5, 60, 1, 46
15 (1) 9시 43분　(2) 8시간 31분 33초
16 (1) 1시간 29분　(2) 5시간 43분
17 (1) 5시간 14분 22초
(2) 2시 40분 25초
18 10시 20분, 12시 50분 / 2시간 30분
19 2, 37, 33
20 12시 15분 20초

03 1 cm=10 mm임을 이용합니다.

04 10 mm=1 cm임을 이용합니다.

05 1 km=1000 m임을 이용합니다.

06 1000 m=1 km임을 이용합니다.

07 (1) mm 단위의 합이 10이거나 10보다 크면 cm 단위로 받아올림합니다.

08 내 발의 길이는 mm로 나타내는 것이 알맞습니다.

09 19 cm 3 mm−16 cm 5 mm
=2 cm 8 mm

10 2 km 250 m−1 km 300 m=950 m

13 분 단위에서 받아올림을 생각해 봅니다.

14 시간 단위에서 받아내림을 생각해 봅니다.

15 (2) 분 단위의 합이 60이거나 60을 넘으면 시간 단위로 받아올림합니다.
참고 (시각)+(시간)은 시각으로 나타내고,
(시간)+(시간)은 시간으로 나타냅니다.

16 분 단위끼리 뺄 수 없을 때에는 1시간을 60분으로 받아내림합니다.
참고 (시각)−(시각), (시간)−(시간)은
시간으로 나타냅니다.

17 초 단위끼리, 분 단위끼리 뺄 수 없으면 1분을 60초로, 1시간을 60분으로 각각 받아내림합니다.
참고 (시각)−(시간)은 시각으로 나타냅니다.

19 ㉮−㉯=㉰일 때 ㉮−㉰=㉯임을 이용합니다.

20 9시 30분+2시간 45분 20초
=12시 15분 20초

6. 분수와 소수

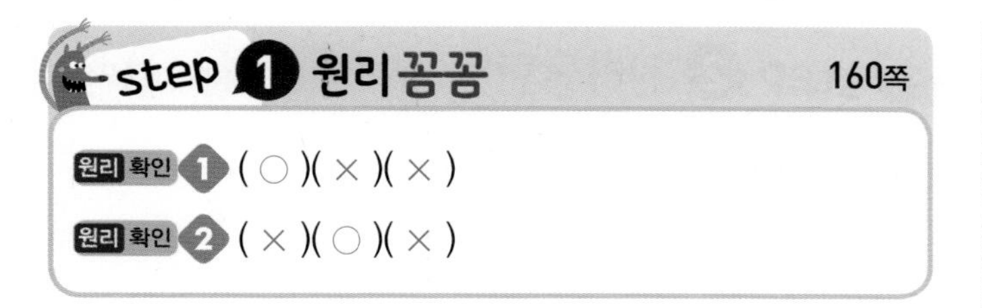

step 1 원리꼼꼼 160쪽

원리 확인 1 (○)(×)(×)

원리 확인 2 (×)(○)(×)

1 둘로 나누어진 부분들의 모양과 크기가 같은 것을 찾습니다.

2 넷으로 나누어진 부분들의 모양과 크기가 같은 것을 찾습니다.

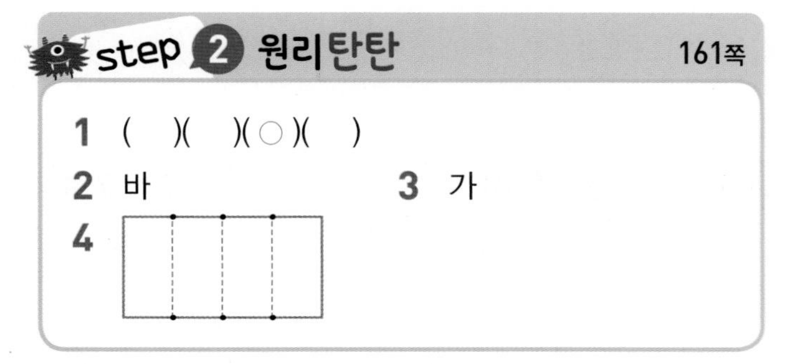

step 2 원리탄탄 161쪽

1 ( )( )(○)( )

2 바

3 가

4

1 셋으로 나누어진 도형을 찾고, 모양과 크기가 같은지 확인합니다.

2 마는 둘로 나누었지만 나누어진 **2**조각의 모양과 크기가 같지 않습니다.

3 다와 라는 셋으로 나누었지만 나누어진 **3**조각의 모양과 크기가 같지 않습니다.

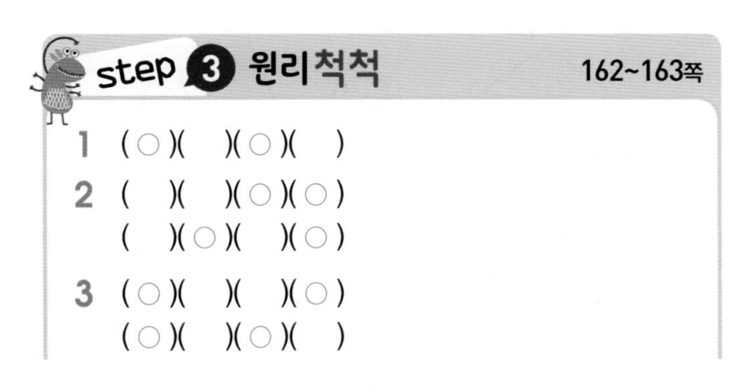

step 3 원리척척 162~163쪽

1 (○)( )(○)( )

2 ( )( )(○)(○)
( )(○)( )(○)

3 (○)( )( )(○)
(○)( )(○)( )

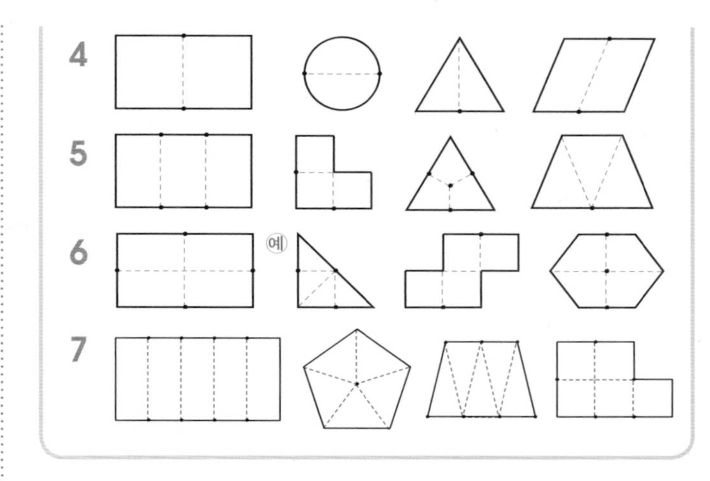

4

5

6 예

7

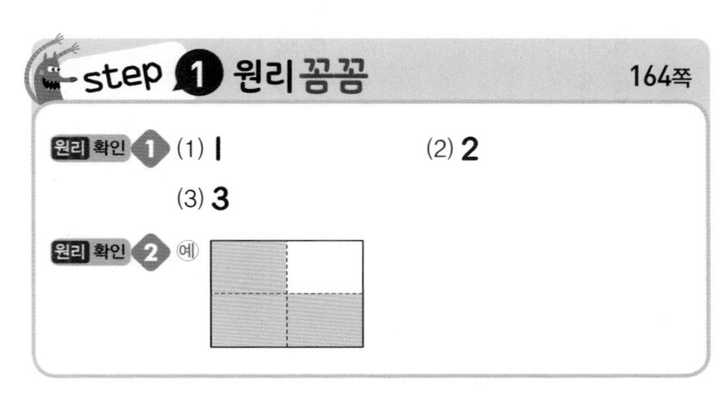

step 1 원리꼼꼼 164쪽

원리 확인 1 (1) **1** (2) **2** (3) **3**

원리 확인 2 예

1 전체를 똑같이 **4**로 나눈 것 중 부분의 개수를 알아봅니다.

step 2 원리탄탄 165쪽

1 1
2 2
3 4, 2
4 (○)(×)(×)

1
- 전체를 똑같이 나눈 개수: **3**
- 색칠한 부분의 개수: **1**

2
- 전체를 똑같이 나눈 개수: **5**
- 색칠한 부분의 개수: **2**

3 • 전체를 똑같이 나눈 개수: **4**
• 부분의 개수: **2**

4 색칠한 부분이 똑같이 **4**로 나눈 것 중의 **3**인 것을 찾습니다.

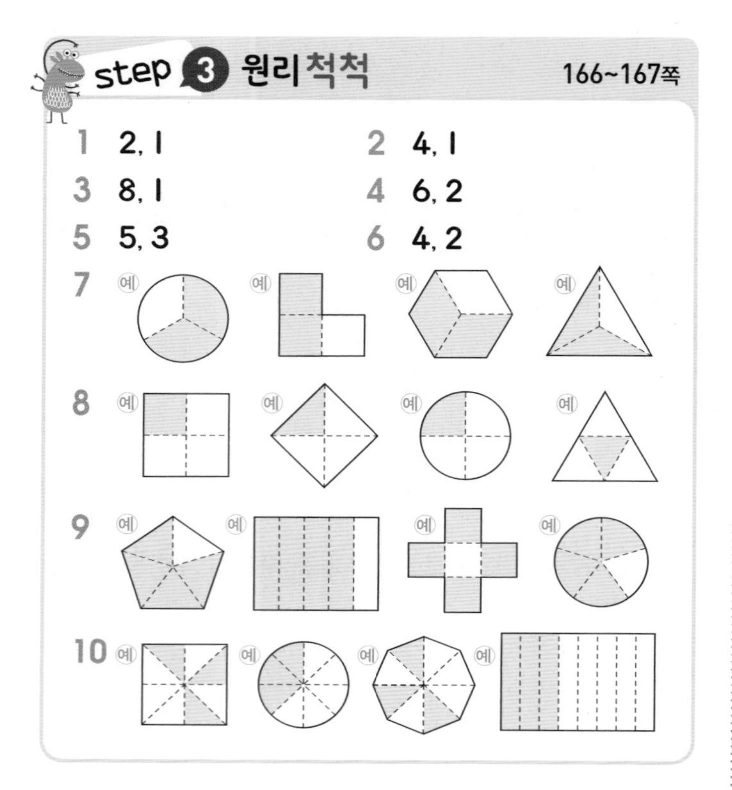
step 3 원리척척 166~167쪽

1 2, 1　　2 4, 1
3 8, 1　　4 6, 2
5 5, 3　　6 4, 2
7 예　8 예　9 예　10 예

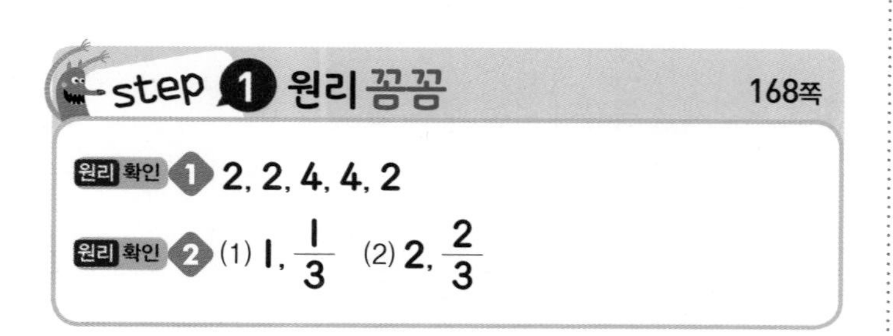
step 1 원리꼼꼼 168쪽

원리 확인 1 2, 2, 4, 4, 2
원리 확인 2 (1) 1, $\frac{1}{3}$ (2) 2, $\frac{2}{3}$

step 2 원리탄탄 169쪽

1 (1) 4분의 1 (2) 5분의 2
2 (1) $\frac{1}{9}$ (2) $\frac{4}{7}$
3 5, 3, 3, 5
4 $\frac{3}{4}$, $\frac{1}{4}$

1 가로 선 아래의 수를 먼저 읽은 다음 위의 수를 읽습니다.

4 색칠한 부분: 전체를 똑같이 **4**로 나눈 것 중의 **3**
색칠하지 않은 부분: 전체를 똑같이 **4**로 나눈 것 중의 **1**

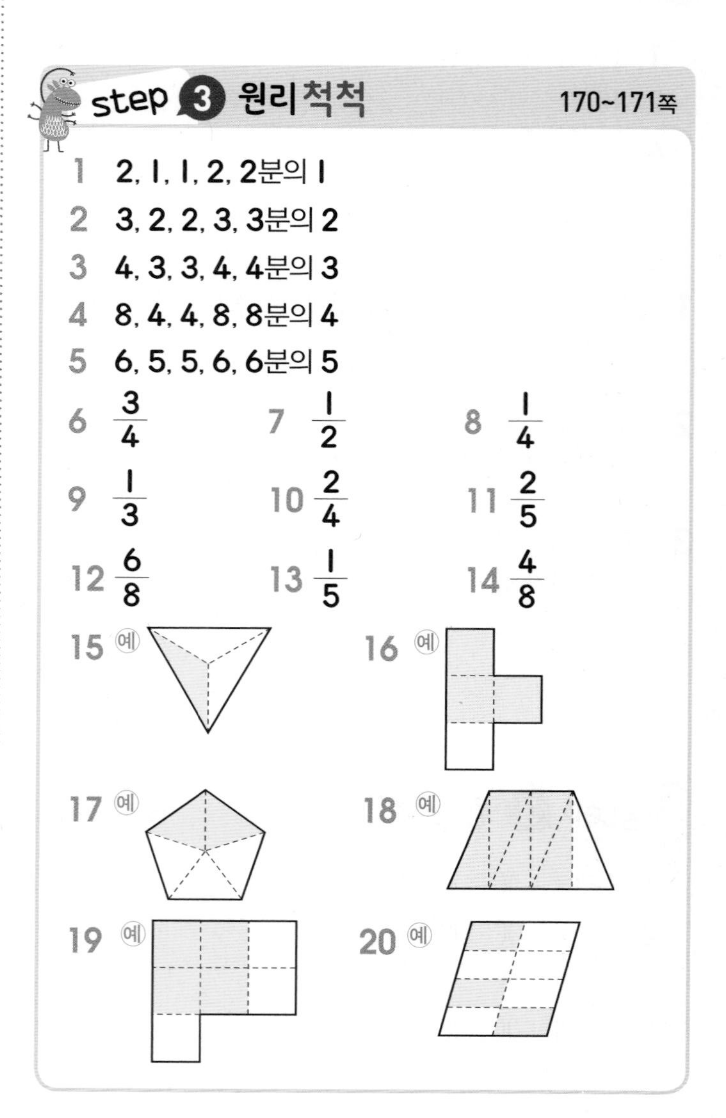
step 3 원리척척 170~171쪽

1 2, 1, 1, 2, 2분의 1
2 3, 2, 2, 3, 3분의 2
3 4, 3, 3, 4, 4분의 3
4 8, 4, 4, 8, 8분의 4
5 6, 5, 5, 6, 6분의 5
6 $\frac{3}{4}$　7 $\frac{1}{2}$　8 $\frac{1}{4}$
9 $\frac{1}{3}$　10 $\frac{2}{4}$　11 $\frac{2}{5}$
12 $\frac{6}{8}$　13 $\frac{1}{5}$　14 $\frac{4}{8}$
15 예　16 예
17 예　18 예
19 예　20 예

step 1 원리 꼼꼼

172쪽

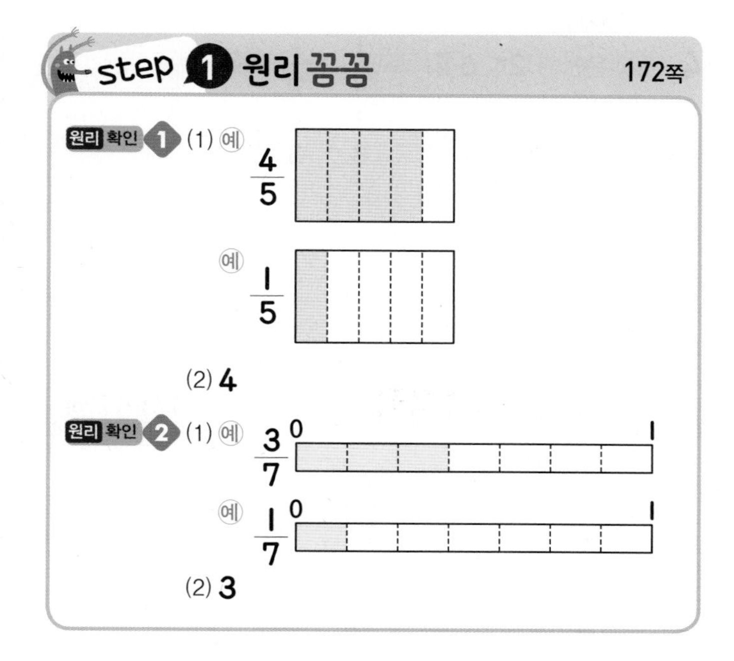

1 (2) $\frac{4}{5}$는 $\frac{1}{5}$이 4개 모인 것과 같으므로 $\frac{4}{5}$는 $\frac{1}{5}$이 4개입니다.

2 (2) $\frac{3}{7}$은 $\frac{1}{7}$이 3개 모인 것과 같으므로 $\frac{3}{7}$은 $\frac{1}{7}$이 3개입니다.

step 2 원리 탄탄

173쪽

1	(1) 5	(2) 7
2	(1) 3	(2) 8
3	(1) $\frac{2}{5}$	(2) $\frac{5}{8}$
4	(1) $\frac{1}{7}$	(2) $\frac{1}{10}$

1 (1) $\frac{5}{6}$는 $\frac{1}{6}$이 5개 모인 것과 같으므로 $\frac{5}{6}$는 $\frac{1}{6}$이 5개입니다.

(2) $\frac{7}{8}$은 $\frac{1}{8}$이 7개 모인 것과 같으므로 $\frac{7}{8}$은 $\frac{1}{8}$이 7개입니다.

2 (1) $\frac{3}{4}$은 $\frac{1}{4}$이 3개 모인 것과 같으므로 $\frac{3}{4}$은 $\frac{1}{4}$이 3개입니다.

(2) $\frac{8}{9}$은 $\frac{1}{9}$이 8개 모인 것과 같으므로 $\frac{8}{9}$은 $\frac{1}{9}$이 8개입니다.

step 3 원리 척척

174~175쪽

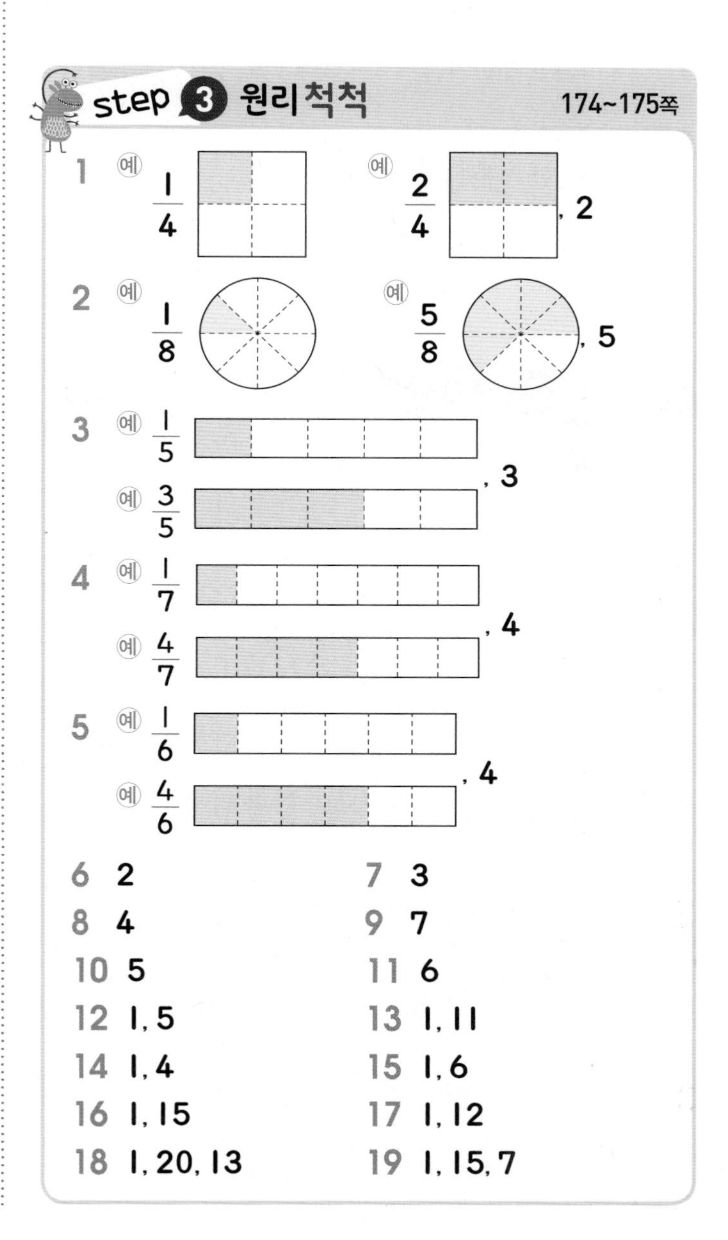

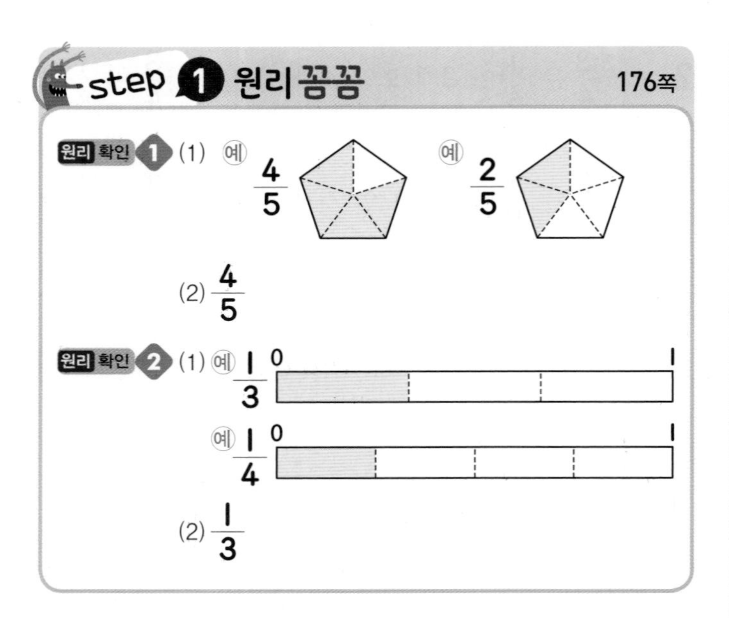

step 1 원리 꼼꼼 176쪽

원리 확인 1 (1) 예) $\frac{4}{5}$ 예) $\frac{2}{5}$

(2) $\frac{4}{5}$

원리 확인 2 (1) 예) $\frac{1}{3}$ 예) $\frac{1}{4}$

(2) $\frac{1}{3}$

1 (2) 색칠한 부분이 $\frac{4}{5}$가 더 넓으므로 $\frac{4}{5}$가 더 큽니다.

2 (2) 색칠한 부분이 $\frac{1}{3}$이 더 넓으므로 $\frac{1}{3}$이 더 큽니다.

step 2 원리 탄탄 177쪽

1 (1) 5 (2) 3 (3) $\frac{5}{6}$

2 (1) $<$ (2) $<$

3 (1) $<$ (2) $>$

4 (1) $>$ (2) $<$

1 (3) $\frac{1}{6}$의 개수가 $5>3$이므로 $\frac{5}{6}$가 더 큽니다.

2 (1) 색칠한 부분이 $\frac{2}{4}$가 더 넓으므로 $\frac{2}{4}$가 더 큽니다.

(2) 색칠한 부분이 $\frac{1}{5}$이 더 넓으므로 $\frac{1}{5}$이 더 큽니다.

3 (1) 분자가 $3<5$이므로 $\frac{3}{7}<\frac{5}{7}$입니다.

(2) 분자가 $8>4$이므로 $\frac{8}{9}>\frac{4}{9}$입니다.

4 (1) 분모가 $2<6$이므로 $\frac{1}{2}>\frac{1}{6}$입니다.

(2) 분모가 $8>3$이므로 $\frac{1}{8}<\frac{1}{3}$입니다.

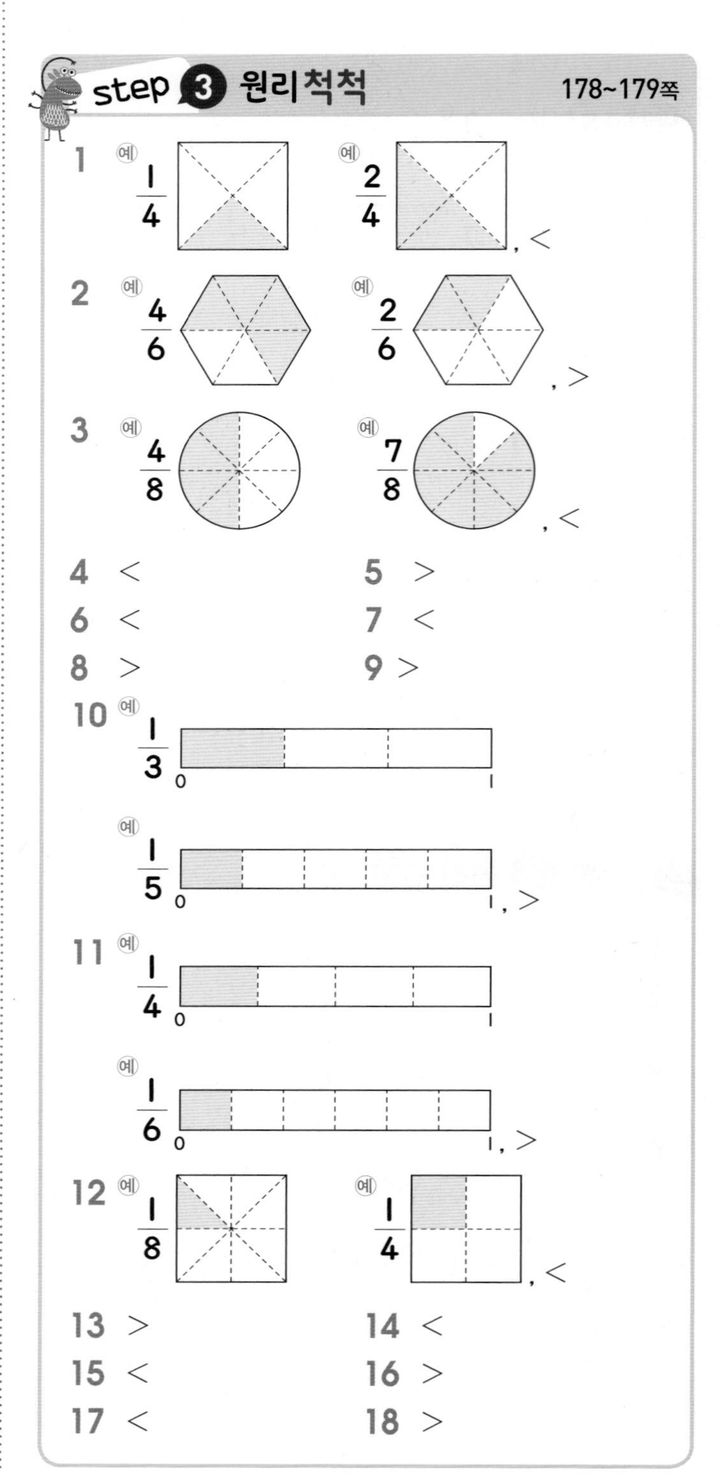

step 3 원리 척척 178~179쪽

1 예) $\frac{1}{4}$ 예) $\frac{2}{4}$, $<$

2 예) $\frac{4}{6}$ 예) $\frac{2}{6}$, $>$

3 예) $\frac{4}{8}$ 예) $\frac{7}{8}$, $<$

4 $<$ **5** $>$

6 $<$ **7** $<$

8 $>$ **9** $>$

10 예) $\frac{1}{3}$ 예) $\frac{1}{5}$, $>$

11 예) $\frac{1}{4}$ 예) $\frac{1}{6}$, $>$

12 예) $\frac{1}{8}$ 예) $\frac{1}{4}$, $<$

13 $>$ **14** $<$

15 $<$ **16** $>$

17 $<$ **18** $>$

step 1 원리 꼼꼼 180쪽

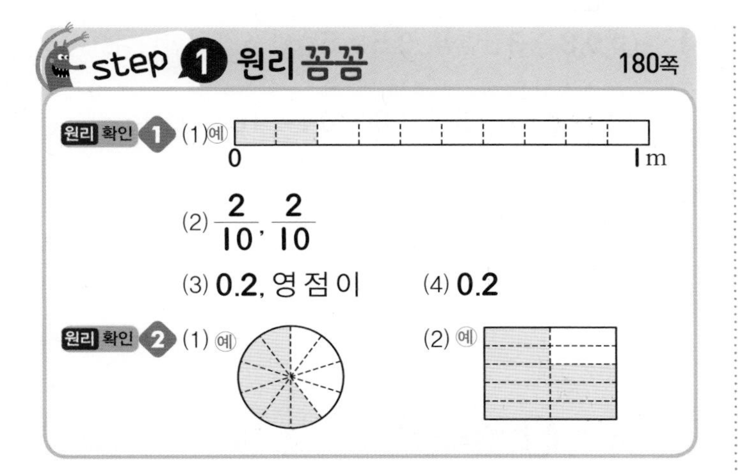

1 $\frac{1}{10}$이 2개이면 $\frac{2}{10}$이고 분수 $\frac{2}{10}$를 소수로 0.2라고 씁니다.

2 (1) 원을 똑같이 10으로 나누었으므로 6칸을 색칠합니다.
(2) 사각형을 똑같이 10으로 나누었으므로 8칸을 색칠합니다.

step 2 원리 탄탄 181쪽

1 3, 0.3
2 (위에서부터) $\frac{5}{10}$, $\frac{8}{10}$, 0.3, 0.7
3 (1) 0.4 (2) 0.9
4 (1) 0.6, 영 점 육 (2) 0.8, 영 점 팔

1 전체를 똑같이 10으로 나눈 것 중의 3개는 0.3입니다.

2 $\frac{1}{10}=0.1$, $\frac{2}{10}=0.2$, $\frac{3}{10}=0.3$, $\frac{4}{10}=0.4$, $\frac{5}{10}=0.5$, $\frac{6}{10}=0.6$, $\frac{7}{10}=0.7$, $\frac{8}{10}=0.8$, $\frac{9}{10}=0.9$

3 (1) 작은 사각형 한 칸의 크기는 0.1이므로 작은 사각형 4칸의 크기는 0.4입니다.
(2) 작은 사각형 한 칸의 크기는 0.1이므로 작은 사각형 9칸의 크기는 0.9입니다.

step 3 원리 척척 182~183쪽

1	0.2, 영 점 이	2	0.3, 영 점 삼
3	0.5, 영 점 오	4	0.6, 영 점 육
5	0.8, 영 점 팔	6	6, 6
7	4, 4	8	8, 8
9	9, 9	10	7, 7
11	2, 10, 0.2	12	3, 10, 0.3
13	4, 10, 0.4	14	5, 10, 0.5
15	6, 10, 0.6	16	7, 10, 0.7
17	8, 10, 0.8	18	9, 10, 0.9

step 1 원리 꼼꼼 184쪽

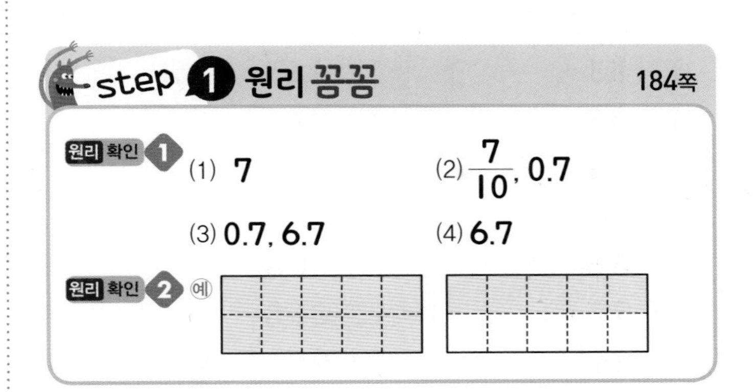

1 6과 0.7은 6.7로 나타냅니다.

2 1.5는 1과 0.5만큼이므로 큰 사각형 1개와 작은 사각형 5칸을 색칠합니다.

step 2 원리 탄탄 185쪽

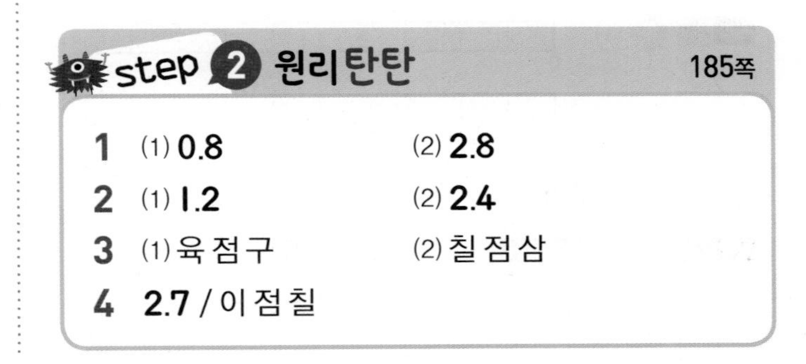

1 (1) 0.8 (2) 2.8
2 (1) 1.2 (2) 2.4
3 (1) 육 점 구 (2) 칠 점 삼
4 2.7 / 이 점 칠

1 (2) 2와 $\frac{8}{10}$은 2와 0.8이므로 2.8로 나타냅니다.

2 (1) 1과 0.2만큼이므로 1.2입니다.
(2) 2와 0.4만큼이므로 2.4입니다.

3 소수를 읽을 때에는 앞에서부터 차례로 읽고 '.'은 점으로 읽습니다.
2 . 5 ➡ 이 점 오

step 3 원리척척 186~187쪽

1	1.2, 일 점 이	2	5.7, 오 점 칠
3	3.4, 삼 점 사	4	6.1, 육 점 일
5	4.8, 사 점 팔	6	1.8, 25
7	3.4, 42	8	2.3, 38
9	5, 40	10	6.3, 67
11	1.3	12	4.6
13	3.9	14	2.4
15	6.7	16	4.8
17	3.1	18	5.7
19	3.6	20	20.8
21	7.5	22	36.5
23	84	24	95
25	107	26	243

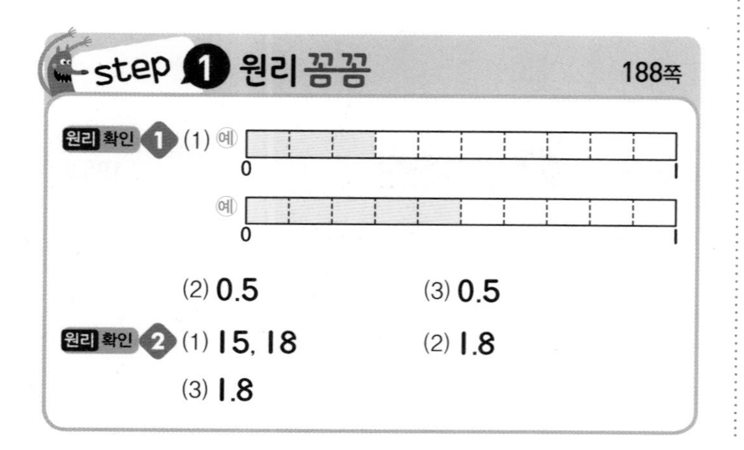

1 (1) 0.3은 3칸만큼, 0.5는 5칸만큼 색칠합니다.

2 1.5는 0.1이 15개, 1.8은 0.1이 18개이므로 15<18입니다.
➡ 1.5<1.8

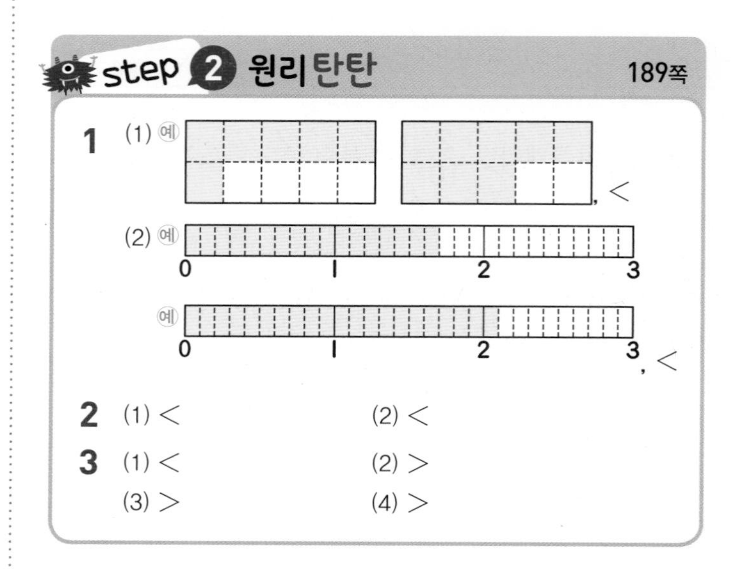

2 수직선에서 오른쪽에 있을수록 더 큰 소수입니다.

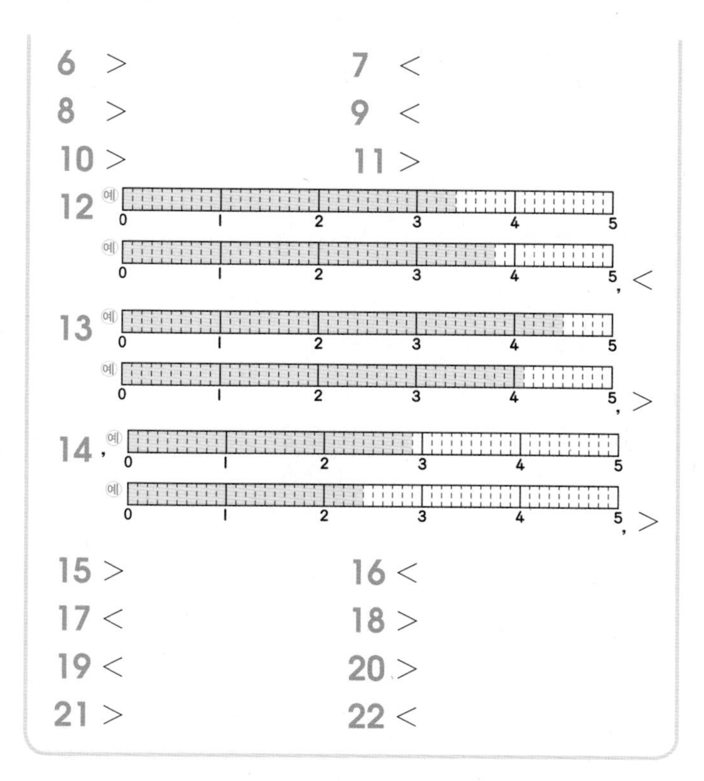

6 $>$ 7 $<$
8 $>$ 9 $<$
10 $>$ 11 $>$
12 예 예 , $<$
13 예 예 , $>$
14 예 예 , $>$
15 $>$ 16 $<$
17 $<$ 18 $>$
19 $<$ 20 $>$
21 $>$ 22 $<$

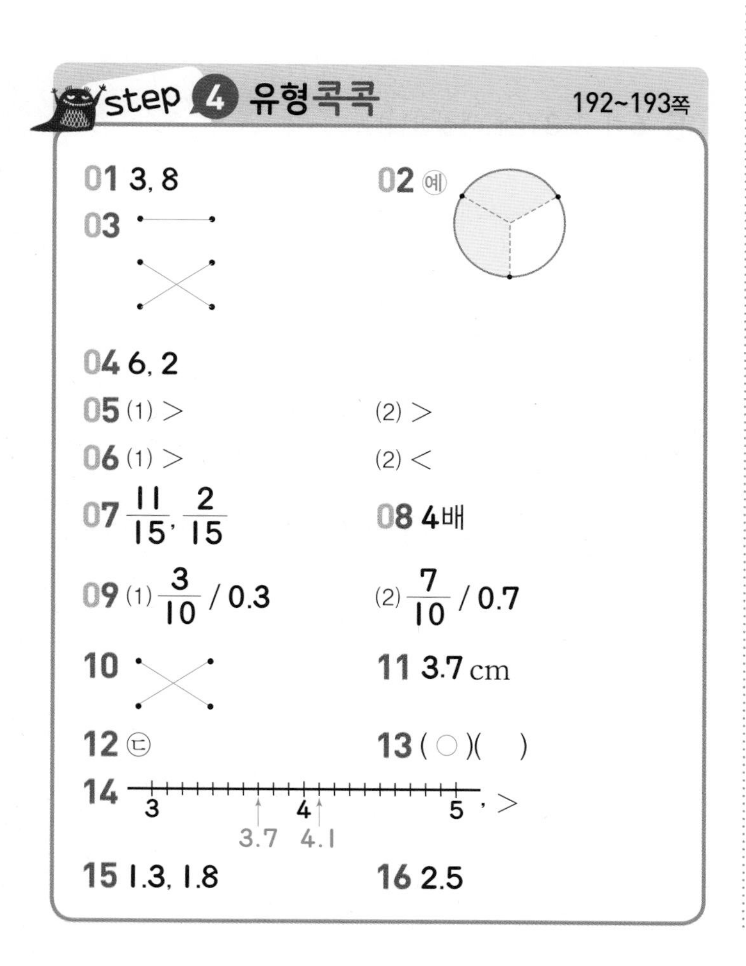

step 4 유형콕콕 192~193쪽

01 3, 8
02 예
03
04 6, 2
05 (1) $>$ (2) $>$
06 (1) $>$ (2) $<$
07 $\frac{11}{15}$, $\frac{2}{15}$
08 4배
09 (1) $\frac{3}{10}$ / 0.3 (2) $\frac{7}{10}$ / 0.7
10
11 3.7 cm
12 ㉢
13 (○)(   )
14 , $>$

15 1.3, 1.8
16 2.5

01 $(\text{분수})=\frac{(\text{부분의 수})}{(\text{전체를 똑같이 나눈 수})}=\frac{3}{8}$

05 (1) 분자가 $4>2$이므로 $\frac{4}{6}>\frac{2}{6}$입니다.

(2) 분자가 $6>5$이므로 $\frac{6}{7}>\frac{5}{7}$입니다.

07 분모가 모두 15이므로 분자를 비교하면

$11>7>2 \Rightarrow \frac{11}{15}>\frac{7}{15}>\frac{2}{15}$입니다.

따라서 가장 큰 분수는 $\frac{11}{15}$, 가장 작은 분수는 $\frac{2}{15}$입니다.

08 $\frac{4}{5}$는 $\frac{1}{5}$이 4개 모인 것과 같으므로 $\frac{4}{5}$는 $\frac{1}{5}$의 4배입니다.

09 전체를 똑같이 10으로 나눈 것 중의 하나는 $\frac{1}{10}$이고 소수로 0.1입니다.

10 0.1이 6개이면 0.6입니다.
0.1이 62개이면 6.2입니다.

11 3 cm보다 7 mm 더 깁니다.
➡ 3 cm 7 mm=3.7 cm

12 ㉠ 2.1 cm=2 cm 1 mm
㉡ 6 mm=0.6 cm
㉣ 7 cm 4 mm=7.4 cm

13 색칠한 부분이 더 많을수록 큰 수입니다.

14 자연수 부분이 클수록 더 큰 수입니다.
➡ $4.1>3.7$

참고 수직선에서 오른쪽에 있을수록 더 큰 소수입니다.

15 0.1이 13개이면 1.3이고 0.1이 18개이면 1.8입니다.
➡ 1.3 < 1.8

16 0.4는 0.1이 4개, 2.5는 0.1이 25개, 1.6은 0.1이 16개이므로 가장 큰 수부터 차례대로 쓰면 2.5, 1.6, 0.4입니다.

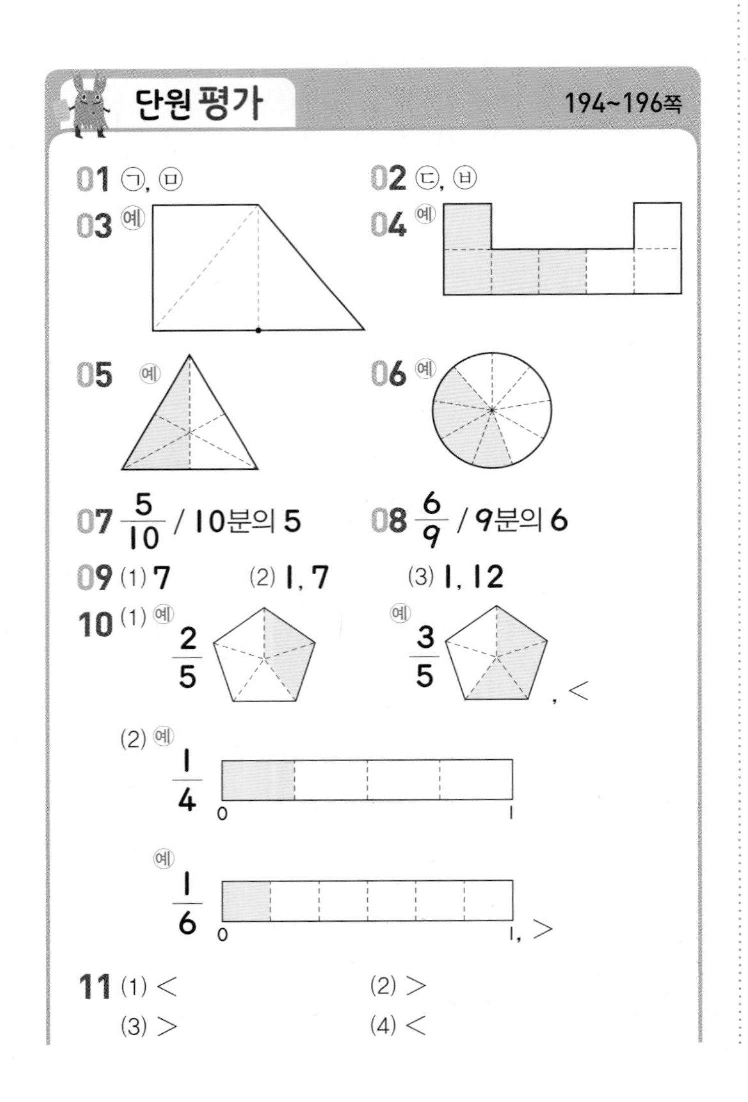

12 ③

13 $\frac{1}{9}$, $\frac{1}{12}$에 ○표

14 (1) 0.3, 영 점 삼 (2) 0.7, 영 점 칠
(3) 0.9, 영 점 구

15 (1) 5, 5 (2) 8, 8

16 (1) 0.2, 0.7 (2) 5.8, 6.4

17 (1) 5 (2) 9
(3) 4

18 (1) 4.8 (2) 5.2
(3) 9.1 (4) 2.6

19 (1) < (2) >
(3) < (4) >

20 (1) 0.4, 0.8, 0.9 (2) 6.2, 6.9, 7.3

01 ㉣은 셋으로 나누었지만 똑같이 나누어지지 않았습니다.

02 ㉡은 넷으로 나누었지만 똑같이 나누어지지 않았습니다.

05 6칸 중 3칸에 색칠합니다.

06 9칸 중 4칸에 색칠합니다.

12 10 > 7 > 6 > 5 > 4 ➡ $\frac{1}{10} < \frac{1}{7} < \frac{1}{6} < \frac{1}{5} < \frac{1}{4}$

13 12 > 9 > 8 > 7 > 3 ➡ $\frac{1}{12} < \frac{1}{9} < \frac{1}{8} < \frac{1}{7} < \frac{1}{3}$

16 작은 눈금 한 칸은 0.1입니다.

MEMO

MEMO
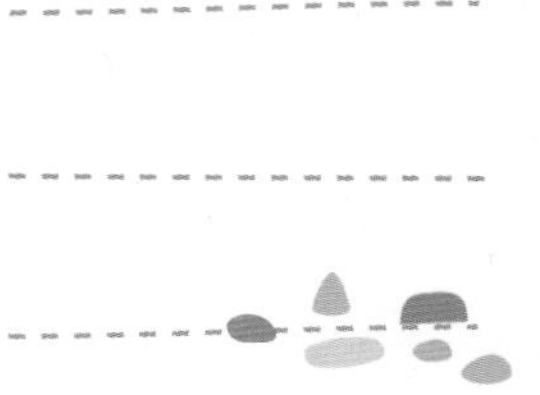